기초
미분기하학

강태호 · 장창림 지음

UUP

기초 미분기하학

■

* 2021년 2월 19일 **초판 인쇄**
* 2021년 2월 24일 **초판 발행**
* **지은이** 강태호, 장창림
* **펴낸이** 오연천
* **펴낸곳 UUP.**(울산대학교출판부) 680-749 울산광역시 남구 대학로 93(무거동) 울산대학교 출판부
* 전화 (052)259-2488 팩스 (052)277-3011 ▪ **홈페이지** http://uup.ulsan.ac.kr
* **출판등록** 제370-1996-000001호(1996.3.13)
* ₩ 15,000

■

이 책은 2017년 울산대학교 연구비를 지원받아 출판되었습니다.

ISBN 978.89.7868.975.5 (93410)

머리말

미분기하학은 18세기부터 19세기에 걸쳐서 공간에서의 곡선과 곡면의 기하학적 성질을 연구하면서 시작되었다고 할 수 있다. Friedrich Gauss(1777-1855)는 곡면 기하학에서 본질적 개념을 발견하여 미분기하학의 발전에 결정적 계기를 마련하였다. Bernard Riemann(1826-1866)은 이 아이디어를 고차원 다양체로 일반화함으로써 그의 이름을 딴 리만기하학이 태동되었다. 또한 Albert Einstein(1979-1955)의 일반상대성이론을 기술하는데 텐서해석이라는 기하학적 도구를 사용함으로써 리만기하학의 연구가 가속화되었다. 이후 미분기하학은 수학의 다른 영역과 함께 급속히 발전하고 있다.

이 책에서는 대학 학부과정에서 전통적으로 다루는 3차원 Euclid공간에서의 곡선과 곡면에 대하여 서술하였다. 여기에서 언급되는 많은 이론들이 고차원 공간으로 확장될 수 있다.

본 교재는 학부 3,4학년 학생을 대상으로 2학기 강의용으로 꾸며졌다.

미분기하학을 공부하는데 선수 소양과목으로 미적분학과 기초선형대수학의 이론이 요구되는데 이를 위해 1장 1,2절에서는 필요한 기본개념과 이론을 자세히 서술하였다. 아울러 3절에서는 3차원 유클리드공간의 등거리사상을 규명하고 합동의 개념을 소개하였다.

2장에서는 공간에서의 국소 곡선론을 다루며, 곡선의 많은 정보를 담고 있는 Frenet-Serret 정리 및 그의 응용에 초점을 두었다.

3장에서는 국소 곡면론 중 3-1, 3-2, 3-3질의 곡면과 제1기본형식, 3-4절 법곡률과 측지곡률을 다루며 이들 개념은 각각 공간에서의 곡면이 얼마만큼 휘어지는지를 측정하며 그리고 곡면위에 놓여있는 곡선이 얼마나 굽어져있는지를 알 수 있게 해준다. 3-5절에서는 직선의 개념을 곡면위에서 측지선이란 개념으로 확장하였다. 3-6절에서는 곡면위에서 평행벡터장을 다룬다.

3장에서 다룬 법곡률과 측지곡률의 개념은 곡면을 곡선의 모임으로 보는 관점이었고, 4장부터의 관점은 곡면을 곡면 그 자체로 보는 데서 출발하였다. 4-1절 및 4-2절에서는 제 2 기본형식과 Weingarten 사상으로부터 나오는 가우스곡률, 평균곡률 개념은 곡면의 한 점 근방에서 곡면의 형태를 파악할 수 있게 해준다. 또한 가우스 곡률의 기하학적의미를 가우스 사상을 통하여 알아보았다. 4-3절에서는 리만곡률텐서를 정의하고 Gauss 방정식과 Codazzi-Mainardi 방정식 및 가우스의 놀라운 정리와 곡면의 기본정리를 담았다. 3-4절과 3-5절에서는 등거리사상 및 등각사상을 각각 다루었다. 3-6절에서는 가우스곡률이 상수인 회전면을 분류하였다.

5장에서는 곡면의 대역적이론에 대하여 다루며 미분기하학에서 가장 아름답고 심오한 정리인 국소적 가우스-보네정리와 대역적 가우스-보네정리 및 그들의 응용에 초점을 두었다.

본 교재를 통하여 현대 미분기하학을 조금이라도 이해하는데 도움이 되기를 바라는 바이다.

끝으로 이 책의 집필을 위하여 여러 가지 아이디어와 도움을 주신 울산대학교 수학과 박건 명예교수님께 특별한 감사를 표한다.

목차

04 국소 곡면이론 II(Local Surface Theory II)

05 대역 곡면이론(Global Surface Theory)

01 필요한 선형대수와 미적분학 이론

이 장에서는 이 책의 내용을 이해하는데 필요한 선형대수학과 미적분학의 기본적인 지식을 소개하고자 한다. 선형대수부분에서는 3차원 유클리드공간 R^3와 관련된 내용만 소개하면 충분하지만 일반적인 벡터공간에서의 이론을 소개하고자 한다. 한 벡터공간에서 다른 벡터공간으로의 선형사상과 내적 그리고 R^3에서의 벡터곱을 덧붙여 소개한다. 미적분학에서는 벡터함수의 미분과 적분 그리고 연쇄율을 소개한다. 1절에서는 벡터공간과 선형사상을 정의하고 선형사상의 표현행렬과 고윳값과 고유벡터를 다룬다. 그리고 기초적인 벡터함수의 미분과 적분을 소개한다. 2절에서는 3차원 유클리드공간 R^3내의 접벡터들의 선형대수학을 소개한다. 그리고 벡터장을 간단히 소개한다. 3절에서는 3차원 유클리드공간의 등거리사상을 규명하고 합동의 개념을 소개한다.

제1절 벡터공간과 선형사상

먼저 벡터공간을 정의하고 관련된 기본적인 개념들(일차종속과 독립, 기저, 차원, 내적)을 다루고자 한다.

정의 1.1.1

아래 조건들 (1),(2),(3)을 만족하는 두 연산 덧셈 $+ : V\times V \to V$와 스칼라곱 $\cdot : R\times V \to V$이 주어진 집합 $(V, +, \cdot)$를 **실벡터공간(Real Vector Space)**이라하고, V의 원소를 **벡터(Vector)**라고 한다. 위에서 R은 실수집합이다.

(1) $(V,+)$는 가환군(Abelian Group)이다.

(2) 임의의 $v \in V$에 대하여 $1 \cdot v = v$이다.
임의의 $r,s \in R$와 임의의 $v \in V$에 대하여 $(rs)v = r(sv)$이다.

(3) 임의의 $r,s \in R$와 임의의 $u,v \in V$에 대하여
$(r+s)v = rv+sv,\ r(u+v) = ru+rv$이다.

앞으로 특별한 말이 없으면 실벡터공간 $(V, +, \cdot)$를 단순히 벡터공간 V라고 표기한다.

예 1.1.2

(1) 실수들의 n-순서쌍들의 모임

$R^n = \{(a_1, a_2, \cdots, a_n) | a_i \in R, i = 1, \cdots n\}$은

$u = (u_1, u_2, \cdots, u_n), v = (v_1, v_2, \cdots, v_n) \in R^n$와 $r \in R$에 대해,

$u + v = (u_1 + v_1, u_2 + v_2, \cdots, u_n + v_n)$, $r \cdot u = (ru_1, ru_2, \cdots, ru_n)$로 정의하면,

$(R^n, +, \cdot)$은 실벡터공간이 된다.

(2) 실수계수를 갖는 모든 다항식의 집합은 벡터공간이 된다.

즉, $R[x] = \{p(x) = a_0 + a_1 x + a_2 x^2 + \cdots + a_n x^n | a_i \in R, n = 0, 1, 2, \cdots\}$은 보통의 두 연산 $+, \cdot$ 에 대하여 벡터공간이 된다.

정의 1.1.3

V를 벡터공간이라고 하자.

(1) 다음 조건을 만족하시는 $S(\subset V)$를 **일차독립(Linearly Independent)** 이라고 한다. [임의의 $v_1, v_2, \cdots v_n \in S$에 대해

$a_1 v_1 + a_2 v_2 + \cdots + a_n v_n = 0 \Rightarrow a_1 = a_2 = \cdots = a_n = 0$]

일차독립이 아닌$S(\subset V)$를 **일차종속(Linearly Dependent)**라고 한다.

(2) $S(\subset V)$이 다음조건을 만족할 때 S는 V를 **만든다**(또는 **생성한다, Span**)고 한다. [임의의 $v \in V$에 대하여, $v = a_1 v_1 + a_2 v_2 + \cdots + a_n v_n$을 만족하는 실수 $a_1, a_2, \cdots, a_n$과 $v_1, v_2, \cdots, v_n \in S$가 존재한다.]

(3) $S(\subset V)$이 일차독립이면서 V를 만들 때, S를 V의 **기저(Basis)**라고 한다.

예 1.1.4

(1) $e_1 = (1, 0, \cdots, 0), e_2 = (0, 1, 0, \cdots, 0), \cdots, e_n = (0, 0, \cdots, 1)$은 R^n의 하나의 기저이다. 이 기저를 R^n의 **표준기저**라고 한다.

(2) $\{v_1, v_2, \cdots, v_n\}$중에서 한 벡터가 0벡터이면 $\{v_1, v_2, \cdots, v_n\}$은 일차종속이다.

(3) $\{1,x,\cdots,x^n\}$은 n차 이하의 다항식들의 벡터공간 $P_n=\{a_0+a_1x+\cdots+a_nx^n | a_i\in R, i=0,1,\cdots,n\}$의 하나의 기저이다.

정리 1.1.5

벡터공간 V에 대하여 $S_1, S_2 \subset V$가 기저이면 이 두 기저의 기수(Cardinal)들은 서로 같다. 즉 $|S_1|=|S_2|$이다. 기저의 선택에 관계없이 일정한 이 기수를 V의 **차원(Dimension)**이라고 하고 $\dim V$로 표시한다. 특히, V의 차원이 유한할 때 V를 유한차원 벡터공간 이라고 하며 차원이 n일 때 n차원 벡터공간이라고 한다.

증명

유한차원 벡터공간에 대해서만 증명하고자 한다. 먼저 다음 사실이 필요하다. 동차연립방정식

$$\begin{aligned} a_{11}x_1+a_{12}x_2+\cdots+a_{1n}x_n&=0,\\ a_{21}x_1+a_{22}x_2+\cdots+a_{2n}x_n&=0,\\ &\vdots\\ a_{m1}x_1+a_{m2}x_2+\cdots+a_{mn}x_n&=0 \end{aligned}$$

에서 $n>m$이면 즉 미지수의 개수보다 식의 개수가 적으면 이 동차연립방정식은 비자명한 해($x_1,x_2,\cdots,x_n$중 적어도 하나는 영이 아닌 해)를 갖는다. 이 사실은 잘 알려져 있으나 수학적 귀납법으로 간단히 보일 수 있다. 즉 미지수의 개수가 n보다 작은 동차연립방정식에 대해 위 사실이 성립한다고 가정하자. 계수 $a_{11},a_{21},\cdots,a_{m1}$들이 모두 영이면 위 동차연립방정식은 비자명한 해 $x_1=1,x_2=\cdots=x_n=0$를 갖는다. 이제 $a_{11},a_{21},\cdots,a_{m1}$들 중적어도 하나가 영이 아니라고 가정하자. 일반성을 잃지 않고 $a_{11}\neq 0$라고할 수 있다. 첫 번째 식을 $\frac{a_{21}}{a_{11}}$배 해서 두 번째 식에서 빼주면

$(a_{22}-\frac{a_{21}a_{12}}{a_{11}})x_2+(a_{23}-\frac{a_{21}a_{13}}{a_{11}})x_3+\cdots+(a_{2n}-\frac{a_{21}a_{1n}}{a_{11}})x_n=0$가 되는데

$a_{2i}-\frac{a_{21}a_{1i}}{a_{11}}=b_{2i}, i=2,3,\cdots,n$로 두면 $b_{22}x_2+\cdots+b_{2n}x_n=0$로 표현된다.

비슷한 작업을 세 번째 식으로부터 m번째 식까지 계속하면 주어진 연립방정식은

$$\begin{aligned} a_{11}x_1+a_{12}x_2+\cdots+a_{1n}x_n&=0\\ b_{22}x_2+\cdots+b_{2n}x_n&=0\\ &\vdots\\ b_{m2}x_2+\cdots+b_{mn}x_n&=0 \end{aligned}$$

로 변환된다. 동차연립방정식

$$\begin{aligned} b_{22}x_2+\cdots+b_{2n}x_n&=0\\ &\vdots\\ b_{m2}x_2+\cdots+b_{mn}x_n&=0 \end{aligned}$$

을 생각하면 미지수의 개수는 $n-1$이고 식의 개수는 $m-1$이므로 $n-1>m-1$이므로 수학적 귀납법 가정에 의해 비자명한 해 $x_2=c_2,\cdots,x_n=c_n$을 갖는다.

$x_1=-\frac{1}{a_{11}}(a_{12}c_2+\cdots+a_{1n}c_n), x_2=c_2,\cdots,x_n=c_n$은 본래 연립방정식의 비자명한 해가 되므로 증명이 완료되고 이 사실을 이용하고자 한다. $S_1=\{v_1,v_2,\cdots,v_n\}$이 벡터공간 V의 하나의 기저라고 하고 $S_2(\subset V)$도 V의 기저라고 하자. $|S_2|\le|S_1|$임을 보이고자 한다. $|S_2|>|S_1|$이라고 가정하자. 그러면 $(n+1)$개의 벡터 $w_1,w_2,\cdots,w_{n+1}(\in S_2)$를 선택할 수 있고 V는 S_1에 의해 생성되므로 적당한 실수들

$a_{ij},(i=1,2,\cdots,n, j=1,\cdots,n+1)$에 대해

$$
\begin{aligned}
w_1 &= a_{11}v_1 + a_{21}v_2 + \cdots + a_{n1}v_n, \\
w_2 &= a_{12}v_1 + a_{22}v_2 + \cdots + a_{n2}v_n, \\
&\vdots \\
w_{n+1} &= a_{1n+1}v_1 + a_{2n+1}v_2 + \cdots + a_{nn+1}v_n
\end{aligned}
$$

로 표현된다. 식 $c_1w_1 + c_2w_2 + \cdots + c_{n+1}w_{n+1} = 0$를 생각하고 $w_1, w_2, \cdots, w_{n+1}$에 관한 위의 표현을 대입하면 $(a_{11}c_1 + \cdots + a_{1n+1}c_{n+1})v_1 + \cdots + (a_{n1}c_1 + \cdots\ a_{nn+1}c_{n+1})v_n = 0$가 된다. $v_1, v_2, \cdots, v_n$이 일차독립이므로

$$
\begin{aligned}
a_{11}c_1 + a_{12}c_2 + \cdots + a_{1n+1}c_{n+1} &= 0, \\
a_{21}c_1 + a_{22}x_2 + \cdots + a_{2n+1}c_{n+1} &= 0, \\
&\vdots \\
a_{n1}c_1 + a_{n2}c_2 + \cdots + a_{nn+1}c_{n+1} &= 0
\end{aligned}
$$

가 성립하고 $c_1, c_2, \cdots, c_{n+1}$에 관한 이 연립방정식은 미지수의 개수가 $n+1$이고 식의 개수가 n이므로 증명의 시작단계에서 살펴본 사실에 의해 비자명한 해 $c_1, c_2, \cdots, c_{n+1}$이 존재하므로 $w_1, w_2, \cdots, w_{n+1}$은 일차종속이 되어 모순이다. 그러므로 $|S_2| \leq |S_1|$이 성 립한다. S_1과 S_2의 역할을 바꾸면 $|S_1| \leq |S_2|$임을 보일 수 있고 따라서 $|S_1| = |S_2|$이다. ■

위의 예 1.1.4 에서 소개한 두 벡터공간들의 차원은 $\dim R^n = n$이고 $\dim P_n = n+1$이다. 벡터공간 R^n을 n자원 **유클리드공간(Euclidean Space)**이라고 부른다.

정리 1.1.6

$\{v_1, v_2, \cdots, v_n\}$이 벡터공간 V의 기저라고 하자. 그러면 임의의 벡터 $v \in V$는 적당한 실수들 $a_i, i = 1, 2, \cdots, n$에 대해 $v = \sum_{i=1}^{n} a_i v_i$가 되고, 이 표현은 유일하다.

증명

$v = \sum_{i=1}^{n} a_i v_i = \sum_{i=1}^{n} b_i v_i$ 이면 $\sum_{i=1}^{n} a_i v_i - \sum_{i=1}^{n} b_i v_i = \sum_{i=1}^{n} (a_i - b_i) v_i = 0$이고 $\{v_1, v_2, \cdots, v_n\}$가 일차독립이므로 $a_i - b_i = 0 (i = 1, 2, \cdots, n)$이다. 그러므로 $a_i = b_i (i = 1, 2, \cdots, n)$이고 v를 $\{v_1, v_2, \cdots, v_n\}$의 일차결합으로 표현하는 방법은 유일하다. ■

정의 1.1.7

V를 벡터공간이라고 하자.

아래 조건들 (1),(2),(3)을 만족하는 연산 $< , > : V \times V \to R$을 (V에서의) **내적(Inner Product, Scalar Product)**이라고 한다. 임의의 $r, s \in R$와 임의의 $u, v, w \in V$에 대하여,

(1) $< u, v > = < v, u >$,

(2) $< u, rv + sw > = r < u, v > + s < u, w >$,

(3) $< u, u > \geq 0$,
$< u, u > = 0 \Leftrightarrow u = 0$.

내적을 가지는 벡터공간을 **내적공간(Inner Product Space)**이라고 한다.

$\sqrt{< u, u >}$를 벡터 u의 **크기(Length)** 또는 **노름(Norm)**이라고 하고 $|u|$로 표기한다.

예 1.1.8

$u = (u_1, u_2, u_3), v = (v_1, v_2, v_3) \in R^3$와 $r \in R$에 대하여,

$< u, v > = u_1 v_1 + u_2 v_2 + u_3 v_3$ 로 정의하면, $< , >$은 $(R^3, +, \cdot)$의 내적이 된다. 또한 이 내적의 정의는 3차원 공간에서 물리적인 내적의 정의와 같음을 보일 수 있다. 즉, $< u, v > = |u||v| \cos\theta$, θ는 u와 v사이의 각이다. 이 결과는 Cosine 제 2법칙을 사용하여 유도할 수 있으며 위의 내적의 두 정의를 사용하면 주어진 벡터들의 크기와 각에 대한 정보를 얻을 수 있다.

예제 1.1.9

두 벡터 $u=(2,1,1)$, $v=(1,2,-1)$의 사잇각을 구하여라.

[풀이]

두 벡터가 이루는 각을 θ라고 하면 $<u,v> = |u||v|\cos\theta$이므로

$\cos\theta = \dfrac{<u,v>}{|u||v|} = \dfrac{2\cdot 1+1\cdot 2+1\cdot(-1)}{\sqrt{6}\sqrt{6}} = \dfrac{1}{2}$이므로 $\theta = \dfrac{\pi}{3}$이다.

> **도움정리 1.10** | 코시-슈바르쯔 부등식(Cauchy- Schwarz Inequality)
>
> (1) 임의의 $u,v\in V$에 대하여, $|<u,v>| \le |u||v|$이 성립한다.
>
> (2) 이 때, 등호가 성립할 필요충분조건은 $\{u,v\}$가 일차종속일 때이다.

증명

(1) $u=0$인 경우에 식이 성립함은 자명하므로 $u\ne 0$인 경우만 고려하자.

$t\in R,\ 0\le\ <tu+v,tu+v> = |u|^2t^2+2<u,v>t+|v|^2$ 이고 $|u|^2>0$이므로,

$D/4 = \ <u,v>^2-|u|^2|v|^2 \le 0$가 되어 $|<u,v>| \le |u||v|$임을 알 수 있다.

(2) ($\Leftarrow$) $\{u,v\}$이 일차종속이므로, $u=\lambda v$ (또는 $v=\lambda u$)이다.

따라서, $|<u,v>| = |\lambda||v|^2 = |u||v|$가 됨을 알 수 있다.

($\Rightarrow$)$u=0$이면 $\{u,v\}$는 일차종속이므로 $u\ne 0$인 경우를 생각하자.

$|<u,v>| = |u||v|$이라고 가정하자.

먼저 $|u||v| = \ <u,v>$인 경우는

$<|v|u-|u|v, |v|u-|u|v> \ = 2|u||v|(|u||v|-<u,v>)=0$이므로 $|v|u-|u|v=0$임을 알 수 있다. 따라서 $|u|\ne 0$이므로, $\{u,v\}$는 일차종속임을 알 수 있다.

$|u||v| = -<u,v>$인 경우는 $|-u||v| = \ <-u,v>$이므로 위의 결과에 의해 쉽게

일차종속임을 알 수 있다. ■

$<u,v> \ =0$ 인 두 벡터 u,v를 **직교(Orthogonal)**한다고 하고 $u\perp v$로 표기한다. $<v_i,v_j> \ =\delta_{ij}\,(i,j=1,2,\cdots,n)$을 만족하는 벡터공간 V의 기저 $\{v_1,v_2,\cdots,v_n\}$를 **정규직교기저(Orthonormal Basis)**라고 한다.

정리 1.1.11 | 그람-슈미트 직교화(Gram-Schmidt Orthogonalization

유한차원 내적공간 V의 정규직교기저(Orthonormal Basis)가 존재한다.

증명

$\{v_1,v_2,\cdots,v_n\}$이 유한차원 내적공간 V의 기저라고 하자. $v_1\neq 0$이므로 $|v_1|\neq 0$이다. 그러므로 벡터 $e_1=\dfrac{v_1}{|v_1|}$라고 하면 $<e_1,e_1>=1$이다. $w_2=v_2-<v_2,e_1>e_1$이라고 두면 일차독립성에 의해 $w_2\neq 0$이고

$$\begin{aligned}<w_2.e_1>&=<v_2-<v_2,e_1>e_1,e_1>=<v_2,e_1>-<v_2,e_1><e_1,e_1>\\&=<v_2,e_1>-<v_2,e_1>=0\end{aligned}$$

이므로 $e_2=\dfrac{w_2}{|w_2|}$라고 하면 $<e_1,e_1>=<e_2,e_2>=1,<e_1,e_2>=0$이다.

$w_3=v_3-<v_3,e_1>e_1-<v_3,e_2>e_2$를 생각하면 v_1,v_2,v_3가 일차독립이므로 $w_3\neq 0$이고 $e_3=\dfrac{w_3}{|w_3|}$라고 두면 $<e_i,e_j>=\delta_{ij},i,j=1,2,3$를 확인 할 수 있다. 이 작업을 계속하면 벡터공간 V의 정규직교기저 $e_1,e_2,\cdots,e_n$을 구할 수 있다. ■

정의 1.1.12

벡터공간 V의 공집합이 아닌 부분집합 W가 V에서 정의된 두 가지 연산 $+, \cdot$ 에 대해 벡터공간이 될 때, W를 벡터공간 V의 **부분공간(Subspace)**이라고 한다.

도움정리 1.1.13

벡터공간 V의 공집합이 아닌 부분집합 W가 V의 부분공간이 될 필요충분조건은 $w_1, w_2 \in W$와 $r, s \in R$에 대해 $rw_1 + sw_2 \in W$이다.

증명

W가 V의 부분공간이면 두 연산 $+, \cdot$ 에 대해 닫혀 있으므로 $w_1, w_2 \in W$와 $r, s \in R$에 대해 $rw_1 + sw_2 \in W$임은 필요조건이다. 이제 이 조건이 충분조건임을 보이도록 하자. 먼저 $< W, + >$가 가환군임을 보여야 하는데 결합법칙과 교환법칙은 V에서 성립하므로 W에서도 성립한다. $w \in W (\neq \varnothing)$에 대해 $0w = 0$(영벡터)임을 보일 수 있다. 그러므로 $0 = 0 + 0 = 0w + 0w \in W$이다.

그리고 $w \in W$에 대해 $(-1)w = (-1)w + 0 = (-1)w + 0w \in W$이고 $0 = 0w = (1 + (-1))w = 1w + (-1)w = w + (-1)w$이므로 $(-1)w$는 w의 역원이다. 그러므로 $< W, + >$는 가환군이다. 임의의 $w \in W$에 대하여, $1 \cdot w = w$이다. 또한 임의의 $r, s \in R$와 임의의 $w \in W$에 대하여, $(rs)w = r(sw)$ 이고임의의 $r, s \in R$와 임의의 $w_1, w_2 \in W$에 대하여, $(r+s)w_1 = rw_1 + sw_2$, $r(w_1 + w_2) = rw_1 + rw_2$이다.

■

예제 1.1.14

(1) $W = \{(x, y, z) \in R^3 | x - 2y + z = 0\}$는 R^3의 부분공간임을 보여라.

[풀이]

$w_1=(x_1,y_1,z_1), w_2=(x_2,y_2,z_2)\in W$와 $r,s\in R$에 대해

$rw_1+sw_2=(rx_1+sx_2, ry_1+sy_2, rz_1+sz_2)$인데

$$rx_1+sx_2-2(ry_1+sy_2)+rz_1+sz_2$$
$$=r(x_1-2y_1+z_1)+s(x_2-2y_2+z_2)=0+0=0$$

이므로 $rw_1+sw_2\in W$이다.

그러므로 도움정리 1.1.13에 의해 W는 R^3의 부분공간이다.

(2) $W=\{(x,y,z)\in R^3|x-2y+z=1\}$는 R^3의 부분공간이 아님을 보여라.

[풀이]

$w=(x,y,z)\in W$에 대해 $0w+2w=(2x,2y,2z)$를 고려하면

$2x-2(2y)+2z=2(x-2y+z)=2$이므로 $0w+2w\not\in W$이므로 도움정리1.1.13에 의해 W는 R^3의 부분공간이 아니다.

정의 1.1.15

(1) 두 벡터공간 V, W사이의 사상 $T: V\to W$가 다음 조건을 만족할 때, T를 **선형사상(Linear Map)**이라고 한다. 임의의 $r,s\in R$와 임의의 $u,v\in V$에 대하여, $T(ru+sv)=rT(u)+sT(v)$이 성립한다.

(2) 특히, T가 전단사인 선형사상일 때 T를 **선형동형사상(Linear Isomorphism)**이라고 한다.

예 1.1.16

(1) $T: R^3\to R^3, T\begin{bmatrix}a_1\\a_2\\a_3\end{bmatrix}=\begin{bmatrix}a_1\\ \frac{\sqrt{2}}{2}a_2+\frac{\sqrt{2}}{2}a_3\\ -\frac{\sqrt{2}}{2}a_2+\frac{\sqrt{2}}{2}a_3\end{bmatrix}$이라면 사상 T는 3차정방행렬

$A=\begin{bmatrix}1 & 0 & 0 \\ 0 & \frac{\sqrt{2}}{2} & \frac{\sqrt{2}}{2} \\ 0 & -\frac{\sqrt{2}}{2} & \frac{\sqrt{2}}{2}\end{bmatrix}$에 의한 행렬곱과 같다. 즉 $T(x)=Ax,(x\in R^3)$임을 알 수 있고 선형동형사상이다. 역사상은 역행렬 $A^{-1}=\begin{bmatrix}1 & 0 & 0 \\ 0 & \frac{\sqrt{2}}{2} & -\frac{\sqrt{2}}{2} \\ 0 & \frac{\sqrt{2}}{2} & \frac{\sqrt{2}}{2}\end{bmatrix}$에 의한 행렬곱이며 역시 선형동형사상이다.

(2) $T: P_n \to P_n$, $T(a_0+a_1x+\cdots+a_nx^n)=a_1+2a_2x+\cdots+na_nx^{n-1}$는 선형사상이지만 선형동형사상이 아니다.

정의 1.1.17

$T:\ V \to W$을 선형사상이라 하고,

$\alpha=\{v_1,v_2,\cdots,v_n\}$와 $\beta=\{w_1,w_2,\cdots,w_m\}$를 각각 V, W의 기저라고 하자.

(1) 임의의 $v\in V$에 대하여,

$v=\sum_{i=1}^{n} a_iv_i$에 의해 유일하게 정해지는 벡터 $\begin{bmatrix}a_1 \\ a_2 \\ \vdots \\ a_n\end{bmatrix}\in R^n$을

v의 α에 의한 좌표(Coordinates)라고 하고 $[v]_\alpha$로 표시하자.

그리고, $\phi_{V,\alpha}:\ V\to R^n$로 두자.
$\qquad v \mapsto [v]_\alpha$

(2) $T(v_j)=\sum_{i=1}^{m} T_j^i w_i$을 만족하는 실수들 $T_j^i\ (i=1,2,\cdots,m,\ j=1,2,\cdots,n)$로 이루어진 $m\times n$ 행렬 $[T_j^i]$를 α,β에 관한 T의 **표현행렬(Representation Matrix)**이라고 하고, $[T]_\alpha^\beta$로 표기한다.

위에서 소개한 선형사상 $T: V \to W$의 α, β에 관한 표현행렬 $[T]_\alpha^\beta = [T_j^i]_{m\times n}$의 의미를 생각해 보자. 임의의 벡터 $v \in V$가 일차결합 $v = a_1v_1 + a_2v_2 + \cdots + a_nv_n$으로 표현되면

$$[v]_\alpha = \begin{bmatrix} a_1 \\ a_2 \\ \vdots \\ a_n \end{bmatrix}$$

이다. 그리고 $T(v) = T(\sum_{j=1}^n a_jv_j) = \sum_{j=1}^n a_jT(v_j) = \sum_{j=1}^n a_j \sum_{i=1}^m T_j^i w_i = \sum_{i=1}^m (\sum_{j=1}^n T_j^i a_j) w_i$이다. 그러므로

$$[T(v)]_\beta = \begin{bmatrix} \sum_{j=1}^n T_j^1 a_j \\ \sum_{j=1}^n T_j^2 a_j \\ \vdots \\ \sum_{j=1}^n T_j^m a_j \end{bmatrix} = [T_j^i]_{m\times n}[v]_\alpha$$

이다. 즉, V와 W를 각각 좌표사상들 $\phi_{V,\alpha}$와 $\phi_{W,\beta}$에 의해 R^n과 R^m으로 동일시하였을 때 선형사상 T는 이 표현행렬에 의한 행렬곱임을 보여주고 있다.

예제 1.1.18

$\alpha=\{(1,0,0),(0,1,0),(0,0,1)\},\beta=\{(1,0,0),(1,1,0),(1,1,1)\}$은 3차원 유클리드공간 R^3의 기저들이다. 선형사상 $T: R^3\to R^3, T\begin{bmatrix}a_1\\a_2\\a_3\end{bmatrix}=\begin{bmatrix}a_1\\\frac{\sqrt{2}}{2}a_2+\frac{\sqrt{2}}{2}a_3\\-\frac{\sqrt{2}}{2}a_2+\frac{\sqrt{2}}{2}a_3\end{bmatrix}$의 표현행렬 $[T]_\alpha^\alpha$와 $[T]_\beta^\beta$를 구하여라.

[풀이]

$$T\begin{bmatrix}1\\0\\0\end{bmatrix}=1\begin{bmatrix}1\\0\\0\end{bmatrix}+0\begin{bmatrix}0\\1\\0\end{bmatrix}+0\begin{bmatrix}0\\0\\1\end{bmatrix},\ T\begin{bmatrix}0\\1\\0\end{bmatrix}=\begin{bmatrix}0\\\frac{\sqrt{2}}{2}\\-\frac{\sqrt{2}}{2}\end{bmatrix}=0\begin{bmatrix}1\\0\\0\end{bmatrix}+\frac{\sqrt{2}}{2}\begin{bmatrix}0\\1\\0\end{bmatrix}-\frac{\sqrt{2}}{2}\begin{bmatrix}0\\0\\1\end{bmatrix}$$

$T\begin{bmatrix}0\\0\\1\end{bmatrix}=0\begin{bmatrix}1\\0\\0\end{bmatrix}+\frac{\sqrt{2}}{2}\begin{bmatrix}0\\1\\0\end{bmatrix}+\frac{\sqrt{2}}{2}\begin{bmatrix}0\\0\\1\end{bmatrix}$ 이므로

$[T]_\alpha^\alpha=\begin{bmatrix}1&0&0\\0&\frac{\sqrt{2}}{2}&\frac{\sqrt{2}}{2}\\0&-\frac{\sqrt{2}}{2}&\frac{\sqrt{2}}{2}\end{bmatrix}$ 이다. 그리고 $T\begin{bmatrix}1\\0\\0\end{bmatrix}=1\begin{bmatrix}1\\0\\0\end{bmatrix}+0\begin{bmatrix}1\\1\\0\end{bmatrix}+0\begin{bmatrix}1\\1\\1\end{bmatrix}$,

$$T\begin{bmatrix}1\\1\\0\end{bmatrix}=\begin{bmatrix}1\\\frac{\sqrt{2}}{2}\\-\frac{\sqrt{2}}{2}\end{bmatrix}=(1-\frac{\sqrt{2}}{2})\begin{bmatrix}1\\0\\0\end{bmatrix}+\sqrt{2}\begin{bmatrix}1\\1\\0\end{bmatrix}-\frac{\sqrt{2}}{2}\begin{bmatrix}1\\1\\1\end{bmatrix},$$

$T\begin{bmatrix}1\\1\\1\end{bmatrix}=\begin{bmatrix}1\\\sqrt{2}\\0\end{bmatrix}=(1-\sqrt{2})\begin{bmatrix}1\\0\\0\end{bmatrix}+\sqrt{2}\begin{bmatrix}1\\1\\0\end{bmatrix}+0\begin{bmatrix}1\\1\\1\end{bmatrix}$ 이므로

$$[T]_\beta^\beta = \begin{bmatrix} 1 & 1-\dfrac{\sqrt{2}}{2} & 1-\sqrt{2} \\ 0 & \sqrt{2} & \sqrt{2} \\ 0 & -\dfrac{\sqrt{2}}{2} & 0 \end{bmatrix}$$ 이다.

> **정리 1.1.19**
>
> (1) $\phi_{V,\alpha} : V \to R^n$와 $\phi_{W,\beta} : W \to R^m$은 선형동형사상이다.
>
> (2) $T = \phi_{W,\beta}^{-1} \circ [T]_\alpha^\beta \circ \phi_{V,\alpha}$ 또는 임의의 $v \in V$에 대해 $[T(v)]_\beta = [T]_\alpha^\beta [v]_\alpha$ 이다.
>
> (3) 특히, $V = W$ 라고 하면, 항등사상 $id : V \to W$에 대해 다음이 성립한다.
>
> $[id]_\alpha^\beta$ 은 가역행렬(Invertible Matrix)이고
>
> $[id]_\beta^\alpha = ([id]_\alpha^\beta)^{-1}$,
>
> $[T]_\alpha^\alpha = [id]_\beta^\alpha [T]_\beta^\beta [id]_\alpha^\beta$

증명

(1)의 증명은 쉬우므로 각자 해보자. (2)의 증명은 위의 본문 중에서 언급하였다. (3)은 (2)에서 $V = W$, $T = id$로 두면, $id = \phi_{V,\beta}^{-1} \circ [id]_\alpha^\beta \circ \phi_{V,\alpha}$이므로, $[id]_\alpha^\beta = \phi_{V,\beta} \circ \phi_{V,\alpha}^{-1}$ 가 된다. 이로부터, $[id]_\beta^\alpha = ([id]_\alpha^\beta)^{-1}$을 얻는다. 마지막 식의 증명을 위해, (2)로부터, $\phi_{V,\beta}^{-1} \circ [T]_\beta^\beta \circ \phi_{V,\beta} = T = \phi_{V,\alpha}^{-1} \circ [T]_\alpha^\alpha \circ \phi_{V,\alpha}$을 얻고, 이식에 $[id]_\alpha^\beta = \phi_{V,\beta} \circ \phi_{V,\alpha}^{-1}$ 을 이용하면, $[T]_\alpha^\alpha = [id]_\beta^\alpha [T]_\beta^\beta [id]_\alpha^\beta$ 을 얻는다.

위의 예제 1.1.18에서 $[id]_\beta^\alpha = \begin{bmatrix} 1 & 1 & 1 \\ 0 & 1 & 1 \\ 0 & 0 & 1 \end{bmatrix}, [id]_\alpha^\beta = \begin{bmatrix} 1 & -1 & 0 \\ 0 & 1 & -1 \\ 0 & 0 & 1 \end{bmatrix}$ 이므로

$$[T]_\beta^\beta = \begin{bmatrix} 1 & 1-\frac{\sqrt{2}}{2} & 1-\sqrt{2} \\ 0 & \sqrt{2} & \sqrt{2} \\ 0 & -\frac{\sqrt{2}}{2} & 0 \end{bmatrix} = \begin{bmatrix} 1 & -1 & 0 \\ 0 & 1 & -1 \\ 0 & 0 & 1 \end{bmatrix} \begin{bmatrix} 1 & 0 & 0 \\ 0 & \frac{\sqrt{2}}{2} & \frac{\sqrt{2}}{2} \\ 0 & -\frac{\sqrt{2}}{2} & \frac{\sqrt{2}}{2} \end{bmatrix} \begin{bmatrix} 1 & 1 & 1 \\ 0 & 1 & 1 \\ 0 & 0 & 1 \end{bmatrix} = [id]_\alpha^\beta [T]_\alpha^\alpha [id]_\beta^\alpha$$

을 확인 할 수 있다. ■

정의 1.1.20

$T: V \to V$인 선형사상에 대하여, $T(v) = \lambda v$인 실수 λ와 $v \neq 0$인 벡터$v(\in V)$가 존재할 때 λ를 T의 **고윳값(Eigenvalue)**이라고 하고 v를 고윳값 λ에 관한 T의 **고유벡터(Eigenvector)**라고 한다.

정리 1.1.21

α가 V의 기저이고 $[T]_\alpha^\alpha$ 이 T의 표현행렬이면, T의 모든 고윳값의 집합은 $\{\lambda \in R | \det([T]_\alpha^\alpha - \lambda I) = 0\}$이다. 여기서 I는 단위행렬이다.

증명

λ가 T의 고윳값

$\Leftrightarrow$ $T(v) = \lambda v$인 $v \neq 0$가 존재한다

$\Leftrightarrow$ $[T]_\alpha^\alpha [v]_\alpha = [T(v)]_\alpha = [\lambda v]_\alpha = \lambda [v]_\alpha$인 $[v]_\alpha \neq 0$가 존재한다

$\Leftrightarrow$ $([T]_\alpha^\alpha - \lambda I)[v]_\alpha = 0$인 $[v]_\alpha \neq 0$가 존재한다

$\Leftrightarrow$ $\det([T]_\alpha^\alpha - \lambda I) = 0$

정리 1.1.19에 의하면 벡터공간 V의 두 기저 α, β에 대하여

$[T]_\alpha^\alpha = [id]_\beta^\alpha [T]_\beta^\beta [id]_\alpha^\beta = [id]_\beta^\alpha [T]_\beta^\beta ([id]_\beta^\alpha)^{-1}$이므로

$$\det([T]_\alpha^\alpha - \lambda I) = \det([id]_\beta^\alpha [T]_\beta^\beta [id]([id]_\beta^\alpha)^{-1} - \lambda I)$$
$$= \det[id]_\beta^\alpha \det([T]_\beta^\beta - \lambda I)\det([id]_\beta^\alpha)^{-1} = \det([T]_\beta^\beta - \lambda I)$$

이다. 그러므로 T의 모든 고윳값의 집합은 기저 α의 선택에 독립적이다. ■

예제 1.1.22

$T: R^2 \to R^2,\ T(\begin{bmatrix} x \\ y \end{bmatrix}) = \begin{bmatrix} 3x+4y \\ 4x-3y \end{bmatrix}$의 고윳값과 고유벡터를 구하라.

[풀이]

$\alpha = \{(1,0),(0,1)\}$에 대해 $[T]_\alpha^\alpha = \begin{bmatrix} 3 & 4 \\ 4 & -3 \end{bmatrix}$이다.

$\det([T]_\alpha^\alpha - \lambda I) = \det(\begin{bmatrix} 3 & 4 \\ 4 & -3 \end{bmatrix} - \begin{bmatrix} \lambda & 0 \\ 0 & \lambda \end{bmatrix}) = \det\begin{bmatrix} 3-\lambda & 4 \\ 4 & -3-\lambda \end{bmatrix} = \lambda^2 - 25$이므로

$\det([T]_\alpha^\alpha - \lambda I) = 0$의 근은 $\lambda = \pm 5$ 즉, T의 고윳값은 ± 5이다.

$T\begin{bmatrix} x \\ y \end{bmatrix} = \begin{bmatrix} 3x+4y \\ 4x-3y \end{bmatrix} = 5\begin{bmatrix} x \\ y \end{bmatrix}$로부터 $x = 2y$를 얻음으로 5에 관한 T의 고유벡터는

$s\begin{bmatrix} 2 \\ 1 \end{bmatrix}$($s$는 0이 아닌 실수)이며 비슷한 방법으로 -5에 관한 T의 고유벡터는

$t\begin{bmatrix} 1 \\ -2 \end{bmatrix}$($t$는 0이 아닌 실수)임을 알 수 있다.

정의 1.1.23

(1) $\alpha = \{u_1, u_2, \cdots, u_n\}$, $\beta = \{v_1, v_2, \cdots, v_n\}$를 V의 **순서기저(Ordered Basis)**라고 하자. 이 때, $\det([id]_\beta^\alpha) > 0 (< 0)$이면 α와 β는 **동일방향(반대방향)(Same Orientation(Opposite Orientation))이다** 라고 한다.

(2) $V = R^n$으로 두고 $\alpha = \{e_1, e_2, \cdots, e_n\}$를 R^n의 표준기저(Standard Basis)라고 두자. $\{\beta \mid \beta$는 R^n의 기저, $\det([id]_\beta^\alpha) > 0\}$ 를 R^n의 **양의 방향(Positive Orientation)**이라고 한다.

예제 1.1.24

$\left\{\begin{bmatrix}1\\0\\0\end{bmatrix},\begin{bmatrix}0\\1\\0\end{bmatrix},\begin{bmatrix}0\\0\\1\end{bmatrix}\right\}$과 $\left\{\begin{bmatrix}1\\0\\-1\end{bmatrix},\begin{bmatrix}0\\1\\1\end{bmatrix},\begin{bmatrix}2\\0\\a\end{bmatrix}\right\}$이 동일방향이 되는 a의 범위를 정하여라.

[풀이]

$\alpha=\left\{\begin{bmatrix}1\\0\\0\end{bmatrix},\begin{bmatrix}0\\1\\0\end{bmatrix},\begin{bmatrix}0\\0\\1\end{bmatrix}\right\}$, $\beta=\left\{\begin{bmatrix}1\\0\\-1\end{bmatrix},\begin{bmatrix}0\\1\\1\end{bmatrix},\begin{bmatrix}2\\0\\a\end{bmatrix}\right\}$에 대해$[id]_\beta^\alpha=\begin{bmatrix}1&0&2\\0&1&0\\-1&1&a\end{bmatrix}$이므로

$\det[id]_\beta^\alpha=a+2$이다. 그러므로 $a>-2$이다.

예제 1.1.25

$\beta=\{v_1,v_2\}$가 $\alpha=\left\{e_1=\begin{bmatrix}1\\0\end{bmatrix},e_2=\begin{bmatrix}0\\1\end{bmatrix}\right\}$와 동일방향인 R^2의 기저라면 β는 어떤 형태일까 설명하여라.

[풀이]

$v_1=\begin{bmatrix}a_1\\a_2\end{bmatrix},v_2=\begin{bmatrix}b_1\\b_2\end{bmatrix}$라고 하자. 벡터 v_1으로부터 시계반대방향으로 v_2까지의 각도를 θ라고하면 양수 $c=\dfrac{\sqrt{b_1^2+b_2^2}}{\sqrt{a_1^2+a_2^2}}$에 대해 $v_2=c\begin{bmatrix}a_1\cos\theta-a_2\sin\theta\\a_1\sin\theta+a_2\cos\theta\end{bmatrix}$이다.

$$\det[id]_\beta^\alpha=\det\begin{bmatrix}a_1 & ca_1\cos\theta-ca_2\sin\theta\\a_2 & ca_1\sin\theta+ca_2\cos\theta\end{bmatrix}=c(a_1^2+a_2^2)\sin\theta=\sqrt{(a_1^2+a_2^2)(b_1^2+b_2^2)}\,\sin\theta$$

이다. 그러므로 $\det[id]_\beta^\alpha>0$이면 $\sin\theta>0$이므로 $0<\theta<\pi$이다. 즉 v_1으로부터 시계반대방향으로 v_2까지의 각도가 π보다 작아야한다.

정의 1.1.26

3차원 유클리드공간 R^3내의 임의의 두 벡터 $u=\begin{bmatrix}u_1\\u_2\\u_3\end{bmatrix}, v=\begin{bmatrix}v_1\\v_2\\v_3\end{bmatrix}$에 대하여, $u\times v=(u_2v_3-u_3v_2, u_3v_1-u_1v_3, u_1v_2-u_2v_1)$로 정의하고, 이를 u, v의 **벡터곱 (Vector Product)**이라고 한다.

도움정리 1.1.27

3차원 유클리드공간 R^3내의 벡터들 u,v,w와 실수 r에 대하여, 다음이 성립한다.

(1) $v\times u=-(u\times v)$, $(ru)\times v=r(u\times v)$.

(2) $u\times v=0 \Leftrightarrow u,v$는 일차종속이다.

(3) $(u+v)\times w=u\times w+v\times w$.

(4) $|u\times v|=|u||v|\sin\theta$, θ는 u와 v의 사잇각이다.

(5) $\{u,v,u\times v\}$: R^3 의 양의 방향이다. 단, $\{u,v\}$는 일차독립이다.

(6) $<u,u\times v>=<v,u\times v>=0$.

증명

(1), (3)은 벡터곱의 정의에 의해 당연하다.

(4) $u=(u_1,u_2,u_3), v=(v_1,v_2,v_3)$라고 하면

$$\begin{aligned}|u\times v|^2 &= \begin{vmatrix}u_2 & u_3\\ v_2 & v_3\end{vmatrix}^2+\begin{vmatrix}u_1 & u_3\\ v_1 & v_3\end{vmatrix}^2+\begin{vmatrix}u_1 & u_2\\ v_1 & v_2\end{vmatrix}^2\\ &=(u_1^2+u_2^2+u_3^2)(v_1^2+v_2^2+v_3^2)-(u_1v_1+u_2v_2+u_3v_3)^2\\ &=|u|^2|v|^2-<u,v>^2\\ &=|u|^2|v|^2\sin^2\theta.\end{aligned}$$

(2) (4)의 증명과정을 이용하면, $u\times v=0 \Leftrightarrow |u||v|\sin\theta=0 \Leftrightarrow u=0$이거나 $v=0$이거나 $\theta=0$이므로 $u\times v=0$는 u,v가 일차종속임과 동치임을 알 수 있다.

(5) $\alpha=\{e_1,e_2,e_3\}$, $\beta=\{u,v,u\times v\}$로 두면

$\det([id]_\beta^\alpha)=\begin{vmatrix} u \\ v \\ u\times v \end{vmatrix}=<u\times v,u\times v>=|u\times v|^2>0$이므로 $\{u,v,u\times v\}$는 R^3의 양의 방향이다.

(6) $u=(u_1,u_2,u_3)$, $v=(v_1,v_2,v_3)$라고 두면

$<u,u\times v>=u_1(u_2v_3-u_3v_2)-u_2(u_1v_3-u_3v_1)+u_3(u_1v_2-u_2v_1)=0$이며 비슷한 계산에 의해 $<v,u\times v>=0$임을 알 수 있다. ■

R^3내의 세 벡터 u,v,w에 대해 u와 $v\times w$의 내적 $<u,v\times w>$을 스칼라 삼중적이라고 부르는데 스칼라 삼중적은 삼차정방행렬 $\begin{bmatrix} u \\ v \\ w \end{bmatrix}$(여기서 u,v,w는 모두 행벡터들이다.) 의 행렬식 값 $\det\begin{bmatrix} u \\ v \\ w \end{bmatrix}$와 같음을 외적과 내적의 정의를 통해 알 수 있다. 행렬식에서는 두 행을 교환하면 행렬식의 부호만 바뀌므로 다음 삼중적은 동일하다.

$$<u,v\times w>=<v,w\times u>=<w,u\times v>$$

아래 예제는 삼중적의 기하학적 의미를 보여준다.

예제 1.1.28

$\{u,v,w\}$이 R^3의 일차독립인 부분집합일 때 $|<w,u\times v>|$은 기하학적으로 세벡터들 u,v 그리고 w가 만드는 평행육면체의 부피가 됨을 보여라.

[풀이]

$<w,u\times v>=<u,v\times w>$이므로 $<u,v\times w>$에 대해 설명하겠다. v와 w가 만드는 평행사변형에 수직이고 크기가 v,w,u가 만드는 평행육면체의 높이와 일치하는 벡터 u'를 생각하자. 그러면 v,w,u가 만드는 평행육면체의 부피는 v,w,u'가 만드는 평행육면체의 부피와 같고, 따라서 $|v\times w||u'|$이다.

$|u'|=|u||\cos\theta|$인데 θ는 $u\times v$와 w의 사잇각이다. (도움정리1.1.27의 (6)에 의해 $v\times w$가 v와 w에 수직임을 고려하여라.)

그러므로 $|<v\times w,u>|=|v\times w||u||\cos\theta|$는 세 벡터들 v,w 그리고 u가 만드는 평행육면체의 부피이다.

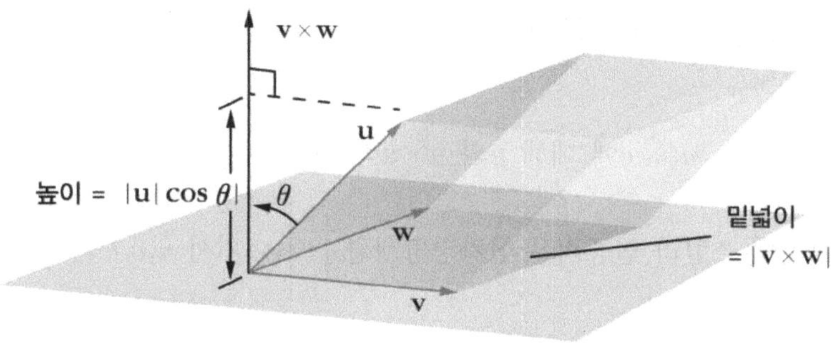

그림 1-1-1

$\beta=\{v_1,v_2,v_3\}$가 $\alpha=\left\{e_1=\begin{bmatrix}1\\0\\0\end{bmatrix},e_2=\begin{bmatrix}0\\1\\0\end{bmatrix},e_3=\begin{bmatrix}0\\0\\1\end{bmatrix}\right\}$와 동일방향인 R^3의 기저라면 β는 어떤 형태일까? 위에서 언급한 스칼라 삼중적을 이용하면 $\det([id]_\beta^\alpha)=<v_1\times v_2,v_3>$이므로 $<v_1\times v_2,v_3>$가 양수이기 위해서는 $v_1\times v_2$와 v_3가 이루는 각이 $\frac{\pi}{2}$보다 작아야 한다.

공간적으로 이해하면 두 벡터 v_1과 v_2의 작용점을 일치시키면 R^3의 한 평면을 결정하는데 도움정리1.1.27의 (6)에 의해 $v_1\times v_2$는 이 평면에 수직벡터이므로 $v_1\times v_2$와 v_3의 작용점을 v_1,v_2의 그것들과 일치시키면 v_3의 끝점과 $v_1\times v_2$의 끝점이 위의 평면에 대해 같은 쪽에 위치해야 한다.

벡터공간 V와 그의 기저를 $\{v_1, v_2, \cdots, v_n\}$라 두자.

$f : R \to V$로 두면, $f(t) = \sum_{i=1}^{n} f^i(t) v_i$, $f^i : R \to R (t \in R)$으로 표현할 수 있다.

정의 1.1.29

(1) 각각의 f^i가 미분가능할 때, f는 **미분가능(Differentiable)**하다고 하고,

$\frac{df}{dt} = \sum_{i=1}^{n} \frac{df^i}{dt} v_i$로 정의한다.

(2) 각각의 f^i가 $[a,b]$에서 적분가능할때, f는 $[a,b]$에서 **적분가능(Integrable) 하다**고 하고, $\int_a^b f(t)dt = \sum_{i=1}^{n} (\int_a^b f^i(t)dt) v_i$로 정의한다.

예제 1.1.30

위의 정의는 기저의 선택과는 무관하다. 이를 보여라.

[풀이]

(1) $\{u_1, u_2, \cdots, u_n\}$를 V의 또 다른 기저라고 하자.

그러면 $v_i = \sum_{j=1}^{n} a_{ij} u_j, (i = 1, \cdots, n)$이고 스칼라 행렬 $[a_{ij}]_{n \times n}$은 가역이다.

$f(t) = \sum_{i=1}^{n} f^i(t) v_i = \sum_{i=1}^{n} f^i(t) \sum_{j=1}^{n} a_{ij} u_j = \sum_{j=1}^{n} (\sum_{i=1}^{n} a_{ij} f^i(t)) u_j$이고

$\sum_{i=1}^{n} a_{ij} f^i(t) = g^j(t)$, $(j = 1, \cdots, n)$으로 두면 $f(t) = \sum_{j=1}^{n} g^j(t) u_j$이므로 $f^i(t)$와 $g^j(t)$($i, j = 1, \cdots, n$)이 미분가능한 것은 서로 동치임을 알 수 있다. 따라서 정의 (1)은 기저의 선택에 독립적이다. (2)도 (1)과 비슷하게 기저의 선택에 독립적인

정의임을 보일 수 있다.

정리 1.1.31

미분가능한 두 함수 $f, g : R \to R^3$에 대하여, $< f,g >, f \times g$도 미분가능하며,

$$\frac{d}{dt}< f,g > \; = \; < \frac{df}{dt},g >+< f, \frac{dg}{dt}>,$$
$$\frac{d}{dt}(f \times g) = \frac{df}{dt} \times g + f \times \frac{dg}{dt}$$

이 된다.

증명

쉬우므로 각자 해보자. ■

정의 1.1.32

$k \in N$로 두자.

(1) 임의의 $n \le k$에 대하여 연속인 n계 도함수가 존재하는 함수 $f : R \to R$를 C^k-급 함수라고 한다.

(2) 임의의 $n \le k$에 대하여 연속인 n계 편도함수가 존재하는 함수 $f : R^n \to R$를 C^k-급 함수라고 한다.

(3) 임의의 $n \le k$ 에 대하여 모든 f^i가 연속인 n계 도함수를 가질 때 $f : R \to V$를 C^k-급 함수라고 한다.

여기서, $f(t) = \sum_{i=1}^{n} f^i(t) v_i$, $f^i : R \to R (t \in R)$이다.

다음 연쇄율은 다변수함수의 기초미적분학에 속하는 결과이다. 증명은 생략한다.

정리 1.1.33 | 연쇄율(Chain rule)

두 함수

$$F : R^m \to R^n$$
$$(u_1, u_2, \cdots, u_m) \mapsto F(u_1, u_2, \cdots, u_m) = (F^1(u_1, u_2, \cdots, u_m), \cdots, F^n(u_1, u_2, \cdots, u_m)),$$

$$G : R^n \to R$$
$$(v_1, v_2, \cdots, v_n) \mapsto G(v_1, v_2, \cdots, v_n)$$

가 미분가능하면, 합성함수 $G \circ F : R^m \to R$도 미분가능하고,

$$\frac{\partial (G \circ F)}{\partial u_i} = \sum_{k=1}^{n} \frac{\partial G}{\partial v_k} \frac{\partial v_k}{\partial u_i} = \sum_{k=1}^{n} \frac{\partial G}{\partial v_k} \frac{\partial F_k}{\partial u_i}$$

이 된다.

| 연습문제 1-1 |

1. 다음 집합들 중 벡터공간 R^3의 기저를 모두 고르시오.

   (1) $\{(1,0,-1),(2,5,1),(0,-4,3)\}$

   (2) $\{(2,-4,1),(0,3,-1),(6,0,-1)\}$

   (3) $\{(1,2,-1),(1,0,2),(2,1,1)\}$

   (4) $\{(-1,3,1),(2,-4,-3),(-3,8,2)\}$

2. 집합 $\{(1,4,-6),(1,5,8),(2,1,1),(0,1,0)\}$는 R^3의 일차독립인 집합인가?

3. 네 벡터 $v_1 = (1,1,1,1), v_2 = (0,1,1,1), v_3 = (0,0,1,1)$ 그리고 $v_4 = (0,0,0,1)$은 R^4의 기저를 이룬다. 벡터 (a_1, a_2, a_3, a_4)를 이 네 벡터의 일차결합으로 나타내어라.

4. V가 n차원 벡터공간이라고 하자. 부분집합 S가 V를 생성한다고 하자.

(1) S는 적어도 n개의 벡터를 포함함을 보여라.

(2) S의 적당한 부분집합이 V의 기저가 됨을 보여라.

5. W가 벡터공간 $(V,+,\cdot)$의 공집합이 아닌 부분집합으로서 동일한 연산 $+$과 $\cdot$에 대해 W가 벡터공간을 이룰 때 W를 V의 부분공간이라고 하다. 공집합이 아닌 부분집합 W가 R위의 벡터공간 $(V,+,\cdot)$의 부분공간이 될 필요충분조건이 (1) $w_1, w_2 \in W$이면 $w_1 + w_2 \in W$와 (2) $w \in W$이고 $c \in R$이면 $cw \in W$임을 보여라.

6. $W = \left\{(a_1, a_2, a_3, a_4, a_5) \in R^5 | a_1 - a_3 - a_4 = 0\right\}$가 R^5의 부분공간임을 보이고 W의 기저를 하나 구하여라.

7. n차 정방행렬들의 집합 $M_n(R) = \left\{[a_{ij}]_{n\times n} | a_{ij} \in R, i, j = 1, \cdots, n\right\}$은 행렬들의 합과 상수배 연산에 대해 벡터공간을 이룬다. 이 벡터공간의 부분집합
$W = \left\{[a_{ij}]_{n\times n} \in M_n(R) | \sum_{i=1}^{n} a_{ii} = 0\right\}$가 부분공간임을 보이고 W의 차원을 구하시오.

8. 다음 사상들이 선형사상임을 보이시오.

(1) $T: R^3 \to R^2; T(a_1, a_2, a_3) = (a_1 - a_2, 2a_3)$

(2) $T: M_2(R) \to M_2(R); T\begin{bmatrix} a_{11} & a_{12} \\ a_{21} & a_{22} \end{bmatrix} = \begin{bmatrix} 2a_{11} - a_{12} & a_{21} - a_{22} \\ 0 & 0 \end{bmatrix}$

(3) $T: M_n(R) \to R;\quad T[a_{ij}]_{n\times n} = \sum_{i=1}^{n} a_{ii}$

9. $T: V \to W$가 두 벡터공간들 V에서 W에로의 선형사상이라고 하자. $N(T)=\{v \in V | T(v)=0\}, R(T)=\{T(v) | v \in V\}$를 각각 T의 영공간 그리고 치역이라고 한다. $N(T)$와 $R(T)$가 각각 V와 W의 부분공간임을 보이시오.

10. R^3의 부분집합 $P=\{(x,y,z) | x-2y+z=0\}$가 부분공간임을 보이고 예제 1.1.8과 같이 R^3에 내적이 주어졌을 때 P의 정규직교기저를 하나 구하여라.

11. $T: R^2 \to R^3$가 $T(a_1,a_2)=(a_1-a_2, a_1, 2a_1+a_2)$로 주어진 선형사상이고 R^2의 두 기저 $\alpha=\{(1,2),(2,3)\}$, $\beta=\{(1,0),(0,1)\}$ 와 R^3의 기저 $\gamma=\{(1,0,0),(1,1,0),(1,1,1)\}$에 대해 $[id]_\alpha^\beta$, $[T]_\alpha^\gamma$ 그리고 $[T]_\beta^\gamma$를 구하여 $[T]_\alpha^\gamma=[T]_\beta^\gamma[id]_\alpha^\beta$임을 확인하여라.

12. 다음 선형사상의 고윳값과 고유벡터를 구하여라.

(1) $T: R^2 \to R^2$, $T(a_1,a_2)=(a_1+2a_2, 3a_1+2a_2)$

(2) $T: R^3 \to R^3$, $T(a_1,a_2,a_3)=(-2a_2-3a_3, -a_1+a_2-a_3, 2a_1+2a_2+5a_3)$

13. V를 실수 집합 R위의 유한차원 내적공간이라고 하자.

(1) W_1과 W_2를 V의 부분공간들이라고 하면 집합 $W_1+W_2=\{w_1+w_2 | w_i \in W_i, i=1,2\}$와 $W_1 \cap W_2$가 V의 부분공간들임을 보여라. (W_1+W_2를 두 공간의 합공간이라고 한다.)

(2) V의 두 부분공간들 W_1과 W_2에 대해 $\dim(W_1+W_2)=\dim W_1+\dim W_2-\dim(W_1 \cap W_2)$임을 보여라.

(3) V의 부분공간 W에 대해 $W^{\perp}=\{v\in V|<v,w>=0, w\in W\}$가 V의 부분공간임을 보여라. ($W^{\perp}$를 W의 **직교공간**이라고 한다.)

(4) V의 두 부분공간들 W_1과 W_2에 대해 $V=W_1+W_2, W_1\cap W_2=\{0\}$일 때 $V=W_1\oplus W_2$로 표현하고 V를 W_1과 W_2의 **직합(Direct Sum)**이라고 하는데 임의의 부분공간 W에 대해 $V=W\oplus W^{\perp}$임을 보여라.

($V=W_1\oplus W_2$이고 $W_2=W_1^{\perp}$일 때 V를 W_1과 W_2의 **직교직합(Orthogonal Direct Sum)**이라고 한다.

제2절 접벡터, 접공간 그리고 벡터장

미적분학에서 유클리드공간 R^3내의 벡터를 다룰 때는 작용점은 무시하고 방향과 크기만 고려하여 직관적으로 화살표로 이해하였다. 그러나 정확하게는 작용점이 다른 벡터들은 구별할 필요가 있다. 이 절에서는 작용점이 제시되는 R^3내의 접벡터와 접벡터들의 벡터공간인 접공간과 그리고 벡터장과 접벡터에 관한 방향도함수를 소개한다.

정의 1.2.1

R^3의 접벡터 $v_{\boldsymbol{p}}$는 R^3의 두 점, 벡터부분 v와 작용점 $\boldsymbol{p}$로 이루어진다.

두 접벡터 $v_{\boldsymbol{p}}=w_{\boldsymbol{q}}$가 되기 위한 필요충분조건은 벡터부분과 작용점이 같을 때이다.

즉 $v=w$, $\boldsymbol{p}=\boldsymbol{q}$이다.

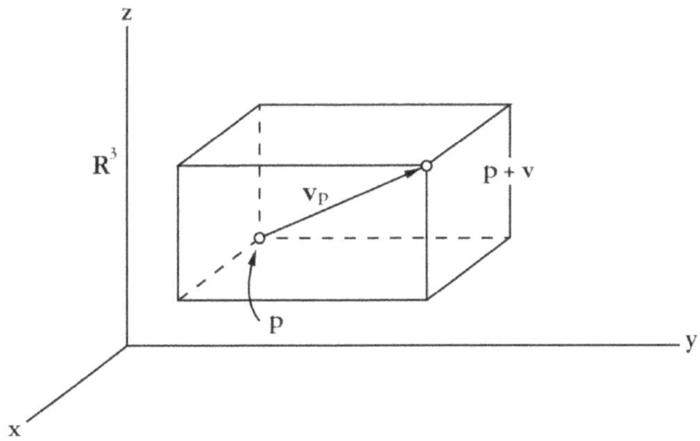

그림 1-2-1

정의 1.2.2

작용점이 $\boldsymbol{p}(\in R^3)$인 모든 접벡터들의 모임 $T_{\boldsymbol{p}}(R^3)$를 $\boldsymbol{p}$에서의 R^3의 접공간이라고 한다.

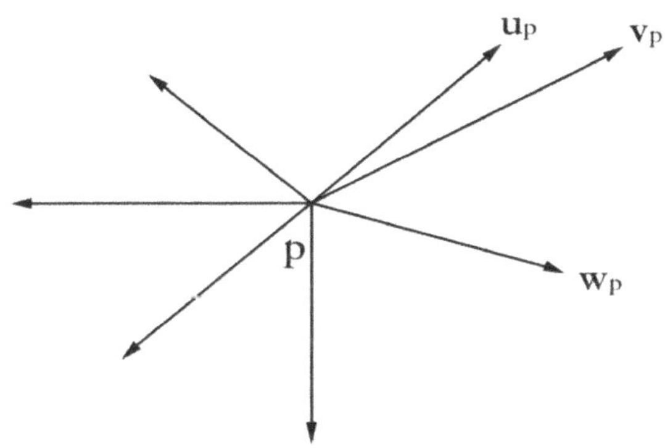

그림 1-2-2

접공간 $T_{\boldsymbol{p}}(R^3)$는 다음 합과 스칼라배에 의해 3차원 벡터공간이 된다.

$v_{\boldsymbol{p}}, w_{\boldsymbol{p}} \in T_{\boldsymbol{p}}(R^3)$일 때 $v_{\boldsymbol{p}} + w_{\boldsymbol{p}} = (v+w)_{\boldsymbol{p}}$, $c \in R$에 대해 $c(v_{\boldsymbol{p}}) = (cv)_{\boldsymbol{p}}$

정의 1.2.3

R^3내의 임의의 점 $\boldsymbol{p}$에서의 임의의 두 접벡터

$$u_{\boldsymbol{p}} = \begin{bmatrix} u_1 \\ u_2 \\ u_3 \end{bmatrix}_{\boldsymbol{p}}, v_{\boldsymbol{p}} = \begin{bmatrix} v_1 \\ v_2 \\ v_3 \end{bmatrix}_{\boldsymbol{p}} \in T_{\boldsymbol{p}}(R^3)$$

에 대하여 내적을 $< u_{\boldsymbol{p}}, v_{\boldsymbol{p}} > = u_1v_1 + u_2v_2 + u_3v_3$로 정의한다.

내적에 관한 성질은 정의 1.1.7를 참고하기 바란다.

정의 1.2.4

R^3내의 임의의 점 $\boldsymbol{p}$와 $u_{\boldsymbol{p}} = \begin{bmatrix} u_1 \\ u_2 \\ u_3 \end{bmatrix}_{\boldsymbol{p}}, v_{\boldsymbol{p}} = \begin{bmatrix} v_1 \\ v_2 \\ v_3 \end{bmatrix}_{\boldsymbol{p}} \in T_{\boldsymbol{p}}(R^3)$에 대하여,

$u_{\boldsymbol{p}} \times v_{\boldsymbol{p}} = (u_2v_3 - u_3v_2, u_3v_1 - u_1v_3, u_1v_2 - u_2v_1)_{\boldsymbol{p}} \in T_{\boldsymbol{p}}(R^3)$로 정의하고

이를 $u_{\boldsymbol{p}}$와 $v_{\boldsymbol{p}}$의 **벡터곱(Vector Product)**이라고 한다.

도움정리 1.2.5

$u_{\boldsymbol{p}}, v_{\boldsymbol{p}}, w_{\boldsymbol{p}} \in T_{\boldsymbol{p}}(R^3), r \in R$에 대하여, 다음이 성립한다.

(1) $v_{\boldsymbol{p}} \times u_{\boldsymbol{p}} = -(u_{\boldsymbol{p}} \times v_{\boldsymbol{p}})$, $(ru_{\boldsymbol{p}}) \times v_{\boldsymbol{p}} = r(u_{\boldsymbol{p}} \times v_{\boldsymbol{p}})$.

(2) $u_{\boldsymbol{p}} \times v_{\boldsymbol{p}} = 0 \Leftrightarrow \{u_{\boldsymbol{p}}, v_{\boldsymbol{p}}\}$: 일차종속이다.

(3) $(u_{\boldsymbol{p}} + v_{\boldsymbol{p}}) \times w_{\boldsymbol{p}} = u_{\boldsymbol{p}} \times w_{\boldsymbol{p}} + v_{\boldsymbol{p}} \times w_{\boldsymbol{p}}$.

(4) $|u_{\boldsymbol{p}} \times v_{\boldsymbol{p}}| = |u_{\boldsymbol{p}}||v_{\boldsymbol{p}}|\sin\theta$, θ는 $u_{\boldsymbol{p}}$와 $v_{\boldsymbol{p}}$의 사잇각이다.

(5) $\{u_{\boldsymbol{p}}, v_{\boldsymbol{p}}, u_{\boldsymbol{p}} \times v_{\boldsymbol{p}}\}$: R^3의 양의 방향이다. 단, $\{u_{\boldsymbol{p}}, v_{\boldsymbol{p}}\}$는 일차독립이다.

(6) $< u_{\boldsymbol{p}}, u_{\boldsymbol{p}} \times v_{\boldsymbol{p}} > = < v_{\boldsymbol{p}}, u_{\boldsymbol{p}} \times v_{\boldsymbol{p}} > = 0$.

증명

도움정리 1.1.27의 증명을 참고하기 바란다. ■

정의 1.2.6

R^3의 벡터장 V는 R^3의 각 점 $\mathbf{p}$에 대해 $\mathbf{p}$에서의 R^3의 접벡터 $V(\mathbf{p})\in T_{\mathbf{p}}(R^3)$를 대응시키는 것이다. 두 벡터장 V, W과 $\mathbf{p}\in R^3$에 대해 $V(\mathbf{p})$와 $W(\mathbf{p})$는 $T_{\mathbf{p}}(R^3)$에 있으므로 V와 W를 합할 수 있다. 즉, 두 벡터장의 합을 다음과 같이 정의한다.

$$(V+W)(\mathbf{p}) = V(\mathbf{p}) + W(\mathbf{p})$$

또 스칼라함수 $f : R^3 \to R$에 대해 $(fV)(\mathbf{p}) = f(\mathbf{p})V(\mathbf{p})$로 정의한다.

정의 1.2.7

U_1, U_2, U_3는 R^3의 각 점 $\mathbf{p}$에서 다음과 같이 정의된 벡터장이다.

$U_1(\mathbf{p}) = (1,0,0)_{\mathbf{p}}$, $U_2(\mathbf{p}) = (0,1,0)_{\mathbf{p}}$, $U_3(\mathbf{p}) = (0,0,1)_{\mathbf{p}}$. U_1, U_2, U_3를 R^3에서 정의된 **자연틀장(Natural Frame Fields)**이라고 부른다.

도움정리 1.2.8

V가 R^3에서 정의된 벡터장이면, R^3에서 정의된 다음과 같은 실함수 v_1, v_2, v_3가 유일하게 결정된다.

$$V = v_1 U_1 + v_2 U_2 + v_3 U_3.$$

이 때, 함수 v_1, v_2, v_3를 V의 유클리드 좌표함수라고 한다.

증명

V는 각 점 $\boldsymbol{p}$에 대하여 접벡터 $V(\boldsymbol{p})$를 대응시킨다. 그래서 $V(\boldsymbol{p})$의 벡터부분을 $(v_1(\boldsymbol{p}), v_2(\boldsymbol{p}), v_3(\boldsymbol{p}))$라고 쓸 수 있고 v_1, v_2, v_3를 R^3에서 정의된 함수라고 볼 수 있다. 그래서

$$\begin{aligned} V(\boldsymbol{p}) &= (v_1(\boldsymbol{p}), v_2(\boldsymbol{p}), v_3(\boldsymbol{p}))_{\boldsymbol{p}} \\ &= v_1(\boldsymbol{p})(1,0,0)_{\boldsymbol{p}} + v_2(\boldsymbol{p})(0,1,0)_{\boldsymbol{p}} + v_3(\boldsymbol{p})(0,0,1)_{\boldsymbol{p}} \\ &= v_1(\boldsymbol{p})U_1(\boldsymbol{p}) + v_2(\boldsymbol{p})U_2(\boldsymbol{p}) + v_3(\boldsymbol{p})U_3(\boldsymbol{p}) \\ &= (v_1U_1 + v_2U_2 + v_3U_3)(\boldsymbol{p}) \end{aligned}$$

이므로 $V = v_1U_1 + v_2U_2 + v_3U_3$이다. ■

R^3의 각 접벡터 $v_{\boldsymbol{p}}$에 대해 직선 $t \to \boldsymbol{p} + tv$를 생각할 수 있다. f가 R^3에서 정의된 미분가능한 함수이면 $t \to f(\boldsymbol{p} + tv)$는 보통의 미분가능한 함수이다. $t = 0$에서의 이 함수의 미분값은 $\boldsymbol{p}$가 v방향으로 움직일 때 f의 변화율을 말해 준다.

정의 1.2.9

f가 R^3에서 정의된 미분가능한 실함수이고, $v_{\boldsymbol{p}}$가 R^3의 접벡터일 때

$$v_{\boldsymbol{p}}[f] = \frac{d}{dt} f(\boldsymbol{p} + tv)|_{t=0}$$

를 점 $\boldsymbol{p}$에서 v방향으로 f의 **방향도함수**라고 한다.

도움정리 1.2.10

$v_{\boldsymbol{p}} = (v_1, v_2, v_3)_{\boldsymbol{p}}$가 R^3의 접벡터이면 $v_{\boldsymbol{p}}[f] = \sum_i v_i \frac{\partial f}{\partial x_i}(\boldsymbol{p})$이다.

증명

$\boldsymbol{p}=(p_1,p_2,p_3)$라고 두면

$$\begin{aligned} v_{\boldsymbol{p}}[f] &= \frac{d}{dt}f(\boldsymbol{p}+tv)|_{t=0} = \frac{d}{dt}f(p_1+tv_1,p_2+tv_2,p_3+tv_3)|_{t=0} \\ &= \sum_i v_i \frac{\partial f}{\partial x_i}(\boldsymbol{p}) \end{aligned}$$

이다. 마지막 등호는 연쇄율의 결과이다. ■

> **정리 1.2.11**
>
> f와 g는 R^3에서 정의된 함수들이고 $v_{\boldsymbol{p}}, w_{\boldsymbol{p}}$는 접벡터들 그리고 a, b는 실수들일 때, 다음이 성립한다.
>
> (1) $(av_{\boldsymbol{p}}+bw_{\boldsymbol{p}})[f]=av_{\boldsymbol{p}}[f]+bw_{\boldsymbol{p}}[f]$
>
> (2) $v_{\boldsymbol{p}}[af+bg]=av_{\boldsymbol{p}}[f]+bv_{\boldsymbol{p}}[f]$
>
> (3) $v_{\boldsymbol{p}}[fg]=v_{\boldsymbol{p}}[f]g(\boldsymbol{p})+f(\boldsymbol{p})v_{\boldsymbol{p}}[g]$

증명

(1) $v=(v_1,v_2,v_3), w=(w_1,w_2,w_3)$라고 하면

$av_{\boldsymbol{p}}+bw_{\boldsymbol{p}}=(av+bw)_{\boldsymbol{p}}=(av_1+bw_1,av_2+bw_2,av_3+bw_3)_{\boldsymbol{p}}$이므로 도움정리 1.2.10에 의해 $(av_{\boldsymbol{p}}+bw_{\boldsymbol{p}})[f]=\sum_i(av_i+bw_i)\frac{\partial f}{\partial x_i}(\boldsymbol{p})=a\sum_i v_i\frac{\partial f}{\partial x_i}(\boldsymbol{p})+b\sum_i w_i\frac{\partial f}{\partial x_i}(\boldsymbol{p})$이다.

$$=av_{\boldsymbol{p}}[f]+bw_{\boldsymbol{p}}[p]$$

(2)와 (3)도 도움정리 1.2.10을 이용하여 유도할 수 있다. ■

R^3에서 정의된 미분이 가능한 실함수 f와 R^3에서의 벡터장 V에 대해 $V[f]$를

$V[f](\boldsymbol{p}) = V(\boldsymbol{p})[f]$로 정의하자.

정리 1.2.12

V와 W가 R^3에서 정의된 벡터장이고, f,g,h가 실함수이고 a,b가 실수들 일 때, 다음이 성립한다.

(1) $(fW+gV)[f] = fW[f]+gV[f]$

(2) $V[af+bg] = aV[f]+bV[g]$

(3) $V[fg] = V[f]g+fV[g]$

증명

위의 정의와 정리 1.2.11에 의해 명백하다. ■

| 연습문제 1-2 |

1. $v=(1,2,1), \boldsymbol{p}=(1,1,0)$에 대한 R^3의 접벡터 $v_{\boldsymbol{p}}$에 대하여 $v_{\boldsymbol{p}}[f]$를 구하여라.

(1) $f(x_1,x_2,x_3)=x_2^2x_3$ (2) $f(x_1,x_2,x_3)=x_1e^{x_2}$ (3) $f(x_1,x_2,x_3)=x_1\sin x_2$

2. 도움정리 1.2.10을 이용하여 문제 1의 방향도함수를 구하여라.

3. $V=x_2^2U_1-x_1U_3,$ $f(x_1,x_2,x_3)=x_1x_2,$ $g(x_1,x_2,x_3)=x_3^3$일 때, 다음을 구하여라.

(1) $V[f]$ (2) $V[g]$ (3) $V[fg]$ (3) $V[V[f]]$

4. R^3에서 정의된 모든 함수 f에 대하여 $V[f] = W[g]$이면 $V= W$임을 보여라.

제3절 R^3의 등거리사상

이 절에서는 3차원 유클리드공간 R^3의 거리를 보존하는 등거리사상을 소개하고 규명하고자한다. R^3의 모든 점 $p=(p_1,p_2,p_3), q=(q_1,q_2,q_3)$에 대해 두 점 사이의 거리는 $d(p,q)=\sqrt{(p_1-q_1)^2+(p_2-q_2)^2+(p_3-q_3)^2}$로 정의된다. 앞에서의 내적 또는 노름을 이용해서 표현하면 $d(p,q)=\sqrt{<p-q,p-q>}=|p-q|$와 같다.

> **정의 1.3.1**
>
> R^3의 **등거리사상** F는 R^3의 모든 점 p,q에 대해 $d(F(p)),F(q))=d(p,q)$를 만족하는 사상이다.

예 1.3.2

(1) 평행이동 (translation)

R^3의 고정된 점 a에 대해 T는 모든 점 p에 대해 a를 더해주는 사상이라 하자. 그러면 $T(p)=p+a$이다. 이러한 사상을 a에 의한 평행이동이라고 한다.
$d(T(p),T(q))=d(p+a,q+a)=|(p+a)-(q+a)|=|p-q|=d(p,q)$이므로 평행이동 T는 등거리사상임을 알 수 있다.

(2) 좌표축에 의한 회전이동(rotation by coordinate axis)

x_1x_2-평면위의 점 (p_1,p_2)를 원점을 중심으로 시계반대방향으로 θ만큼 회전시켰을 때의 점의 좌표를 (q_1,q_2)라고 하면, 두 점의 좌표들의 관계는 다음과 같다.

$$q_1=\cos\theta p_1-\sin\theta p_2,$$
$$q_2=\sin\theta p_1+\cos\theta p_2.$$

그러므로 x_3축을 중심으로 시계반대방향으로 θ만큼 회전시키는 사상 C는 모든 점

$p=(p_1,p_2,p_3)$에 대해 다음과 같이 표현된다.

$$C(p)=(\cos\theta p_1-\sin\theta p_2, \sin\theta p_1+\cos\theta p_2, p_3),$$

여기서 C는 R^3의 표준기저 $\alpha=\{(1,0,0),(0,1,0),(0,0,1)\}$대한 표현행렬 $\begin{bmatrix}\cos\theta & -\sin\theta & 0\\ \sin\theta & \cos\theta & 0\\ 0 & 0 & 1\end{bmatrix}$인 선형사상인데 직접 계산에 의해 거리를 보존하는 등거리사상임을 확인할 수 있다.

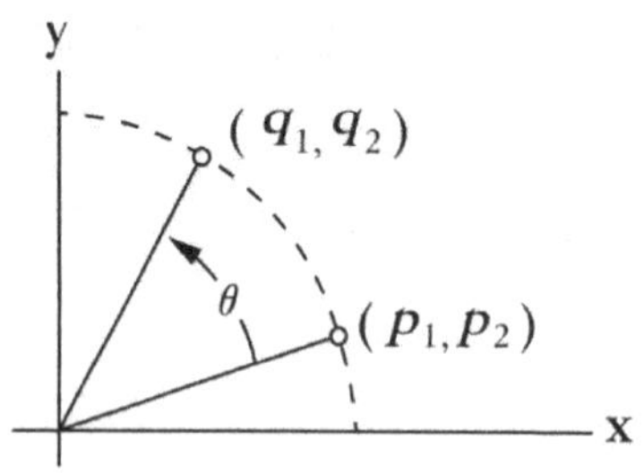

그림 1-3-1

(3) 좌표평면에 대한 대칭이동 (reflection through coordinate plane) x_1x_2-평면에 대한 대칭이동 H는 임의의 점 $p=(p_1,p_2,p_3)$에 대해 $H(p_1,p_2,p_3)=(p_1,p_2,-p_3)$가 되므로 선형사상이고 또 등거리사상임을 쉽게 알 수 있다.

(4) 직교행렬변환

n차 정방행렬 A의 역행렬이 자신의 전치행렬일 때 즉, $AA^t=A^tA=I_n$(I_n은 n차 단위행렬이고 A^t는 A의 전치행렬) A를 직교행렬이라고 한다. 예 (2), (3)의 회전이동과 대칭이동은 R^3의 표준기저 $\alpha=\{(1,0,0),(0,1,0),(0,0,1)\}$에 관한 표현행렬이 모두 직교행렬이다. 3차 직교행렬 A에 의한 행렬변환

$$L_A : R^3 \to R^3, L_A\begin{bmatrix}a_1\\ a_2\\ a_3\end{bmatrix}=A\begin{bmatrix}a_1\\ a_2\\ a_3\end{bmatrix}$$

는 등거리사상이다. 먼저 L_A가 벡터의 크기를 보존함을 확인 할 수 있다. 즉 임의의 $u \in R^3$에 대해 $|L_A(u)|^2 = < L_A(u), L_A(u) > = < Au, Au >$이므로 $|L_A(u)| = |u|$이다.

$$= < A^t Au, u > = < I_3 u, u > = < u, u > = |u|^2$$

이를 이용하면 임의의 $u, v \in R^3$에 대해

$d(L_A(u), L_A(v)) = |L_A(u) - L_A(v)| = |L_A(u-v)| = |u-v| = d(u,v)$임을 알 수 있다.

그러므로 L_A가 등거리사상이다.

예 1.3.2에서 몇 가지 R^3에서 R^3로의 등거리사상을 예로 들었는데 (2) 와 (3)은 (4)에서 소개했던 직교행렬변환의 특수한 경우들이다. 이제 일반적인 R^3의 등거리사상이 (1)과 (4) 즉, 평행이동과 직교행렬변환의 합성임을 보이고자 한다.

먼저 몇 가지 도움정리가 필요하다.

도움정리 1.3.3

$F, G: R^3 \to R^3$가 등거리사상들이면 합성사상 $G \circ F: R^3 \to R^3$도 등거리사상이다.

증명

$p, q \in R^3$에 대해

$d((G \circ F)(p), (G \circ F)(q)) = d(G(F(p)), G(F(q)) = d(F(p), F(q)) = d(p,q)$이므로

$G \circ F$ 는 R^3의 등거리사상이다. ■

도움정리 1.3.4

$F: R^3 \to R^3$가 등거리사상이며 $F(0) = 0$이면 F는 직교행렬변환이다.

증명

단계1.

F는 벡터의 크기를 보존한다.

$p \in R^3$라고 하면

$|F(p)| = |F(p) - 0| = |F(p) - F(0)| = d(F(p), F(0) = d(p,0) = |p - 0| = |p|$이므로

$|p| = |F(p)|$ 즉, F는 벡터의 크기를 보존한다.

단계2.

F는 내적을 보존한다.

즉 임의의 $p, q \in R^3$에 대해 $< F(p), F(q) >=< p, q >$이다.

$< F(p) - F(q), F(p) - F(q) >= |F(p) - F(q)|^2 = d(F(p) - F(q))^2 = d(p,q)^2$
$= |p - q|^2 =< p - q, p - q >$

이므로 즉, $< F(p) - F(q), F(p) - F(q) >=< p - q, p - q >$인데 이 등식을 전개하면

$< F(p), F(p) > -2 < F(p), F(q) > + < F(q), F(q) > = < p, p > -2 < p, q > + < q, q >$

이고, 따라서 $|F(p)|^2 - 2 < F(p), F(q) > + |F(q)|^2 = |p|^2 - 2 < p, q > + |q|^2$이다.

단계 1에 의해 $|F(p)| = p, |F(q)| = |q|$이므로 $< F(p), F(q) >=< p, q >$이다.

단계3.

F는 선형사상이다.

$e_1 = (1,0,0), e_2 = (0,1,0), e_3 = (0,0,1)$이라고 두면 단계2에 의해

$< F(e_i), F(e_j) >=< e_i, e_j >= \delta_{ij}, i, j = 1,2,3$이므로 $F(e_1), F(e_2), F(e_3)$는

R^3의 정규직교기저이다. $p = (p_1, p_2, p_3) \in R^3$에 대해

$F(p) = a_1 F(e_1) + a_2 F(e_2) + a_3 F(e_3)$를 만족하는 실수 a_1, a_2, a_3가 존재한다.

$a_i =< F(p), F(e_i) >=< p, e_i >= p_i, i = 1,2,3$이므로

$F(p) = p_1 F(e_1) + p_2 F(e_2) + p_3 F(e_3)$이다. 실수 α, β와

$p = (p_1, p_2, p_3), q = (q_1, q_2, q_3) \in R^3$에 대해

$\alpha p + \beta q = (\alpha p_1 + \beta q_1, \alpha p_2 + \beta q_2, \alpha p_3 + \beta q_3)$이므로

$$F(\alpha p+\beta q)=(\alpha p_1+\beta q_1)F(e_1)+(\alpha p_2+\beta q_2)F(e_2)+(\alpha p_3+\beta q_3)F(e_3)$$
$$=\alpha(p_1F(e_1)+p_2F(e_2)+p_3F(e_3))+\beta(q_1F(e_1)+q_2F(e_2)+q_3F(e_3))$$
$$=\alpha F(p)+\beta F(q)$$

이고, 따라서 F는 선형변환이다.

이제 표준기저 $e_1=(1,0,0), e_2=(0,1,0), e_3=(0,0,1)$에관한 F의 표현행렬을 A라고 하면 $F(p)=Ap$이다. 임의의 $p, q\in R^3$에 대해

$<p,q>=<F(p),F(q)>=<Ap,Aq>$이다. 여기서 $p=\begin{bmatrix}p_1\\p_2\\p_3\end{bmatrix}, q=\begin{bmatrix}q_1\\q_2\\q_3\end{bmatrix}$이면

$p^tq=<p,q>=<Ap,Aq>=p^tA^tAq$이므로 $A^tA=I_3$이다.

그러므로 A는 직교행렬이고, 따라서 F는 직교행렬변환이다. ■

정리 1.3.5

$F: R^3\to R^3$가 등거리사상이면 적당한 직교행렬변환 C와 평행이동 T가 존재하여 $F=T\circ C$이다. 즉 임의의 $p\in R^3$에 대해 $F(p)=Ap+b$이다. 여기서 A는 직교행렬변환 C의 표준기저에 관한 표현행렬이고 b는 R^3의 상수벡터이다.

증명

$F(0)=b$라고 하면 평행이동 $T: R^3\to R^3$의 역사상 $T^{-1}: R^3\to R^3$는 $T^{-1}(p)=p-b$ 로 주어지는 평행이동이므로 역시 등거리사상이다. 그러므로 도움정리 1.3.3에 의해 합성사상 $T^{-1}\circ F$는 등거리사상이고 $T^{-1}\circ F(0)=T^{-1}(b)=b-b=0$이다.

그러므로 도움정리 1.3.4에 의해 $T^{-1}\circ F$는 직교행렬변환이다. $T^{-1}\circ F=C$라고 하면 $F=T\circ C$이다.

정리 1.3.5에 의해 R^3의 임의의 등거리사상 F는 적당한 직교행렬변환 C와 평행이동 T의 합성 $F=T\circ C$임을 알 수 있다. 나아가 이 표현은 유일함을 보일 수 있다. 즉, 유일한 직교행렬변환 C와 평행이동 T의 합성으로 표현된다. ■

평면기하학에서 두 삼각형이 합동이란 것은 평행이동, 회전이동 그리고 한 직선에 대한 대칭이동을 통해 한 삼각형이 다른 삼각형과 일치한다는 것을 의미한다. 합동인 두 삼각형은 자동으로 모든 기하학적 성질이 같다. 변의 길이와 변들 사이의 사잇각이 일치하고 그리고 면적인 일치한다. 역으로 두 삼각형이 합동이란 것을 판정하는 여러 가지 방법이 있다. 예를 들면 세 변의 길이가 일치하면 두 삼각형은 합동이란 것이다. 일반적으로 R^3의 두 부분집합에 대한 합동의 정의는 다음과 같다.

정의1.3.6

R^3의 두 부분집합 A와 B에 대해 등거리사상 $F: R^3 \to R^3$가 존재하여 $F(A) = B$이면 A와 B는 합동이라고 한다.

앞으로 공부할 내용 중에 R^3내의 곡선과 곡면이 합동이 될 필요충분조건이 포함된다.

| 연습문제 1-3 |

문제 1,2,3,4에서 A, B, C는 직교행렬변환을 나타내고 T_a는 a만큼의 평행이동을 나타낸다.

1. $T_a C = C T_{C^{-1}(a)}$임을 보여라.

2. R^3의 등거리사상 F의 평행이동부분과 직교행렬변환부분의 유일함을 보여라. 즉 $F = T_a A = T_b B$이면 $a = b$이고 $A = B$임을 보여라.

3. 주어진 등거리사상 $F = T_a A,\ G = T_b B$에 대해 FG와 GF의 평행이동부분과

직교사상부분을 각각 구하여라.

4. 등거리사상 $F = T_a C$는 역사상 F^{-1}를 가짐을 보이고 F^{-1}도 등거리사상임을 보여라. 또한 F^{-1}의 평행이동부분과 직교행렬변환부분을 구하여라.

5. 꼭지점이 $A(0,0), B(1,0), C(0,1)$인 삼각형 ΔABC를 꼭지점이 $E(1,2), F(\frac{3}{2}, 2+\frac{\sqrt{3}}{2}), G(1-\frac{\sqrt{3}}{2}, \frac{5}{2})$인 삼각형 ΔEFG로 보내는 등거리사상 $F: R^2 \to R^2$를 모두 구하여라.

02 국소 곡선이론(Local Curve Theory)

이 장에서는 R^3에서 정의된 곡선에 대해 논할 것이다. 곡선을 탐구하는 기본적인 방법이 미분기하학 전반에 걸쳐 매우 효율적임을 알 게 될 것이다. 곡선을 따라 움직이는 정규직교틀장을 구성하여 곡선들을 연구한다. 곡선을 따른 세 벡터들의 변화율은 프레네-세레 공식(Frenet-Serret Formula)에 의하여 다시 세 벡터들로 표현된다. 실제로 R^3에 놓인 곡선에 대한 이론은 이 공식의 결과물에 불과하다.

제1절 곡선의 표현, 정칙곡선, 곡선의 재매개화

먼저 곡선들과 관련된 몇 가지를 정의하고 곡선들에 대한 기하학을 시작하고자 한다.

정의 2.1.1

$\alpha : (a,b) \to R^3$ 를 $C^k(k \geq 1)$-급 함수라고 하자.

임의의 $t \in (a,b)$에 대하여 $\dfrac{d\alpha}{dt} \neq 0$일 때, 곡선 α를 **정칙곡선(Regular Curve)** 이라고 한다.

(1) 이 때, $\dfrac{d\alpha}{dt}$ (또는, $\alpha'(t)$), $|\dfrac{d\alpha}{dt}| = |\alpha'(t)|$를 각각 α의 **속도(Velocity), 속력(Speed)**이라고 한다.

(2) 더욱이, $T(t) = \dfrac{d\alpha}{dt} / |\dfrac{d\alpha}{dt}|$를 α의 **단위접선벡터(Unit Tangent Vector)**라고 한다.

가정 | 특별한 말이 없으면 곡선들은 C^3-급 함수라고 가정한다.

예제 2.1.2

$\alpha : R \to R^3$, $\alpha(t) = (t^2, t^3, 0)$ 로 두면 α는 정칙곡선이 아니다.

[풀이]

왜냐하면, $\dfrac{d\alpha}{dt} = (2t, 3t^2, 0)$이고 $\dfrac{d\alpha}{dt}_{|t=0} = 0$ 이므로 α는 정칙곡선이 아니다.

곡선의 그림을 그리고 $t = 0$에서 어떤 현상이 생기는지 생각해보자.

예 2.1.3

(직선) R^3의 직선은 다음과 같이 표현할 수 있다.

$u, v \in R^3$, $v \neq 0$로, $\alpha(t) = u + tv$로 두면 α는 정칙곡선임을 알 수 있다.($v = 0$ 일 때는 어떻게 될까 생각해 보자.) $Im\alpha = \{\alpha(t) | t \in R\}$는 직선이 된다.

예제 2.1.4

$g : R \to R$이 미분가능한 함수라고 하면 $\alpha : R \to R^3$, $\alpha(t) \mapsto (t, g(t), 0)$ 는 미분가능한 곡선이며 더욱이 정칙곡선이다. 이유를 설명하고 단위 접선 벡터를 구하라.

[풀이]

$\alpha'(t) = (1, g'(t), 0) \neq 0$이므로 α는 정칙곡선이며 단위접선벡터는

$\dfrac{\alpha'(t)}{|\alpha'(t)|} = \dfrac{1}{\sqrt{1 + g'(t)^2}}(1, g'(t), 0)$이다.

예제 2.1.5

$a > 0, b \neq 0$에 대하여, $\alpha : R \to R^3$, $\alpha(t) = (a\cos t, a\sin t, bt)$ 는 정칙곡선이다. 단위접선벡터를 구하고 α의 그래프를 그려라. (이 곡선 α를 **원나선(Circular Helix)**이라고 한다.)

[풀이]

$\alpha'(t) = (-a\sin t, a\cos t, b) \neq 0$이며 단위접선벡터는

$\dfrac{\alpha'(t)}{|\alpha'(t)|} = \dfrac{1}{\sqrt{a^2+b^2}}(-a\sin t, a\cos t, b)$이다.

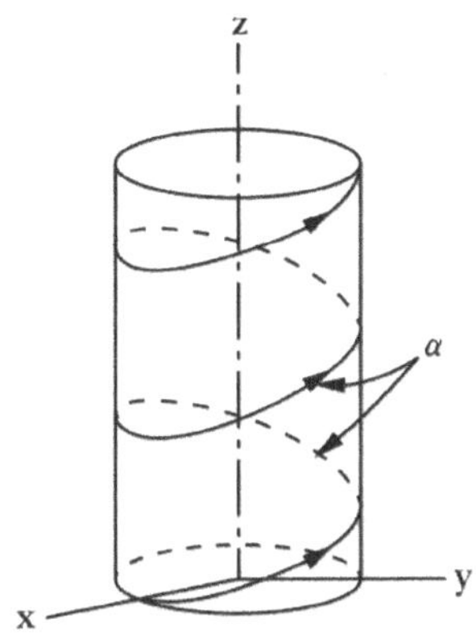

그림 2-1-1 $(b > 0)$

정의 2.1.6 | 곡선의 재매개화

$\alpha : (a,b) \rightarrow R^3$가 정칙곡선일 때, $g : (c,d) \rightarrow (a,b)$가 (1) 전단사 함수이고 (2) $g, g^{-1} : C^k(k \geq 1)-$급 함수$(k \geq 1)$일 때, $\beta = \alpha \circ g : (c,d) \rightarrow R^3$를 g에 의한 α의 **재매개화(Reparametrization)**라고 한다.

정리 2.1.7

위의 정의에서,

(1) $Im\beta = Im\alpha$이다.

(2) 조건 (ii)에 의해 $\dfrac{dg}{dt} > 0, \forall t \in (c,d)$ 또는 $\dfrac{dg}{dt} < 0, \forall t \in (c,d)$이다.

즉, g는 증가함수이던지 감소함수이다.

(3) α가 정칙이면 β도 정칙이다.

증명

$r = g(t), \beta(t) = \alpha(g(t))$로 두고 연쇄율을 사용하면, $\frac{d\beta}{dt} = \frac{d\alpha}{dr}\frac{dg}{dt}$ 이므로 $\frac{d\alpha}{dt} \neq 0$ 로부터 $\frac{d\beta}{dt} \neq 0$임을 얻을 수 있다. ■

정리 2.1.8

$\alpha : (a,b) \to R^3$ 를 정칙곡선이고, $\beta = \alpha \circ g : (c,d) \to R^3$를 $g : (c,d) \to (a,b)$에 의한 α의 재매개화라고 하자. $t = g(s)$로 두자. T, S를 각각 $\alpha(t), \beta(s)$의 단위 접선벡터라고 하면, $T = S$ 또는 $T = -S$이다.

증명

$S = \frac{d\beta}{ds} / |\frac{d\beta}{ds}| = (\frac{d\alpha}{dt} / |\frac{d\alpha}{dt}|)(\frac{dt}{ds} / |\frac{dt}{ds}|)$이므로 g가 증가함수이면 $S = T$ 이고 g가 감소함수이면 $S = -T$이다. ■

정의 2.1.9

P가 곡선과 관련된 성질 또는 양(Quantity)이라고 하자. 임의의 곡선과 그 곡선의 재매개화에 대하여 성질 P가 변하지 않을 때, 성질 P를 (곡선의)**기하학적인 성질 (Geometric Property** (on Curves))이라고 한다.

위의 정리 2.1.8로부터 곡선의 단위 접선 벡터는 거의 기하학적인 성질임을 뜻하고 있다.

| 연습문제 2-1 |

1. 곡선 $\alpha(t)=(3t,\ 3t^2,\ 2t^3)$ 위의 임의 점에서 접선이 평면 $x+z=0$과 이루는 각을 구하시오.

2. 다음 중 정칙곡선인 것은? $t=\dfrac{\pi}{6}$에서 접선을 구하여라.

   (1) $\alpha(t)=(\cos^2 t, \sin t, \cos t)$.

   (2) $\beta(t)=(\sin^2 t \tan t, \sin^2 t, 0)$.

   (3) $\gamma(t)=(-\cos t, 1-\cos t-\sin t, \sin t)$.

3. 곡선 $\gamma(t)=(e^t\cos t, e^t\sin t, 0)$에 대하여, $\gamma(t)$와 $\gamma'(t)$는 일정한 각을 이룸을 보여라.

4. $\gamma(t)$ 를 정칙곡선이라고 두자. 만일 [임의의 t에 대해 $<\gamma(t)-\boldsymbol{v}, \gamma'(t)> =0$]인 벡터 $\boldsymbol{v}$가 존재한다면, $\gamma(t)$는 구면상의 곡선임을 보여라.

제2절 호의 길이(Arc-length)에 의한 재매개화

곡선의 궤적에만 관심이 있고 그 궤적위의 각각의 점에서의 속력은 필요하지 않을 때 곡선의 속력을 무시하는 한 가지 방법은 단위속력을 갖는 곡선으로 재매개화하는 것이다. 이러한 재매개화는 곡선을 표준적으로 연구하는 대표적인 방법이다.

정의 2.2.1 | 곡선분의 길이(Length of Curve Segment)

$\alpha:(a,b)\to R^3$를 정칙 곡선이라고 하고, $a<a_1\le b_1<b$로 두자.

$\int_{a_1}^{b_1}|\frac{d\alpha}{dt}|dt$를 곡선분(Curve Segment) $\alpha, a_1\le t\le b_1$의 **길이(Length)**라고 하고, $l_{a_1}^{b_1}(\alpha)$로 나타낸다.

정리 2.2.2

곡선분의 길이는 기하학적인 성질이다. 즉, $\alpha:(a,b)\to R^3$가 정칙곡선이고, $\beta=\alpha\circ g:(c,d)\to R^3$를 $g:(c,d)\to(a,b)$에 의한 α의 재매개화라고 하자.

이 때, $a<a_1\le b_1<b$ 로 두고 $g([c_1,d_1])=[a_1,b_1]$ 이라고 하면, $l_{a_1}^{b_1}(\alpha)=l_{c_1}^{d_1}(\beta)$이다.

증명

$t=g(s), \beta(s)=\alpha(t)=\alpha(g(s))$로 두자.

그러면, $l_{c_1}^{d_1}(\beta)=\int_{c_1}^{d_1}|\frac{d\beta}{ds}|ds=\int_{c_1}^{d_1}|\frac{d\alpha}{dt}||\frac{dt}{ds}|ds$이 된다.

만일 g가 증가함수이면 $\frac{dt}{ds}>0$이고 $g(c_1)=a_1, g(d_1)=b_1$이므로,

$$l_{c_1}^{d_1}(\beta)=\int_{c_1}^{d_1}|\frac{d\alpha}{dt}||\frac{dt}{ds}|ds=\int_{g(c_1)}^{g(d_1)}|\frac{d\alpha}{dt}|dt=\int_{a_1}^{b_1}|\frac{d\alpha}{dt}|dt=l_{a_1}^{b_1}(\alpha)\text{이다.}$$

g가 감소함수일 경우는 $\frac{dt}{ds}<0$이고 $g(c_1)=b_1, g(d_1)=a_1$이므로, 비슷한 방법으로 할 수 있다. ■

$\alpha:(a,b)\to R^3$를 정칙 곡선이라고 두고, $t_0\in(a,b)$를 고정하자. 임의의 $t\in(a,b)$

에 대하여, $s(t)=\int_{t_0}^{t}|\frac{d\alpha}{dt}|dt$로 정의된 함수 $s=s(t)$를 α**를 따르는 호의 길이 (Arc-length along** α**)**라고 한다.

정리 2.2.3

(1) 함수 s의 치역은 $s(a,b)=(c,d)$이다. 여기서 (c,d)는 열린 구간이다.

(2) $s:(a,b)\to(c,d)$는 전단사함수이다.

(3) s,s^{-1}는 C^3-급 함수이다.

즉, $\beta=\alpha\circ s^{-1}$ 는 α의 재매개화이다.

증명

(1) c와 d를 집합 $s(a,b)$의 최대하계(하한)와 최소상계(상한)라고 하자. $s(a,b)\subset(c,d)$은 분명하므로, $(c,d)\subset s(a,b)$만 보이자. 만일 $y\in(c,d)$이라면, c와 d가 집합 $s(a,b)$의 최대하계와 최소상계이고 s가 증가함수이므로 $a<t_1<t_2<b$이고 $s(t_1)<y<s(t_2)$인 t_1,t_2이 존재한다. s가 연속함수이므로, 중간값 정리에의해 $y=s(x)$인 $x\in(a_1,b_1)$가 존재한다. 따라서, $y\in s(a,b)$이다.

(2) $s(t_1)=s(t_2)$라고 두고 $t_1<t_2$이라고 가정하자. 그러면 $\int_{t_1}^{t_2}|\frac{d\alpha}{dt}|dt=0$이다. 따라서, $|\frac{d\alpha}{dt}|>0$이므로, 닫힌구간 $[t_1,t_2]$에서 연속함수의 최대, 최소정리에 의해서, 적당한 $\epsilon>0$이 존재하여 $\int_{t_1}^{t_2}|\frac{d\alpha}{dt}|dt\geq(t_2-t_1)\epsilon>0$이 되는데 이는 모순이다. 따라서 $t_1\geq t_2$이다. 같은 방법으로 $t_1\leq t_2$임을 보일 수 있다.

(3) α가 C^3-급 함수이고 $\frac{ds}{dt}=|\frac{d\alpha}{dt}|>0$이므로 s,s^{-1} 는 C^3-급 함수이다. ■

정의 2.2.4

α의 $s^{-1}=t(s)$ (s^{-1}는 함수 $s=s(t)$의 역함수이다.)에 의한 재매개화 $\beta=\alpha\circ s^{-1}:(c,d)\to R^3$를 α의 **호의 길이에 의한 재매개화(Reparametrization by Arc-length)**라고 한다. $\beta(s)=\alpha(t(s))$라고 쓰자.

정리 2.2.5

$\beta=\beta(s)$가 곡선 α의 호의 길이에 의한 재매개화라고 하면 $|\frac{d\beta}{ds}|=1$이다.

증명

$\beta(s)=\alpha(t(s))$라고 두면 $\frac{d\beta}{ds}=\frac{d\alpha}{dt}\frac{dt}{ds}=\frac{d\alpha}{dt}/\frac{ds}{dt}$이므로

$|\frac{d\beta}{ds}|=|\frac{d\alpha}{dt}|/|\frac{ds}{dt}|=|\frac{d\alpha}{dt}|/|\frac{d\alpha}{dt}|=1$이다. ■

정의 2.2.6

속력이 1인 곡선 α(즉, $|\frac{d\alpha}{dt}|=1$)를 **단위속력곡선(Unit-Speed Curve)**이라고 한다.

정리 2.2.7

$\alpha:(a,b)\to R^3$를 정칙곡선이라고 두고, $s=s(t)$를 α를 따르는 호의 길이라고 하자. 이 때,

(1) $s=s(t)=\int_{t_0}^{t}|\frac{d\alpha}{dt}|dt$ (단, $t_0\in(a,b)$),

(2) $\frac{ds}{dt} = |\frac{d\alpha}{dt}| > 0$,

(3) α의 단위접선벡터는 $T = \frac{d\alpha}{ds}$이다. 여기서 $\alpha(s) = \alpha(t(s))$를 의미한다.

증명

$$(3)\ T = \frac{\frac{d\alpha}{dt}}{|\frac{d\alpha}{dt}|} = \frac{d\alpha}{dt}\frac{dt}{ds} = \frac{d\alpha}{ds}.$$ ■

예제 2.2.8

(1) $u, v \in R^3$ 이고 $\alpha(t) = u + tv\ (v \neq 0)$ 일 때, α의 호의 길이에 의한 재매개화를 구하여라.

[풀이]

$s = s(t) = \int_0^t |\frac{d\alpha}{dt}| dt = \int_0^t |v| dt = |v| t$이므로 역함수는 $t = t(s) = \frac{s}{|v|}$가 된다.

따라서 α의 호의 길이에 의한 재매개화는 $\beta(s) = \alpha(t(s)) = \alpha(\frac{s}{|v|}) = u + \frac{v}{|v|} s$

이다.

(2) $r > 0$이고 $\alpha(t) = (r\cos t, r\sin t, 0)$일 때, α의 호의 길이 s에 의한 재매개화와 단위접선벡터 T 그리고 $\frac{dT}{ds}$를 구하여라.

[풀이]

$s = s(t) = \int_0^t |\frac{d\alpha}{dt}| dt = \int_0^t r dt = rt$이므로 역함수는 $t = t(s) = \frac{s}{r}$가 된다.

따라서, α의 호의 길이에 의한 재매개화는

$\beta(s)=\alpha(t(s))=\alpha(\frac{s}{r})=(r\cos\frac{s}{r}, r\sin\frac{s}{r}, 0)$이다.

$T=\frac{d\alpha}{ds}=\frac{d\beta}{ds}=(-\sin\frac{s}{r}, \cos\frac{s}{r}, 0)$이고, $\frac{dT}{ds}=(-\frac{1}{r}\cos\frac{s}{r}, -\frac{1}{r}\sin\frac{s}{r}, 0)$이다.

$\alpha(t), \beta(s)=\alpha(t(s))$ 이 각각 t, s의 변화에 따라 어떻게 움직이는지 비교해 보자.

α의 그래프를 그리고 벡터들 $T, \frac{dT}{ds}$을 나타내 보자.

(3) $\alpha(t)=(\cos t, 2\sin t, 0)$일 때, 가능하면 α의 호의 길이 s에 의한 재매개화와 $T, \frac{dT}{ds}$를 구하여라.

[풀이]

$\frac{d\alpha}{dt}=(-\sin t, 2\cos t, 0)$ 이므로 $|\frac{d\alpha}{dt}|=\sqrt{4-3\sin^2 t}$ 가 된다.

$s=s(t)=\int_0^t|\frac{d\alpha}{dt}|dt=\int_0^t\sqrt{4-3\sin^2 t}\,dt$이 되는데, 이 적분을 계산하기가 어려우므로 역함수 $s^{-1}=t(s)$를 구할 수는 없다.

하지만 $T=\frac{d\alpha}{dt}/|\frac{d\alpha}{dt}|=\frac{1}{\sqrt{4-3\sin^2 t}}(-\sin t, 2\cos t, 0)$이며

$\frac{dT}{ds}=\frac{dT}{dt}\frac{dt}{ds}=\frac{1}{(4-3\sin^2 t)^2}(-4\cos t, -2\sin t, 0)$를 구할 수 있다.

(4) $\alpha(t)=(t, \frac{t^2}{2}, 0)$의 단위접선벡터 T와 $\frac{dT}{ds}$를 구하여라.

[풀이]

$$s=s(t)=\int_0^t|\frac{d\alpha}{dt}|dt=\int_0^t\sqrt{1+t^2}\,dt=\frac{1}{2}(t\sqrt{1+t^2}+\ln(t+\sqrt{1+t^2}))$$

이 되지만, 이 함수의 역함수는 역시 구하기가 어렵다. 그럼에도 불구하고,

$$T=\frac{1}{\sqrt{1+t^2}}(1,t,0),\ \frac{dT}{ds}=\frac{dT}{dt}\frac{dt}{ds}=\frac{1}{(1+t^2)^2}(-t,1,0)\text{이다.}$$

| 연습문제 2-2 |

1. 원나선 $\alpha:[0,2\pi]\to R^3$, $\alpha(t)=(a\cos t, a\sin t, bt)$ $(a>0, b\neq 0)$의 곡선의 길이를 구하여라.

2. 다음 곡선들의 호의 길이에 의한 재매개화를 구하여라.
   (1) $\alpha(t)=(\cosh t, \sinh t, t)$.
   (2) $\beta(t)=(2\sin t, 2\cos t, 3t)$.
   (3) $\gamma(t)=(-\cos t, 1-\cos t-\sin t, \sin t)$.

3. 곡선 $\gamma(t)$이 일정한 속력을 가질 필요충분조건은 가속도 γ''과 속도가 항상 수직이어야한다. 이를 증명하여라.

4. R^3의 두 점 사이의 가장 가까운 거리는 선분임을 보여라. $p, q\in R^3$라고 두고, 단위벡터 $u=\frac{q-p}{|q-p|}$를 생각하자.
   (1) p, q를 있는 선분의 방정식을 구하고, 그 선분의 길이가 $|q-p|$임을 보여라.
   (2) $\gamma:[a,b]\to R^3, \gamma(a)=p, \gamma(b)=q$인 임의의 곡선에 대해,
   $l_a^b(\gamma)\geq\int_a^b <\gamma'(t),u> dt=|q-p|$임을 보여라.

제3절 곡률과 비틀림률(Curvatures and Torsions)

R^3에 놓인 곡선의 구부러짐과 비틀림을 측정하는 법을 소개하고자 한다. 이 절과 다음 절에서는 단위속력곡선만 다룰 것이고 그 결과를 6절에서는 임의의 정칙곡선으로 확장할 것이다. $\alpha: I \to R^3$를 단위속력곡선이라고 하면 임의의 $s \in I$에 대해 $T = \alpha'(s)$는 단위접선벡터장이다. R^3에서 곡선이 구부러지는 정도를 미분 $\frac{dT}{ds} = \frac{d^2\alpha}{ds^2}$으로 측정할 수 있다.

정의 2.3.1

$\kappa(s) = |\frac{dT}{ds}|$를 단위 속력 곡선 $\alpha(s)$의 **곡률(Curvature)**이라고 한다.

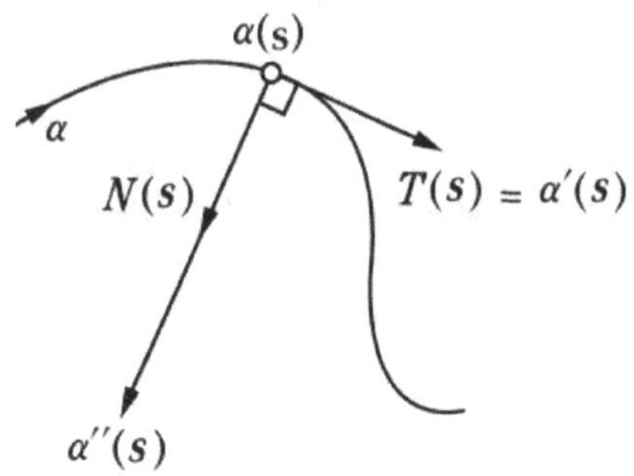

그림 2-3-1

예 2.3.2

(1) (직선의 곡률은 0이다.)

$\alpha(s) = u + \frac{v}{|v|}s$로 두면, $\alpha(s)$는 단위속력곡선이다. $T = \frac{v}{|v|}$이므로,

$\kappa(s) = |\frac{dT}{ds}| = 0$이다.

(2) (반지름이 r인 원의 곡률은 $\frac{1}{r}$이다.)

$\beta(s) = (r\cos\frac{s}{r}, r\sin\frac{s}{r}, 0)$, $r>0$로 두면 $\beta(s)$는 반지름이 r인 원주 위를 움직이는 단위속력곡선이다.

$T = \frac{d\beta}{ds} = (-\sin\frac{s}{r}, \cos\frac{s}{r}, 0)$이고 $\frac{dT}{ds} = (-\frac{1}{r}\cos\frac{s}{r}, -\frac{1}{r}\sin\frac{s}{r}, 0)$이다. 따라서, $\kappa(s) = |\frac{dT}{ds}| = \frac{1}{r}$이다.

원의 곡률이 상수임이 합리적인지 생각해 보고 원의 반지름이 클수록 곡률이 작아짐을 알 수 있는데 이것이 어떤 의미인지 생각해보자. 논의를 계속해 나가기 위해 곡률 κ가 0이 되지 않는다는 제한을 할 필요가 있다.

정의 2.3.3

$\alpha(s)$를 $\kappa(s) \neq 0$인 단위속력곡선이라고 하자.

$N(s) = \frac{1}{\kappa(s)} T'(s)$를 $\alpha(s)$의 **주법선벡터(Principal Normal Vector),**

$B(s) = T(s) \times N(s)$를 $\alpha(s)$의 **종법선벡터(Binormal Vector)**라고 하고,

$\tau(s) = -< B'(s), N(s) >$를 $\alpha(s)$의 **비틀림률(Torsion)**이라고 한다.

$\{\kappa(s), \tau(s), T(s), N(s), B(s)\}$를 $\alpha(s)$의 **프레네-세레도구(Ferenet-Serret-Apparatus)**라고 한다.

예 2.3.4

(1) 원의 경우

$\alpha(s) = (r\cos\frac{s}{r}, r\sin\frac{s}{r}, 0)$, $r>0$로 두면 $\alpha(s)$는 단위속력곡선이다.

$T = \frac{d\alpha}{ds} = (-\sin\frac{s}{r}, \cos\frac{s}{r}, 0)$이고 $\frac{dT}{ds} = (-\frac{1}{r}\cos\frac{s}{r}, -\frac{1}{r}\sin\frac{s}{r}, 0)$이다.

그러므로 $\kappa(s)=|\frac{dT}{ds}|=\frac{1}{r}$, $N(s)=\frac{1}{k(s)}\frac{dT}{ds}=(-\cos\frac{s}{r}, -\sin\frac{s}{r}, 0)$이고 $B(s)=T(s)\times N(s)=(0,0,1)$이다. 또한 $\tau(s)=-<B'(s),N(s)>=0$ 이다. 원의 경우 $\tau\equiv 0$임이 무엇을 의미하는지 생각해보자.

(2) 원나선의 경우

$\alpha(s)=(a\cos\omega s, a\sin\omega s, b\omega s)$, $\omega=\frac{1}{\sqrt{a^2+b^2}}$ 은 단위속력곡선이다.

$T=\alpha'(s)=\omega(-a\sin\omega s, a\cos\omega s, b)$이고 $T'(s)=-a\omega^2(\cos\omega s, \sin\omega s, 0)$이므로 $\kappa(s)=|T'(s)|=a\omega^2$이고 $N(s)=\frac{1}{\kappa(s)}T'(s)=(-\cos\omega s, -\sin\omega s, 0)$이다. 또한 $B(s)=T(s)\times N(s)=\omega(b\sin\omega s, -b\cos\omega s, a)$이다. $B'(s)=\omega^2(b\cos\omega s, b\sin\omega s, 0)$이므로 $\tau(s)=-<B'(s),N(s)>=b\omega^2$이다. 원나선의 곡률과 비틀림률은 상수임을 기억하고 이의 역이 성립할 것인지를 생각해 보자.

정리 2.3.5

$\alpha:(a,b)\to R^3$를 단위속력곡선이라고 하자. 임의의 $s\in(a,b)$에 대해 $\kappa(s)=0$이면 α는 직선이다.

증명

임의의 $s\in(a,b)$, $|T'(s)|=\kappa(s)=0$이면 임의의 $s\in(a,b)$에 대해, $T'(s)=0$이므로 모든 $s\in(a,b)$에 대해 $T(s)=v$ (v는 크기가 1인 상수벡터이다.)이다.

그러므로 $\alpha(s)-\alpha(s_0)=\int_{s_0}^{s}\frac{d\alpha}{ds}ds=\int_{s_0}^{s}v\,ds=(s-s_0)v$ 가 되어 $\alpha(s)=\alpha(s_0)+(s-s_0)v$이고 α는 직선이다. ■

| 연습문제 2-3 |

1. (1) 곡선

$$\alpha(t)=(\frac{4}{5}\cos t,\ \frac{1}{2}\sin t+\frac{3\sqrt{3}}{10}\cos t-\frac{1}{2},\ -\frac{\sqrt{3}}{2}\sin t+\frac{3}{10}\cos t+\frac{\sqrt{3}}{2})$$ 의

곡률과 비틀림률을 구하여라.

(2) 위의 곡선이 원이라면 그 원의 중심과 반지름을 구하라.

2. 다음 곡선들의 곡률과 비틀림률을 구하라.
   (1) $\alpha(t)=(\cosh t, \sinh t, t)$.
   (2) $\beta(t)=(2\sin t, 2\cos t, 3t)$.
   (3) $\gamma(t)=(-\cos t, 1-\cos t-\sin t, \sin t)$.

3. 곡률이 0이 아닌 평면곡선의 비틀림률이 0임을 보여라.

4. 평면곡선 $\alpha(s)=(x(s), y(s), 0)$이 단위속력곡선일 때, $\kappa=|x'y''-x''y'|$ 임을 보여라.

제4절 프레네-세레 정리(Frenet-Serret Theorem)

이제 R^3내의 곡선의 기하학에 있어서 가장 중요하고 기본적인 도구인 프레네-세레 정리를 소개하고 이를 이용하여 몇 가지 기본적인 결과들을 보이고자 한다.

도움정리 2.4.1

$E=\{e_1, e_2, \cdots, e_n\}$를 n차원 내적공간 V의 정규직교집합이라고 하자. 다음이

성립한다.

(1) E는 V의 정규직교기저이다.

(2) 임의의 $v \in V$에 대해, $v = \sum_{i=1}^{n} < v, e_i > v_i$.

증명

(1) (i) 먼저 $E = \{e_1, e_2, \cdots, e_n\}$이 일차독립임을 보이자. $\sum_{k=1}^{n} a_k e_k = 0$이라고 하자.

그러면, 임의의 $i \in \{1, 2, \cdots, n\}$에 대하여, $0 = < \sum_{k=1}^{n} a_k e_k, e_i > = a_i$이 되므로,

$E = \{e_1, e_2, \cdots, e_n\}$가 일차독립임을 알 수 있다.

(ii) $E = \{e_1, e_2, \cdots, e_n\}$이 V를 생성함을 보이자. $v \in V$로 두자.

그러면 $\{v, e_1, e_2, \cdots, e_n\}$는 일차종속이다. 이유는, 만일 아니라면 $\{v, e_1, e_2, \cdots, e_n\} \subset \beta$인 V의 기저 β가 존재하게 되는데 이는 $\dim V = n$에 모순되기 때문이다. 따라서, 모두는 0이 아닌 $a, a_1, \cdots, a_n$이 존재하여 $av + \sum_{k=1}^{n} a_k e_k = 0$이 된다. 이 때, $a \neq 0$임을 알 수 있다. 따라서 v는 $E = \{e_1, e_2, \cdots, e_n\}$의 일차결합으로 표현가능하다.

(2) $v \in V$로 두면, (1)에 의해서 $v = \sum_{k=1}^{n} a_k e_k$로 표현된다.

임의의 $i \in \{1, 2, \cdots, n\}$에 대하여 $< v, e_i > = < \sum_{k=1}^{n} a_k e_k, e_i > = a_i$이 되므로,

$v = \sum_{k=1}^{n} < v, e_k > e_k$임을 알 수 있다. ■

따름정리 2.4.2

$\alpha(s)$를 $\kappa(s)\neq 0$인 단위속력곡선이라고 하자. 그러면, $\{T(s), N(s), B(s)\}$는 $T_{\alpha(s)}(R^3)$의 정규직교기저이다. 이 정규직교기저를 곡선 $\alpha(s)$를 따르는 **프레네-세레틀장(Frenet-Serret Frame Field)**이라고 한다.

증명

$\{T(s), N(s), B(s)\}$가 정규직교집합임을 보이면 된다. $|T(s)|=1$이므로 $<T,T>=1$을 미분하면

$0=\frac{d}{ds}<T,T> \; =2<\frac{dT}{ds},T> \; =2<\kappa N,T> \; =2\kappa<N,T>$이고 $\kappa(s)\neq 0$이므로, $<N,T> \; =0$이다. $N=T'(s)/\kappa$ 로부터 $|N|=1$이다.

따라서 $|B|=|T\times N|=|T||N|\sin\frac{\pi}{2}=1$ 이 된다. 또한, $B=T\times N$으로부터 $<T,B>=0=<N,B>$이다. 따라서 $\{T,N,B\}$는 $T_{\alpha(s)}$의 정규직교집합이다. $\dim T_{\alpha(s)}(R^3)=3$이므로, 위의 도움정리에 의해 $\{T(s), N(s), B(s)\}$는 $T_{\alpha(s)}(R^3)$의 정규직교기저임을 알 수 있다. ■

정리 2.4.3 | 프레네-세레 공식 (Frenet-Serret Formula)

$\alpha(s)$를 $\kappa(s)\neq 0$인 단위속력곡선이라고 하자. 그러면, 다음 식이 성립한다.

$$\begin{bmatrix} T'(s) \\ N'(s) \\ B'(s) \end{bmatrix} = \begin{bmatrix} 0 & \kappa(s) & 0 \\ -\kappa(s) & 0 & \tau(s) \\ 0 & -\tau(s) & 0 \end{bmatrix} \begin{bmatrix} T(s) \\ N(s) \\ B(s) \end{bmatrix}$$

증명

$T'(s)=\kappa(s)N(s)$이다. 위의 도움정리로부터
$N' = \; <T,N'> T + <N,N'> N + <B,N'> B$로 표현할 수 있다.

각각의 스칼라 값을 구해 보자. 우선 $<N,N'> = 0$이다. $<T,N> = 0$이므로

$0 = \frac{d}{ds}<T,N> = <T',N> + <T,N'> = \kappa + <T,N'>$이 되어,

$<T,N'> = -\kappa$ 가 된다. 또한, $<B,N> = 0$이므로

$0 = \frac{d}{ds}<B,N> = <B',N> + <B,N'> = -\tau + <B,N'>$이 되어,

$<B,N'> = \tau$ 가 된다. 따라서, $N' = -\kappa T + \tau B$임을 알 수 있다.
같은 방법으로 $B' = -\tau N$임을 보일 수 있다. ■

이제 곡률과 비틀림률이 곡선의 모양에 어떠한 영향을 미치는지 밝히기 위하여 곡선위의 임의의 점 근처에서 주어진 곡선의 근사식을 공부해 보자. 이 근사식을 유도하기 위하여 곡선의 테일러 근사식을 이용하고, 그것을 정해진 점에서 프레네-세레틀장을 이용하여 표현하고 분석해보자. 임의의 단위속력곡선 $\beta:(a,b)\to R^3$ 위의 한 점을 $\beta(0)$라고 하자. 테일러 근사식을 이용하면 $\beta(0)$의 근방의 $\beta(s)$는 다음과 같이 근사할 수 있다.

$$\beta(s) \sim \beta(0) + \beta'(0)s + \frac{1}{2}\beta''(0)s^2 + \frac{1}{6}\beta'''(0)s^3$$

여기서 $\beta'(0) = T(0), \beta''(0) = \kappa(0)N(0)$이며 ($T(0)$는 $\beta(0)$에서의 단위접선벡터이고 $N(0), \kappa(0)$도 $\beta(0)$에서의 주법선벡터와 곡률이다.)

$\beta'''(0) = \kappa'(0)N(0) - \kappa(0)^2 T(0) + \kappa(0)\tau(0)B(0)$이다. 그러므로

$$\beta(s) \sim \beta(0) + (s - \kappa(0)^2\frac{s^3}{6})T(0) + (\frac{1}{2}\kappa(0)s^2 + \frac{1}{6}\kappa'(0)s^3)N(0) + \frac{1}{6}\kappa(0)\tau(0)s^3B(0)$$

로 근사되며 한 번 더 근사를 하면

$\beta(s) \sim \beta(0) + sT(0) + \frac{1}{2}\kappa(0)s^2N(0) + \frac{1}{6}\kappa(0)\tau(0)s^3B(0)$이다.

위의 근사식의 우변을 $\hat{\beta}(s)$라고 하자. $\hat{\beta}$의 앞의 두 항은 $\beta(0)$에서의 β의 접선 $s \to \beta(0) + sT(0)$이다. 즉 $\beta(0)$근방에서의 근사 중 최적 선형근사이다. 앞의 세 항은

최적 이차근사인 포물선 $s \to \beta(0) + sT(0) + \frac{1}{2}\kappa(0)s^2 N(0)$이다. 이 포물선은 $\beta(0)$에서의 접촉평면(Osculating plane)(정의 2.4.9), 즉 $\beta(0)$를 지나고 $B(0)$에 수직인 평면위에 놓여져 있고 곡률 $\kappa(0)$에 의해 완전히 결정된다. $\hat{\beta}$의 마지막 항은 비틀림률 $\tau(0)$에 의해서 접촉평면의 수직방향으로의 $\hat{\beta}$의 운동을 조절한다. 이상의 관찰에 의해 단위속력곡선의 곡률 κ가 항상 0이면 정리 2.3.5에서 이미 확인되었듯이 그것은 직선이 된다는 것을 유추할 수 있고 곡률은 직선과의 차이을 측정하는 것이라고 할 수 있다. 반면에 비틀림률 τ는 접촉평면으로 부터의 비틀려 나가는 정도를 나타낸다고 볼 수 있으며 τ가 항상 0이면 곡선은 평면에 머물러 있는 즉 평면곡선이 될 것이라고 추측할 수 있다. 특히 τ의 부호는 곡선의 움직임의 방향을 결정하는데 $\tau > 0$이면 접촉평면에서 종법선벡터 방향으로 움직이고 반면에 $\tau < 0$이면 종법선벡터의 반대방향으로 움직일 것을 예측할 수 있다.

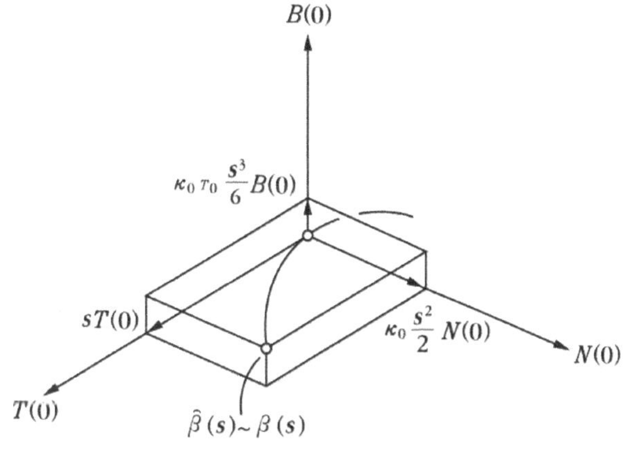

그림 2-4-1

따름정리 2.4.4

$\alpha : (a,b) \to R^3$를 $\kappa(s) \neq 0$인 단위속력곡선이라고 하자. 그러면 다음 (1), (2), (3)은 서로 동치이다.

(1) $Im\alpha \subset P$, P는 R^3내의 하나의 평면 (이런 곡선을 **평면곡선(Plane Curve)** 라고 한다.)

(2) 임의의 $s \in (a,b)$에 대해 $\alpha(s)$의 종법선벡터 $B(s)$는 상수벡터이다.

(3) 임의의 $s \in (a,b)$에 대해 $\tau(s)=0$이다.

증명

(1)$\Rightarrow$(2) 평면 P에 수직인 단위벡터 u를 하나 선택하자. $Im\alpha \subset P$ 이므로 $s_0 \in (a,b)$에 대해 $<\alpha(s)-\alpha(s_0), u>=0$이다. 위 식을 s에 대해 미분하면 $<T,u>=0$이고 한 번 더 미분하면 $<\kappa N,u>=0$이다. $\kappa \neq 0$이므로 $<N,u>=0$이고 따라서 $B=\pm u$이므로 $B(s)=C$ (C는 상수벡터이다.)

(2)$\Rightarrow$(3) $B(s)=C$는 상수 벡터이므로 $B'=0$이다. 따라서 $\tau=-<B',N>=0$이다.

(3)$\Rightarrow$(2) $B'=-\tau N=0$으로부터 $B'=0$되어 B는 상수벡터임을 알 수 있다.

(2)$\Rightarrow$(1) 임의의 $s \in (a,b)$에 대해 $B(s)=C$, (C는 상수벡터)라고 가정하자. 곡선상의 한점 $\alpha(s_0)$를 잡자. P를 상수 벡터 C에 수직이고 점 $\alpha(s_0)$를 지나는 평면으로 두자. $Im\alpha \subset P$ 임을 보이고자 한다. 임의의 $s(\in(a,b))$에 대해 $\frac{d}{ds}<\alpha(s)-\alpha(s_0), B(s)>=0$이므로 $<\alpha(s)-\alpha(s_0), B(s)>=c$ 이다. 여기서 c는 상수이다. $c=<\alpha(s_0)-\alpha(s_0), B(s_0)>=0$ 이므로 임의의 $s(\in(a,b))$에 대해 $<\alpha(s)-\alpha(s_0), B(s)>=0$이 된다. 따라서 $Im\alpha \subset P$이다. ■

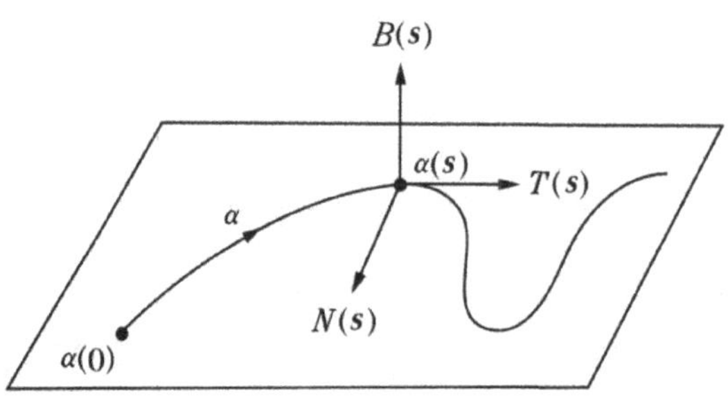

그림 2-4-1

R^3에 놓인 정칙곡선 α의 단위접선벡터 T가 어떤 상수벡터 u와 항상 일정한 각을 이룰 때 (그림 2-4-2 참조) α를 나선이라고 부르며 이러한 곡선은 κ와 τ가 특별한 관계에 있음이 알려져 있다.

> **정의 2.4.5**
>
> $\alpha(s)$를 정칙곡선이라고 하자. $< T, u > \equiv$ 상수인 단위상수벡터 u가 존재할 때, $\alpha(s)$를 **나선(Helix)**이라고 한다.

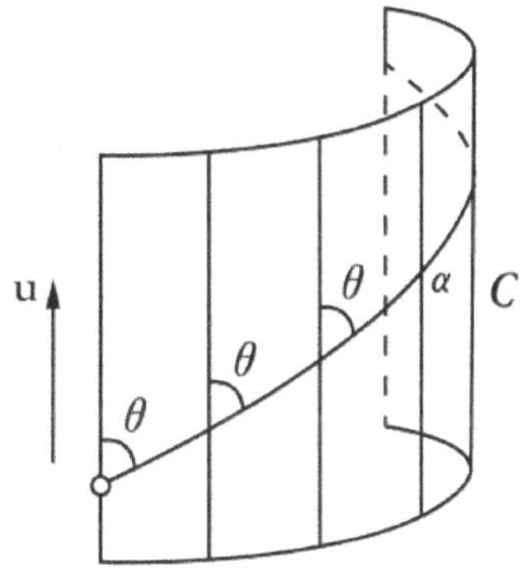

그림 2-4-2

예제 2.4.6

(1) (오른쪽 원나선(Right Circular Helix)

$\alpha(t) = (r\cos t, r\sin t, ht)$, $r > 0, h > 0$ 은 나선임을 보여라.

[풀이]

$u = (0,0,1)$로 두면 된다.

(2) 평면곡선은 나선임을 보여라.

[풀이]

$u = B$ 종법선벡터로 두면 된다.

따름정리 2.4.7

$\alpha : (a,b) \to R^3$를 $\kappa(s) \neq 0$인 단위속력곡선이라고 하자. $\alpha(s)$가 나선일 필요충분조건은 $\dfrac{\tau}{\kappa}$가 상수이다.

증명

u를 단위 상수벡터로 $< T,u > \; = \cos\theta$ (θ는 상수)라고 하자.

$u = \; < T,u > T + < N,u > N + \; < B,u > B$ 이다. $< T,u > \; = \cos\theta$ 로부터 양변을 미분하면 $0 = \dfrac{d}{ds} < T, u > \; = < T', u > \; = \kappa < N,u >$이므로, $< N,u > \; = 0$이 되어 $u = (\cos\theta) T + \; < B,u > B$ 로 표현되는데 $|u| = 1$이므로 $u = (\cos\theta) T + (\sin\theta) B$ 라고 할 수 있다. $u, \cos\theta$가 각각 상수벡터 그리고 상수이므로, 양변을 미분하면

$$0 = \frac{d}{ds}[(\cos\theta) T + (\sin\theta) B] = (\cos\theta)\, T' + (\sin\theta) B' = [\kappa(\cos\theta) - \tau(\sin\theta)] N$$

이므로 $\kappa(\cos\theta) - \tau(\sin\theta) = 0$이 된다. $\sin\theta \neq 0$이다. 이유는 만일 $\sin\theta = 0$ 이면 $\cos\theta \neq 0$이므로 $\kappa = 0$이 되어 모순이다. 그래서 $\dfrac{\tau}{\kappa} = \dfrac{\cos\theta}{\sin\theta} = \cot\theta$가 상수이다.

역으로 상수 c에 대해 $\dfrac{\tau}{\kappa} = c$라고 하자. 그러면 $c = \cot\theta$인 θ가 존재하므로 $\dfrac{\tau}{\kappa} = \cot\theta = \dfrac{\cos\theta}{\sin\theta}$로 둘 수 있다. 이제, $u(s) = (\cos\theta) T(s) + (\sin\theta) B(s)$로 두자. 그러면, $|u| = 1$이고

$$
\begin{aligned}
\frac{du}{ds} &= \frac{d}{ds}[(\cos\theta)T + (\sin\theta)B] \\
&= (\cos\theta)\,T' + (\sin\theta)B' \\
&= [\kappa(\cos\theta) - \tau(\sin\theta)]N \\
&= 0
\end{aligned}
$$

이므로, u는 단위 상수벡터이다. 또한, $< T, u > = \cos\theta$는 상수이므로, α는 나선이다. ■

따름정리 2.4.8

$\alpha : (a,b) \to R^3$를 단위속력곡선이라고 하자. $l_{\alpha(s)}$를 점 $\alpha(s)$에서 곡선 α의 접선($\alpha(s)$를 지나고 벡터 $\alpha'(s)$와 평행한 직선)이라고 하자. $\alpha(s)$가 직선일 필요충분조건은 임의의 s에 대해 $p \in l_{\alpha(s)}$인 $p \in R^3$가 존재하는 것이다.

증명

$\alpha(s)$가 직선일 경우 $\alpha(s)$에서의 접선이 $\alpha(s)$이므로 위의 조건이 필요조건이 됨은 당연하다. 역을 증명하도록 하자. 임의의 s에 대해 $p \in l_{\alpha(s)}$ 이므로 임의의 s에 대해 $\alpha(s) - p = a(s)T(s)$로 표현된다. 여기서 $a(s)$는 스칼라함수이다.

따라서 $T(s) = \alpha'(s) = a'(s)T(s) + a(s)T'(s)$이 되고
$(a'(s)-1)T(s) + a(s)T'(s) = 0$이 된다.

$$
\begin{aligned}
0 &= < (a'(s)-1)T(s) + a(s)T'(s), (a'(s)-1)T(s) + a(s)T'(s) > \\
&= (a'(s)-1)^2 + a(s)^2\kappa(s)^2
\end{aligned}
$$

이므로 임의의 s에 대해 $a'(s) = 1$이 되고 이로부터 $a(s) = s + c$을 얻는다.

따라서 $[s \neq -c \Rightarrow \kappa(s) = 0]$이 되고 κ의 연속성에 의해 $\kappa \equiv 0$가 되어 정리 2.3.5에 의해 $\alpha(s)$는 직선이다. ■

정의 2.4.9

$\alpha(s)$를 $\kappa(s) \neq 0$인 단위속력곡선이라고 하고 P를 $\alpha(s_0) \in P$인 평면이라고 하자.

(1) $B(s_0)$에 수직인 평면P를 $\alpha(s_0)$에서 곡선 α의 **접촉평면(Osculating Plane)** 이라고 한다.

(2) $T(s_0)$에 수직인 평면P를 $\alpha(s_0)$에서 곡선 α의 **법평면(Normal Plane)**이라고 한다.

(3) $N(s_0)$에 수직인 평면P를 $\alpha(s_0)$에서 곡선 α의 **전직평면(Rectifying Plane)** 이라고 한다.

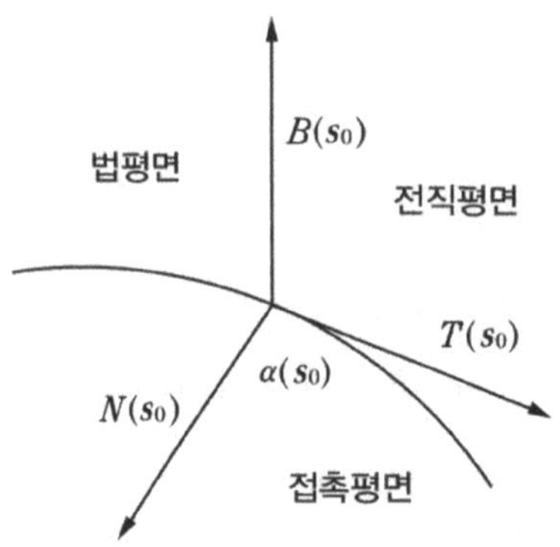

그림 2-4-3

다음 따름정리들은 주어진 곡선이 평면곡선 또는 구면곡선이 될 조건들을 접촉평면 또는 법평면을 이용하여 설명하고 있다.

따름정리 2.4.10

$\alpha : (a,b) \rightarrow R^3$를 $\kappa(s) \neq 0$인 단위속력곡선이라고 하자.

P_s 를 점 $\alpha(s)$에서 곡선 α의 접촉평면이라고 하자. 그러면 $\alpha(s)$가 평면곡

선이기 위한 필요충분조건이 임의의 s에 대해 $p\in P_s$인 $p\in R^3$가 존재하는 것이다. 또한 $\alpha(s)$가 단위법선벡터 $T(s)$와 주법선벡터 $N(s)$에 의해 생성되기 위한 필요충분조건은 $\alpha(s)$가 원점을 지나는 평면위에 존재한다.(이 평면은 $\alpha(s)$의 접촉평면이다.)

증명

모든 $s\in(a,b)$에 대해 $p\in P_s$인 $p\in R^3$가 존재한다면 스칼라함수 $r,t:(a,b)\to R$이 존재하여 $\alpha(s)=p+r(s)T(s)+t(s)N(s)$이다. 양변을 미분하면 프레네-세레공식에 의해

$$T(s)=r'(s)T(s)+r(s)\kappa(s)N(s)+t'(s)N(s)+t(s)(-\kappa(s)T(s)+\tau(s)B(s))$$

또는

$$(1-r'(s)+t(s)\kappa(s))T-(r(s)\kappa(s)+t'(s))N(s)-t(s)\tau(s)B(s)=0$$

를 얻는다. 그러므로

$$1-r'(s)+t(s)\kappa(s)=0,$$
$$r(s)\kappa(s)+t'(s)=0,$$
$$t(s)\tau(s)=0$$

가 성립한다. 세 번째 식으로부터 $t(s)=0$ 또는 $\tau(s)=0$를 얻는데 $t(s)$가 항상 0이면 첫 번째와 두 번째 식으로부터 $r(s)=s+c$(c는 상수)와 $\kappa(s)=0$를 얻어서 모순이다. 그러므로 $\tau(s)=0$이고, 따라서 따름정리 2.4.4에 의해 곡선 $\alpha(s)$는 평면곡선이다. 역으로 $\alpha(s)$가 한 벡터 C에 수직인 평면위에 놓여져 있다고 하자. 그러면 $<\alpha(s)-p,C>=0$가 성립한다.

양변을 미분하면 $< T(s), C >= 0$이고, 다시 한 번 미분하면 $< \kappa(s)N(s), C >= 0$이고 $\kappa(s) \neq 0$ 이므로 $< N(s), C >= 0$이다. C를 $\alpha(s)$의 종법선벡터라고 생각할 수 있고, 따라서 이 평면은 점 $\alpha(s)$를 지나고 종법선벡터에 수직이므로 바로 $\alpha(s)$의 접촉평면 P_s이며 모든 s에 대해 $p \in P_s$이다. 또한 위의 증명과정을 살펴보면 $\alpha(s)$가 $T(s)$와 $N(s)$에 의해 생성되기 위한 필요충분조건이 $\alpha(s)$가 원점을 지나는 평면(접촉평면)위에 존재하는 것임을 알 수 있다. ■

따름정리 2.4.11

$\alpha : (a,b) \to R^3$를 $\kappa(s) \neq 0$인 단위속력곡선이라고 하자. P_s를 점$\alpha(s)$에서 곡선 α의 법평면이라고 하자. α가 구면상의 곡선일 필요충분조건은 임의의 s에 대해 $p \in P_s$인 $p \in R^3$가 존재하는 것이다. 또한 $\alpha(s)$가 중심이 원점인 구면 위에 존재하기 위한 필요충분조건은 $\alpha(s)$가 주법선벡터 $N(s)$와 종법선벡터 $B(s)$에 의해 생성되는 것이다.

증명

α가 중심이 p이고 반지름이 r인 구면 $\Sigma_p(r)$위의 곡선이라고 하자. 그러면 P_s는 $\alpha(s)$를 지나고 주법선벡터 $N(s)$와 종법선벡터 $B(s)$에 의해생성되는 평면이다.

$< \alpha(s)-p, \alpha(s)-p >= r^2$를 미분하면 $2 < \alpha(s)-p, T(s) >= 0$이므로 $< \alpha(s)-p, T >= 0$이고 $\alpha(s)-p$는 $N(s)$와 $B(s)$에 의해 생성되므로 적당한 스칼라함수 $a(s), b(s)$에 대해 $\alpha(s)-p = a(s)N(s)+b(s)B(s)$이고
따라서 $p = \alpha(s)-a(s)N(s)-b(s)B(s)$ 이므로 $p \in P_s$이다. 역을 증명하자.

$p(\in R^3)$를 모든 s에 대해 $\alpha(s)$에서의 법평면 P_s에 존재하는 점이라고 하자. 그러므로 적당한 스칼라함수 $a(s), b(s)$에 대해 $p = \alpha(s)+a(s)N(s)+b(s)B(s)$이고 따라서 $\alpha(s)-p = -a(s)N(s)-b(s)B(s)$이다.

그러므로 $\frac{d}{ds} < \alpha(s)-p, \alpha(s)-p > = 2 < \alpha'(s), \alpha(s)-p > = 0$이므로 적당한 양의 상수 r에 대해 $< \alpha(s)-p, \alpha(s)-p >= r^2$이다. 즉, α는 (중심이 p이고 반지름

이 r인) 구면상의 곡선이다. 위의 증명과정을 살펴보면 $\alpha(s)$가 중심이 원점인 구면위에 존재하기 위한 필요충분조건은 $\alpha(s)$가 주법선벡터 $N(s)$와 종법선벡터 $B(s)$에 의해 생성되는 것임을 알 수 있다. ■

따름정리 2.4.10.과 따름정리 2.4.11에 의해 주어진 단위속력곡선 $\alpha(s), s\in(a,b)$와 이 곡선의 프레네-세레틀장 $T(s), N(s), B(s)$에 대해 $\alpha(s)$가 T와 N에 의해 생성되기 위한 필요충분조건이 α가 원점을 지나는 평면위의 곡선이고 또 $\alpha(s)$가 N, B에 의해 생성되기 위한 필요충분조건이 α가 원점을 중심으로 하는 구면위의 곡선임이 규명된다. T와 B에 의해 생성되는 곡선(전직곡선)의 규명은 2003년 Bang-Yen Chen교수에 의해 밝혀졌는데 정리 2.6.3에 이러한 곡선이 분류되어 있다. (참고문헌 [10]와 [12]을 참조하라.)

따름정리 2.4.12

$\alpha(s)$를 단위속력곡선이라고 하자.

(1) α가 중심이 m이고 반지름이 r인 구면상의 곡선이라 하면,

(i) $\kappa\neq 0$이다.

(ii) 만일 $\tau\neq 0$이면, α의 식은 $\alpha-m=-\rho N-\rho'\sigma B$ 로 주어진다.

여기서 $\rho=\dfrac{1}{\kappa}, \sigma=\dfrac{1}{\tau}$이다. 이 때 $r^2=\rho^2+(\rho'\sigma)^2$이다.

(2) $\alpha(s)$ 를 $\kappa\neq 0, \tau\neq 0$인 단위속력곡선이라고 하고 $\rho=\dfrac{1}{\kappa}, \sigma=\dfrac{1}{\tau}$로 두자.

만일 $\rho^2+(\rho'\sigma)^2=a^2$이 상수이고 κ가 상수인 열린구간이 없으면, α는 반지름이 $|a|$인 구면상의 곡선이다.

증명

(1) α가 중심이 m이고 반지름이 r인 구면상의 곡선이라고 두자.

$\alpha-m=\langle T,\alpha-m\rangle T+\langle N,\alpha-m\rangle N+\langle B,\alpha-m\rangle B$로 둘 수 있다.

$|\alpha-m|^2=r^2$로부터, $\langle T,\alpha-m\rangle=0$을 얻는다.

다시 $0=\frac{d}{ds}< T,\alpha-m> \ = \ < T',\alpha-m> \ +1=\kappa< N,\alpha-m>+1$이므로,

$\kappa\neq 0$이 되고, $< N,\alpha-m> \ = \ -\frac{1}{\kappa}=-\rho$임을 알 수 있다.

$$\begin{aligned}\text{다시 } -\rho' &= \frac{d}{ds}< N,\alpha-m> \\ &= \ < N',\alpha-m> \ + \ < N, T> \\ &= \ < \ -\kappa T+\tau B,\alpha-m> \\ &= \tau< B,\alpha-m>\end{aligned}$$

이므로, $< B,\alpha-m> \ = \ -\rho'\sigma$이다. 따라서, $\alpha-m=-\rho N-\rho'\sigma B$로 주어진다.

(2) 결론에 있는 구면의 중심을 예측하면 (1)로부터 m이 중심이라면, $\alpha-m=-\rho N-\rho'\sigma B$ 이 되어야 하고, 즉, $\alpha+\rho N+\rho'\sigma B=m$: 상수가 되어야 할 것 같다. 따라서,

$$\begin{aligned}\frac{d}{ds}(\alpha+\rho N+\rho'\sigma B) &= (1-\kappa\rho)T+(\rho'+\rho'\sigma(-\tau))N+(\rho\tau+(\rho'\sigma)')B \\ &= (\frac{\rho}{\sigma}+(\rho'\sigma)')B \\ &= 0\end{aligned}$$

이다. 위의 식에서 마지막 등호는, $\rho^2+(\rho'\sigma)^2=a^2$이므로 $\rho'(\rho+\sigma(\rho'\sigma)')=0$이 되고, $\rho'=0$인 열린구간이 없으므로 $\rho+\sigma(\rho'\sigma)'=0$이 됨을 알 수 있다. ■

| 연습문제 2-4 |

1. 다음을 보여라.

(1) $T=N\times B$..

(2) $N=B\times T$..

2. $\kappa\tau = -< T', B' >$임을 보여라.

3. α 가 단위속력곡선이면, $\kappa^2\tau = < \alpha' \times \alpha'', \alpha''' >$임을 보여라.

4. α 가 $\kappa \neq 0$ 인 단위속력곡선이면 $\{p \in R^3 | < (p - \alpha(0)) \times \alpha'(0), \alpha''(0) > = 0\}$ 이 $\alpha(0)$에서 접촉평면임을 보여라.

5. 곡선 $\alpha : (0, \infty) \to R^3, \alpha(t) = (t^3 + t, t^2 + 1, t)$가 있다. 이 곡선의 접촉평면과 $xy-$평면이 이루는 각이 $\dfrac{\pi}{4}$가 되는 t의 값을 구하라.

6. 나선의 접촉평면에 수직인 벡터는 그 나선의 축($< T, u > \equiv$ 상수 인 단위 상수 벡터 u)과 일정한 각을 유지함을 보여라.

7. 다음을 보여라.
α가 직선일 필요충분조건은 α의 접선들이 서로 평행할 때이다.

8. α가 $\kappa \neq 0$ 인 곡선일 때 다음을 보여라.
α가 평면곡선일 필요충분조건은 α의 모든 접촉평면이 지나는 점이 존재할 때이다.

9. 호의 길이 s가 매개변수인 곡선 α : $[a,b] \to R^3$가 $\alpha(s) \neq 0$이고

$\alpha(s)+\dfrac{1}{\kappa(s)}N(s)$가 고정된 점이면, α는 원의 일부임을 보여라.

제5절 곡선의 기본정리(Fundamental Theorem for Curves)

기하학에 있어서 중요한 문제 중 하나는 도형을 구분하는 기하학적인 양을 결정하는 것이다. 예를 들면 선분은 그것의 길이에 의해 완전히 결정되고, 원은 반지름의 길이 그리고 삼각형은 두변의 길이와 사잇각에 의해 결정된다. R^3내의 정칙곡선에 대해서도 이 문제는 해결되었는데 다음 정리를 통해 정칙곡선은 곡률과 비틀림률에 의해 유일하게 결정된다는 것을 알게 될 것이다.

정리 2.5.1 | 곡선의 기본정리

양수인 곡률을 갖는 정칙곡선의 형태는 곡률과 비틀림률에 의해 완전히 결정된다. 자세하게 표현하면, $0 \in (a,b)$로 두고, $\bar{\kappa}(s) > 0$, $\bar{\tau}(s)$를 각각 (a,b)에서 정의된 C^1-급 함수와 연속함수로 두자, $p \in R^3$이고 $\{D,E,F\}$ 을 R^3의 양의 방향을 갖는 정규직교 기저로 두자. 그러면, 다음을 만족하는 C^3-급 정칙곡선 $\alpha:(a,b)\to R^3$가 하나만 존재한다.

(1) 매개변수 s는 $\alpha(0)$로부터 호의 길이이다.

즉, $s=\int_0^s \left|\dfrac{d\alpha}{dt}\right|dt,\ s\in(a,b)$ 이다.

(2) $\alpha(0)=p,\ T(0)=D,\ N(0)=E,\ B(0)=F$

(3) $s\in(a,b),\ \kappa(s)=\bar{\kappa}(s)$ 그리고 $\tau(s)=\bar{\tau}(s)$

증명

초기조건

$(t_1(0),t_2(0),t_3(0))=D,\ (n_1(0),n_2(0),n_3(0))=E,\ (b_1(0),b_2(0),b_3(0))=F$와 다음 동

차 선형미분방정식을 만족하는

$$\frac{dt_i}{ds} = \kappa n_i,\ \ \frac{dn_i}{ds} = -\kappa t_i + \tau b_i,\ \ \frac{db_i}{ds} = -\tau n_i,\ \ i = 1,2,3$$

아홉 개의 함수들 $t_i, n_i, b_i : (a,b) \to R, i = 1,2,3$는 동차 선형미분방정식의 존재성 정리에 의해 유일하게 존재한다. 이제 $T = (t_1, t_2, t_3)$, $N = (n_1, n_2, n_3)$, $B = (b_1, b_2, b_3)$라고 두면 여섯함수 $<T,T>, <T,N>, <T,B>, <N,N>, <N,B>, <B,B>$는 다음 선형미분방정식을 만족한다.

$$\begin{aligned}
&\frac{d}{ds}<T,T> = 2\kappa <T,N>,\ \ \frac{d}{ds}<N,N> = -2\kappa <T,N> + 2\tau <B,N>,\\
&\frac{d}{ds}<T,N> = \kappa <N,N> - \kappa <T,T> + \tau <T,B>,\\
&\frac{d}{ds}<N,B> = -\kappa <T,B> + \tau <B,B> - \tau <N,N>,\\
&\frac{d}{ds}<T,B> = -\kappa <N,B>,\ \ \frac{d}{ds}<B,B> = -2\tau <N,B>.
\end{aligned}$$

$$\text{초기조건}\ \begin{array}{l} <T(0),T(0)> = <N(0),N(0)> = <B(0),B(0)> = 1 \\ <T(0),N(0)> = <N(0),B(0)> = <B(0),T(0)> = 0 \end{array}$$

를 고려하면 미분방정식의 유일존재정리에 의해 위 미분방정식의 해는 $<T,T> = <N,N> = <B,B> = 1$, $<T,N> = <N,B> = <B,T> = 0$이다. 그러므로 T,N,B는 정규직교틀장을 이룬다. 이제 $\alpha : (a,b) \to R^3$를 $\alpha(s) = \int_0^s T ds + p$라고 두면 $\alpha(0) = p$이다. $\alpha'(0) = T$이므로 α는 단위속력곡선이다. 바로 위의 미분방정식을 고려하면 $T' = \kappa N$이므로 α의 곡률은 κ이고 주법선벡터는 N이다. 이제 $T \times N = B$을 미분하면 $B' = (T \times N)' = \kappa N \times N + T \times (-\kappa T + \tau B) = \tau T \times B = -\tau N$이므로 α의 비틀림률은 τ이다. 그러므로 주어진 조건을 만족하는 곡선 α는 유일하게 존재한다. ■

정리 2.5.1에서는 주어진 함수들을 곡률과 비틀림률로 가지고 초기조건들을 만족하는 단위속력곡선이 유일하게 존재함을 보였다. 이제 곡률($\neq 0$)과 비틀림률이 같다는 것이(비틀림률의 경우 부호가 다를 수도 있다.) 두 곡선이 서로 합동이기 위한 필요충분조건임을 보이고자 한다. 두 단위속력곡선 $\alpha,\beta: I\to R^3$가 합동이라고 하자. 즉 3차 직교행렬 A와 R^3내의 한 벡터 b가 존재하여 $\beta(s)=A\alpha(s)+b$라고 하자. 양변을 두 번 연속미분하여

$$T_\beta = AT_\alpha,\ \kappa_\beta N_\beta = \kappa_\alpha A N_\alpha$$

를 얻는다. 물론 $\kappa_\alpha,\tau_\alpha,T_\alpha,N_\alpha,B_\alpha$는 곡선 α의 프레네-세레도구이고 β의 프레네-세레도구들은 첨자가 β이다. 두 번째 식에서 양변의 벡터들의 크기를 비교하면 $\kappa_\beta=\kappa_\alpha$임을 알 수 있다. 그러므로 $N_\beta = AN_\alpha$를 얻고 이 식을 미분하고 프레네-세레공식을 이용하면 $-\kappa_\beta T_\beta+\tau_\beta B_\beta=-\kappa_\alpha AT_\alpha+\tau_\alpha AB_\beta$를 얻는다. $\kappa_\beta=\kappa_\alpha$ 그리고 $T_\beta=AT_\alpha$이므로 $\tau_\beta B_\beta=\tau_\alpha AB_\alpha$이다. 다음 사실들을 확인 할 수 있다.

(1) A가 직교행렬이므로 $\det A=\pm1$

(2) $<AB_\alpha,AT_\alpha>=<AB_\alpha,AN_\alpha>=0$이고 $<AB_\alpha,AB_\alpha>=1$
이므로 $AB_\alpha=A(T_\alpha\times N_\alpha)=\pm(AT_\alpha\times AN_\alpha)$.

(3) $\det[AT_\alpha AN_\alpha AB_\alpha]=<(AT_\alpha\times AN_\alpha),AB_\alpha>$.

$\det[AT_\alpha AN_\alpha AB_\alpha]=\det A\det[T_\alpha N_\alpha B_\alpha]=\det A$이므로 (1),(2),(3)에 의해 $AB_\alpha=\det A(AT_\alpha\times AN_\alpha)=\det A(T_\beta\times N_\beta)=\det AB_\beta$ 그러므로 $\tau_\beta=\det A\tau_\alpha$이다. 즉, 합동인 두 곡선 α,β에 대해 $\kappa_\alpha=\kappa_\beta,\tau_\alpha=\pm\tau_\beta$를 얻는다. 다음 따름정리는 이 조건들이 주어진 두 곡선들이 합동일 충분조건임을 보여준다.

따름정리 2.5.2

만일 $\alpha,\alpha^*:(a,b)\to R^3$가 단위속력곡선이고 두 곡선의 곡률들 $\kappa(s),\kappa^*(s)$ 그리고 비틀림률들 $\tau(s),\tau^*(s)$가 $\kappa(s)=\kappa^*(s)$와 $\tau(s)=\pm\tau^*(s)$를 만족하면 두 곡선은 합동이다. 즉 3차직교행렬 A와 R^3내의 한 벡터 v가 존재하여 $\alpha^*(s)=A\alpha(s)+v$이다.

증명

경우1. $\tau(s)=\tau^*(s)$

$0\in(a,b)$라고 가정하자. $T(0),N(0),B(0)$와 $T^*(0),N^*(0),B^*(0)$에 대해 행렬 $A=[T^*(0)N^*(0)B^*(0)][T(0)N(0)B(0)]^t$를 생각하면 $A[T(0)N(0)B(0)]=[T^*(0)N^*(0)B^*(0)]$이다. 즉, 이 행렬은 $T(0),N(0),B(0)$를 $T^*(0),N^*(0),B^*(0)$로 보내는 직교행렬이다.

곡선 $\beta:(a,b)\to R^3$, $\beta(s)=A\alpha(s)+v$ $(v=\alpha^*(0)-A\alpha(0))$을 생각하면 이 곡선은 단위속력곡선이고 프레네-세레틀장 T_β,N_β,B_β이

$T_\beta(0)=T^*(0),N_\beta(0)=N^*(0),B_\beta(0)=B^*(0)$를 만족하고 $\beta(0)=\alpha^*(0)$이다.

$T_\beta(s)=\dfrac{d}{ds}\beta(s)=\dfrac{d}{ds}A\alpha(s)=AT(s)$이고

$\kappa_\beta(s)N_\beta(s)=\dfrac{d}{ds}T_\beta(s)=A(\kappa(s)N(s))=\kappa(s)AN(s)$이므로

$\kappa_\beta(s)=\kappa(s)=\kappa^*(s)$이고 $N_\beta(s)=AN(s)$이다. 이 식의 양변을 미분하면

$\dfrac{d}{ds}N_\beta(s)=A(-\kappa(s)T(s)+\tau(s)B(s))=-\kappa(s)AT(s)+\tau(s)AB(s)$이다.

위 식들로부터

$B_\beta(s)=T_\beta(s)\times N_\beta(s)=AT(s)\times AN(s)=A(T(s)\times N(s))=AB(s)$ 를 얻는다.

그리고 $\kappa_\beta(s)=\kappa(s)$를 이용하면 $\tau_\beta(s)=\tau(s)=\tau^*(s)$임을 알 수 있다. 그러므로 정리 2.5.1에 의해 $\alpha^*(s)=\beta(s)=A\alpha(s)+v$임을 알 수 있다.

경우2. $\tau(s)=-\tau^*(s)$

이 경우에는 $0\in(a,b)$라고 가정하고 $A=[T^*(0)N^*(0)-B^*(0)][T(0)N(0)B(0)]^t$

즉, $T(0),N(0),B(0)$를 $T^*(0),N^*(0),-B^*(0)$로 보내는 직교행렬 A를 생각하고 $\beta(s)=A\alpha(s)+v(v=\alpha^*(0)-A\alpha(0))$라고 두면 경우1과 같은 논증을 통하여 $\beta(s)=\alpha^*(s)$임을 보일 수 있다. ■

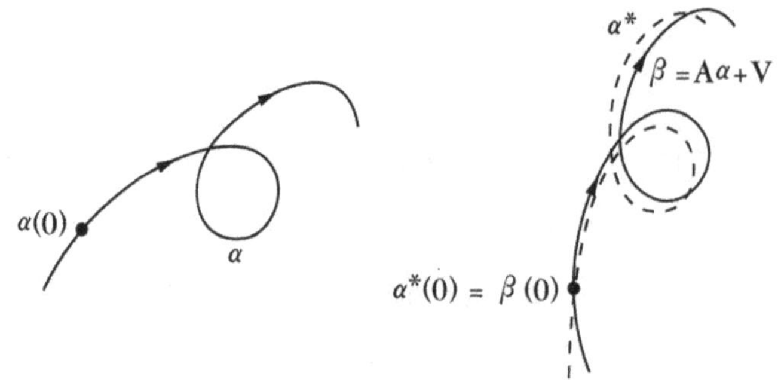

그림 2-5-1

예제 2.5.3

두 단위속력곡선 $\alpha(s) = (2\cos\frac{s}{2\sqrt{2}}, 2\sin\frac{s}{2\sqrt{2}}, \frac{s}{\sqrt{2}})$와 $\beta(s) = (\frac{s}{2\sqrt{2}} + \sqrt{3}\sin\frac{s}{2\sqrt{2}}, 2\cos\frac{s}{2\sqrt{2}}, \frac{\sqrt{3}s}{2\sqrt{2}} - \sin\frac{s}{2\sqrt{2}})$의 곡률과 비틀림률을 각각 구하고 이들을 비교하여 합동임을 확인하여라. 아울러 $F(\alpha) = \beta$인 등거리사상 $F: R^3 \to R^3$를 구하여라.

[풀이]

$\beta' = T_\beta = (\frac{1}{2\sqrt{2}} + \frac{\sqrt{3}}{2\sqrt{2}}\cos\frac{s}{2\sqrt{2}}, -\frac{1}{\sqrt{2}}\sin\frac{s}{2\sqrt{2}}, \frac{\sqrt{3}}{2\sqrt{2}} - \frac{1}{2\sqrt{2}}\cos\frac{s}{2\sqrt{2}})$,

$T_\beta{}' = (-\frac{\sqrt{3}}{8}\sin\frac{s}{2\sqrt{2}}, -\frac{1}{4}\cos\frac{s}{2\sqrt{2}}, \frac{1}{8}\sin\frac{s}{2\sqrt{2}})$이므로 $\kappa_\beta = |T'_\beta| = \frac{1}{4}$이고

$N_\beta = (-\frac{\sqrt{3}}{2}\sin\frac{s}{2\sqrt{2}}, -\cos\frac{s}{2\sqrt{2}}, \frac{1}{2}\sin\frac{s}{2\sqrt{2}})$이다.

$B_\beta = T_\beta \times N_\beta = \frac{1}{2\sqrt{2}}(\sqrt{3}\cos\frac{s}{2\sqrt{2}} - 1, -2\sin\frac{s}{2\sqrt{2}}, -\cos\frac{s}{2\sqrt{2}} - \sqrt{3})$를 얻는다.

$B'_\beta = \frac{1}{4}N_\beta = -\tau_\beta N_\beta$이므로 $\tau_\beta = -\frac{1}{4}$이다.

예 2.3.4의 (2)에 의해 $\alpha(s) = (2\cos\frac{s}{2\sqrt{2}}, 2\sin\frac{s}{2\sqrt{2}}, \frac{s}{\sqrt{2}})$의 곡률과 비틀림률이 모두 $\frac{1}{4}$이므로 따름정리 2.5.2에 의해 두 곡선은 합동이다. 이제 $F(\alpha) = \beta$인

등거리사상 F를 구하기 위해 먼저 F의 직교행렬변환부분의 표현행렬 A를 고려하면 따름정리 2.5.2의 증명에서 보듯이
$A[T_\alpha(0)N_\alpha(0)B_\alpha(0)] = [T_\beta(0)N_\beta(0)B_\beta(0)]$이다.

$$T_\alpha(0) = \frac{1}{\sqrt{2}}(0,1,1),\ N_\alpha = (-1,0,0),\ B_\alpha(0) = \frac{1}{\sqrt{2}}(0,-1,1)\text{와}$$

$$T_\beta(0) = \frac{1}{2\sqrt{2}}(1+\sqrt{3},0,\sqrt{3}-1), N_\beta(0) = (0,-1,0),$$

$$B_\beta(0) = \frac{1}{2\sqrt{2}}(\sqrt{3}-1,0,-1-\sqrt{3})$$

를 얻을 수 있다. 그러므로

$$A\begin{bmatrix} 0 & -1 & 0 \\ \frac{1}{\sqrt{2}} & 0 & -\frac{1}{\sqrt{2}} \\ \frac{1}{\sqrt{2}} & 0 & \frac{1}{\sqrt{2}} \end{bmatrix} = \begin{bmatrix} \frac{1+\sqrt{3}}{2\sqrt{2}} & 0 & \frac{1-\sqrt{3}}{2\sqrt{2}} \\ 0 & -1 & 0 \\ \frac{\sqrt{3}-1}{2\sqrt{2}} & 0 & \frac{1+\sqrt{3}}{2\sqrt{2}} \end{bmatrix}$$

이다. 따라서

$$A = \begin{bmatrix} 0 & \frac{\sqrt{3}}{2} & \frac{1}{2} \\ 1 & 0 & 0 \\ 0 & -\frac{1}{2} & \frac{\sqrt{3}}{2} \end{bmatrix}$$

이다.

F의 평행이동부분이 T_b(상수벡터 b만큼의 평행이동)라고 하자.
그러면 $F(\alpha) = A\alpha + b$인데 $F(\alpha(0)) = A\alpha(0) + b = \beta(0)$이므로
$F(2,0,0) = A\begin{bmatrix} 2 \\ 0 \\ 0 \end{bmatrix} + b = \begin{bmatrix} 0 \\ 2 \\ 0 \end{bmatrix}$인데 $A\begin{bmatrix} 2 \\ 0 \\ 0 \end{bmatrix} = \begin{bmatrix} 0 \\ 2 \\ 0 \end{bmatrix}$이므로 $b = 0$이고, 따라서 F는 행렬 A에 의한 직교행렬변환이다.

위의 정리들에 의하면, $\kappa > 0$인 정칙곡선은 R^3의 등거리사상 하에서 곡률과 비틀림률에 의해 완전히 결정된다. 그러나 실제 $\kappa > 0$인 곡률과 비틀림률이 주어질 때 그들에 의해 정해지는 곡선의 식을 구체적으로 구하는 것은 쉽지 않으며 연속함수의 적분의 형태로 표현하는 것이 최선인 경우가 많다.

예 2.5.4

단위속력곡선 $\alpha(s)$가 $\kappa > 0$인 나선(Helix)이라고 두자. 그러면, $\frac{\tau}{\kappa} = c$인 상수 c가 존재한다.

(1) $t = t(s) = \int_0^s \kappa(s)ds$로 두면 $t = t(s)$는 전단사이고 미분가능이며 그의 역함수 $s = s(t)$도 미분가능함수이다. $\alpha(s)$를 $s = s(t)$로 재매개화 하자.

(2) $\tau = c\kappa$, $\frac{dt}{ds} = \kappa$, 프레네-세레공식 그리고 연쇄율을 사용하면 다음을 얻을 수 있다.

$$\frac{dT}{dt} = N,\ \frac{dN}{dt} = -T + cB,\ \frac{dB}{dt} = -cN.$$

따라서 $\frac{d^2N}{dt^2} = -\frac{dT}{dt} + c\frac{dB}{dt} = -(1+c^2)N = -\omega^2 N$을 얻을 수 있다. 여기서 $\omega = \sqrt{1+c^2}$ 이다. 이로부터, $N = \boldsymbol{a}\cos\omega t + \boldsymbol{b}\sin\omega t$이 된다. 여기서 $\{\boldsymbol{a}, \boldsymbol{b}\}$는 R^3의 정규직교집합이다. $\frac{dT}{dt} = N$으로부터 $T = \frac{1}{\omega}(\boldsymbol{a}\sin\omega t - \boldsymbol{b}\cos\omega t + \boldsymbol{c})$임을 알 수 있다. 여기서 $\boldsymbol{c} = c(\boldsymbol{a}\times\boldsymbol{b})$이다. 그러므로,

$$\begin{aligned}\alpha(s) - \alpha(0) &= \int_0^s T\,ds \\ &= \frac{1}{\omega}\left(\boldsymbol{a}\int_0^s \sin\omega t\,ds - \boldsymbol{b}\int_0^s \cos\omega t\,ds + cs(\boldsymbol{a}\times\boldsymbol{b})\right)\end{aligned}$$

이 된다. 여기서 $t = \int_0^s \kappa(s)ds$이다. 이후로 $\alpha(s)$를 구하기 위한 적분이 잘 되는 경우도 있지만 그렇지 못할 경우도 있다.

| 연습문제 2-5 |

1. 다음을 보여라.
   (1) 평면곡선은 나선이다.
   (2) 양의 상수를 곡률로 갖는 나선은 어떤 모양일까?

2. $\kappa(s)=\dfrac{1}{1+s^2}, \tau=0$ 인 단위속력곡선 $\gamma(s)$을 구하라.

3. 구면 위에 있는 상수 곡률을 갖는 단위속력곡선은 원이다. 이를 증명하여라.

4. 곡률과 비틀림률이 모두 상수인 곡선은 원나선임을 보여라.

제6절 일반적인 정칙곡선

3절과 4절의 결과를 일반적인 정칙곡선의 경우로 확장하고자 한다.

정의 2.6.1

$\alpha(t)$가 정칙곡선일 때, $s=s(t)$를 $\alpha(t)$의 호의 길이로 두자. α의 단위속력재매개화를 β라고 두면 $\alpha(t)=\beta(s(t))$이다. $\{\kappa(s), \tau(s), T(s), N(s), B(s)\}$를 (단위속력곡선) $\beta(s)$의 프레네-세레도구라고 하자. 이 때,
$\{\kappa(s(t)), \tau(s(t)), T(s(t)), N(s(t)), B(s(t))\}$를 $\alpha(t)$의 **프레네-세레도구(Frenet-Serret Apparatus)**라고 한다.

$\alpha(t)$의 프르네-세레 도구 $\{\kappa(s(t)), \tau(s(t)), T(s(t)), N(s(t)), B(s(t))\}$를 변수 t에 대한 함수 또는 도함수들로 표현해 보자. $\frac{ds}{dt} = |\frac{d\alpha}{dt}| > 0$이 됨은 이미 알고 있다. $v(t) = |\frac{ds}{dt}|$로 두자.

정리 2.6.2

(1) $T = \frac{\alpha'}{|\alpha'|}$, $B = \frac{\alpha' \times \alpha''}{|\alpha' \times \alpha''|}$, $N = B \times T$,

$\kappa = \frac{|\alpha' \times \alpha''|}{|\alpha'|^3}$, $\tau = \frac{<\alpha' \times \alpha'', \alpha'''>}{|\alpha' \times \alpha''|^2}$.

(2) $\begin{bmatrix} T' \\ N' \\ B' \end{bmatrix} = v \begin{bmatrix} 0 & \kappa & 0 \\ -\kappa & 0 & \tau \\ 0 & -\tau & 0 \end{bmatrix} \begin{bmatrix} T \\ N \\ B \end{bmatrix}$.

증명

(1) $T = \frac{d}{ds}\alpha = \frac{d}{dt}\alpha \frac{dt}{ds} = \frac{\alpha'}{|\alpha'|}$이고 $\alpha' = vT$이다.

$\alpha'' = \frac{d}{dt}(\alpha') = \frac{d}{dt}(vT) = v'T + v\frac{d}{dt}T = v'T + v^2\frac{dT}{ds} = v'T + \kappa v^2 N$이므로

$\alpha' \times \alpha'' = \kappa v^3 B$이다. 따라서, $\kappa \neq 0$이면 $B = \frac{\alpha' \times \alpha''}{|\alpha' \times \alpha''|}$이다. 또한, $\kappa = \frac{|\alpha' \times \alpha''|}{|\alpha'|^3}$을 얻는다.

$$\begin{aligned} \alpha''' &= \frac{d}{dt}(\alpha'') = \frac{d}{dt}(v'T + \kappa v^2 N) = v''T + v'v\frac{d}{ds}T + (\kappa v^2)'N + \kappa v^3 \frac{d}{ds}N \\ &= v''T + \kappa v' v N + (\kappa v^2)'N + \kappa v^3(-\kappa T + \tau B) \\ &= (v'' - \kappa^2 v^3)T + (\kappa v' v + (\kappa v^2)')N + \kappa\tau v^3 B \end{aligned}$$

이므로, $<\alpha' \times \alpha'', \alpha'''> = \kappa^2 \tau v^6 = \tau|\alpha' \times \alpha''|^2$ 이고 이로부터 $\tau = \frac{<\alpha' \times \alpha'', \alpha'''>}{|\alpha' \times \alpha''|^2}$ 을 얻는다.

(2) $\begin{bmatrix} T' \\ N' \\ B' \end{bmatrix} = \begin{bmatrix} v\dfrac{d}{ds}T \\ v\dfrac{d}{ds}N \\ v\dfrac{d}{ds}B \end{bmatrix} = v\begin{bmatrix} \dfrac{d}{ds}T \\ \dfrac{d}{ds}N \\ \dfrac{d}{ds}B \end{bmatrix} = v\begin{bmatrix} 0 & \kappa & 0 \\ -\kappa & 0 & \tau \\ 0 & -\tau & 0 \end{bmatrix}\begin{bmatrix} T \\ N \\ B \end{bmatrix}$ 이다. ■

다음 정리는 2.4절의 따름정리 2.4.10과 2.4.11에서 언급된 위치벡터가 단위접선벡터와 종법선벡터에 의해 생성되는 곡선에 관한 규명이다.

정리 2.6.3

$\alpha:(a,b)\rightarrow R^3$가 비틀림률 τ가 영이 아닌 정칙곡선이라고 하자.

모든 $t\in(a,b)$에 대해 $\alpha(t)$가 $T(t)$와 $B(t)$에 의해 생성되기 위한 필요충분조건은 적당한 재매개화 $t=t(s)$와 상수 a와 s_0에 대해 $\alpha(t(s))=a\sec(s+s_0)y(s)$ 꼴로 표현되는 것이다. 여기서 $y(s)$는 단위구면상에 존재하는 단위속력곡선이다.

증명

$\alpha(t)$가 원점을 지나지 않고 $T(t)$와 $B(t)$에 의해 생성된다고 가정하자.

$\alpha(t)=|\alpha(t)|\dfrac{\alpha(t)}{|\alpha(t)|}$ 에서 $(\dfrac{\alpha(t)}{|\alpha(t)|})'=\dfrac{<\alpha(t),\alpha(t)>\alpha'(t)-<\alpha(t),\alpha'(t)>\alpha(t)}{|\alpha(t)|^3}$가 항등적으로 0이면 곡률 $\kappa=0$이므로 $\alpha(t)$는 직선이고 이 경우 비틀림율이 0이므로 가정에 모순이다. 그러므로 $(\dfrac{\alpha(t)}{|\alpha(t)|})'\neq 0$이고, 따라서 $\dfrac{\alpha(t)}{|\alpha(t)|}$는 단위구면상에 놓여져 있는 정칙곡선이다. 호의 길이에 의한 재매개화에 의해 $y(s)=\dfrac{\alpha(t(s))}{|\alpha(t(s))|}$로 둘 수 있다. 그리고 $f(s)=|\alpha(t(s)|$로 두면 $\beta(s)=\alpha(t(s))=f(s)y(s)$꼴로 표현된다. $\beta(s)$의 호의 길이를 u라고 하면

$$u(s)=\int_0^s|\beta'(t)|dt=\int_0^s|f'(t)y(t)+f(t)y'(t)|dt=\int_0^s\sqrt{f'^2+f^2}\,dt \text{이고}$$

$$\frac{du}{ds} = \sqrt{f'^2 + f^2} \text{이고 } \frac{ds}{du} = \frac{1}{\sqrt{f'^2+f^2}} \text{이므로}$$

$$T = \frac{d\beta}{du} = \frac{d\beta}{ds}\frac{ds}{du} = \frac{1}{\sqrt{f'^2+f^2}}(f'y + fy') \text{이고}$$

$$\begin{aligned} \kappa N &= \frac{dT}{du} = \frac{d}{du}\left(\frac{1}{\sqrt{f'^2+f^2}}(f'y+fy')\right) \\ &= \frac{f''f^2 - ff''^2}{(f^2+f'^2)^2}y + \frac{f'f^2 + 2f'^3 - ff'f''}{(f^2+f'^2)^2}y' + \frac{f^3+ff'^2}{(f^2+f'^2)^2}y'' \end{aligned}$$

이다. $\beta(s)$가 $T(s)$와 $B(s)$에 의해 생성되기 위한 필요충분조건은 $<\beta(s), N> = 0$이므로 이 조건은 $<\beta(s), \kappa N> = 0$와 동치이고 $\beta(s) = f(s)y(s)$와 $<y, y> = 1, <y, y'> = 0, <y, y''> = -1$을 이용하면 이 조건은 $f(s)^2 + 2f'(s)^2 - f(s)f''(s) = 0$와 동치임을 알 수 있다. $g(s) = \dfrac{1}{f(s)}$라고 두면 $g'(s) = -\dfrac{f'}{f^2}$이며 $g''(s) = \dfrac{2f'^2 - f''f}{f^3}$이다. $2f'^2 = ff'' - f^2$을 대입하면 $g''(s) = -\dfrac{1}{f(s)} = -g(s)$임을 알 수 있다. 그러므로 $g(s) = \alpha\cos s + \beta\sin s$ (α, β는 상수들)이다.

따라서 $g(s) = \sqrt{\alpha^2+\beta^2}\cos(s+s_0)$, $(\cos s_0 = \dfrac{\alpha}{\sqrt{\alpha^2+\beta^2}}, \sin s_0 = -\dfrac{\beta}{\sqrt{\alpha^2+\beta^2}})$이다. $\sqrt{\alpha^2+\beta^2} = \dfrac{1}{a}$라고 두면 $f(s) = a\sec(s+s_0)$이므로 $\alpha(t(s)) = a\sec(s+s_0)y(s)$이다. 역으로 $\beta(s) = a\sec(s+s_0)y(s)$($y(s)$는 단위구면상의 단위속력곡선)으로 두면 $<\beta(s), \kappa N> = 0$를 얻을 수 있고, 따라서 $\beta(s)$는 $T(s)$와 $N(s)$에 의해 생성됨을 알 수 있다. ■

예제 2.6.4

다음 곡선의 프레네-세레도구를 구하여라.

$$x(t) = \left(t, \frac{\sqrt{2}}{2}t^2, \frac{1}{3}t^3\right)$$

[풀이]

$x'(t)=(1,\sqrt{2}t,t^2)$이므로 단위접선벡터는 $T=\dfrac{x'(t)}{|x'(t)|}=\dfrac{1}{1+t^2}(1,\sqrt{2}t,t^2)$이다.

$x''(t)=(0,\sqrt{2},2t)$이고 $x'\times x''=(\sqrt{2}t^2,-2t,\sqrt{2})$이므로

$B=\dfrac{x'\times x''}{|x'\times x''|}=\dfrac{1}{1+t^2}(t^2,-\sqrt{2}t,1)$이다.

또 $N=B\times T=\dfrac{1}{(1+t^2)^2}(-\sqrt{2}t^3-\sqrt{2}t,t^4-1,\sqrt{2}t^3+\sqrt{2}t)$이다.

그리고 $\kappa=\dfrac{|x'\times x''|}{|x'|^3}=\dfrac{\sqrt{2}}{(1+t^2)^2}$이고 $\tau=\dfrac{<x'\times x'',x'''>}{|x'\times x''|^2}=\dfrac{\sqrt{2}}{(1+t^2)^2}$이다.

| 연습문제 2-6 |

1. $\beta(t)$의 T, N, B, κ, τ를 구하여라.
   (1) $\beta(t)=(t,t^2,t^3)$.
   (2) $\beta(t)=(\cosh t,\sinh t,t)$.
   (3) $\beta(t)=(t,\sin t,t-\cos t)$.
   (4) $\beta(t)=(e^t\cos t,e^t\sin t,e^t)$.

2. 곡선 $\beta(t)-(\cos t-2,\ \cos t+2,\ \sqrt{2}\sin t)$ (단, $0\le\theta<2\pi$)에 대하여,
   (1) β의 곡률과 비틀림률을 구하라.
   (2) 만일 β가 원이면 그 중심과 반지름을 구하라.

3. 정칙곡선 $\alpha:\mathbb{R}\to\mathbb{R}^3$에 대하여 곡선$\beta(t)=2\alpha(-2t)$로 정의하자. $t=0$에서 α의 비틀림률이 2일때, $t=0$에서 β의 비틀림률을 구하라.(단, 모든 점에서 α의 곡률은 양수이다.)

4. $\beta(t)$ 가 정칙곡선일 때, $\kappa = |\beta'|^{-2}\sqrt{<\beta'', \beta''> - \frac{<\beta', \beta''>^2}{|\beta'|^2}}$ 임을 보여라.

5. 다음을 증명하여라.

정칙곡선 $\beta(t)$가 직선일 필요충분조건은 β'와 β''가 일차종속이다.

6. $\beta(t) = (at, bt^2, t^3)$에 대하여, β가 나선이 될 필요충분조건은 $9a^2 = 4b^4$임을 보이고 이 경우에 나선의 축($<T, u> \equiv$ 상수인 단위벡터 u)을 구하라.

7. 두 곡선 $\alpha(t) = (t + t^2, t - t^2, 1 + \sqrt{2}t^3)$와 $\beta(t) = (t^2 + t^3, 1 - \sqrt{2}t, t^2 - t^3)$가 합동임을 확인하고 $F(\alpha) = \beta$인 R^3의 등거리사상을 구하여라.

8. 양수 a와 단위구면상의 단위속력곡선 $y(s)$에 대해 곡선 $\beta(s) = a\sec(s + s_0)y(s)$일 때 이 곡선의 곡률 κ_β와 비틀림률 τ_β가 다음과 같음을 보여라.

$$\kappa_\beta = \frac{1}{a}\cos^3(s + s_0)\sqrt{\kappa_y^2 - 1},\ \tau_\beta = \frac{1}{a}\cos^2(s + s_0)\sin(s + s_0)\sqrt{\kappa_y^2 - 1}$$

여기서 κ_y는 구면위의 단위속력곡선 $y(s)$의 곡률이다.

9. R^3 내의 $\kappa \neq 0$단위속력곡선 $\alpha : (a,b) \to R^3$에 대해 새로운 정칙곡선 $\sigma : (a,b) \to R^3, \sigma(s) = T(s)$를 생각하자.(이 곡선을 α의 구면상(Spherical Image)라

고 부른다.) 이 곡선의 곡률 $\kappa_\sigma = \sqrt{(1+\dfrac{\tau}{\kappa})^2}$ 임을 보여라. 여기서 κ와 τ는 α의 곡률과 비틀림률이다. 이 결과를 통해 α가 나선일 필요충분조건은 그것의 구면상이 상수곡률을 갖는 것임을 설명하여라.

03 국소 곡면이론 I (Local Surface Theory I)

직관적으로 곡면이란 것은 공간속의 도형으로서 도형에 속하는 임의의 점 근방이 평면과 닮은 것으로 받아들여진다. 그래서 곡면을 정의하기 위해 먼저 2차원 유클리드공간의 열린 집합에서 3차원 유클리드공간으로의 미분이 가능한 사상인 좌표조각을 이용하여 R^3 내의 곡면을 정의하고 앞으로 공부의 기본도구가 될 곡면의 접벡터, 접평면 그리고 제1기본형을 도입한다. 이어서 곡면위의 곡선과 곡면의 관계, 직선의 일반화인 측지선 그리고 곡면위의 곡선을 따라 정의되는 평행벡터장을 소개한다.

제1절 곡면의 표현, 단순곡면(Simple Surface)

이 장의 서두에서 언급했듯이 매끄럽고 이차원적인 것으로 받아들여지는 직관적인 곡면을 수학적으로 표현하기 위해 먼저 좌표조각을 도입한다. 일반적인 곡면은 다음 절에서 정의할 것이다.

정의 3.1.1

다음 조건 (1)과 (2)를 만족하는 $X: U \to R^3$ 를 C^k-급 **좌표조각(Coordinate Patch)** 또는 **단순곡면(Simple Surface)**이라고 한다.

(1) $X: U \to R^3$ 는 단사함수이고, C^k-급 함수이다. 이 때, $U \subset R^2$는 열린집합이다.

(2) 임의의 $(a,b)(\in U)$에 대해 $(\frac{\partial X}{\partial u_1} \times \frac{\partial X}{\partial u_2})(a,b) \neq 0$.

위의 정의에서 조건 (1)은 $X(U)$가 자신과는 만나지 않음을 의미하고, 조건 (2)로부터 [$(\frac{\partial X}{\partial u_1} \times \frac{\partial X}{\partial u_2})(a,b) \neq 0 \Leftrightarrow \frac{\partial X}{\partial u_1}(a,b), \frac{\partial X}{\partial u_2}(a,b)$가 일차독립임]을 상기하면 상 $X(U)$가 매끄러운 이차원적 곡면임을 알 수 있다. 이 조건 (2)를 (단순)곡면의 **정칙성(Regularity)**이라고 한다.

> **가정** | 특별한 말이 없으면 위의 정의 3.1의 $k \geq 3$ 이라고 가정한다.

예 3.1.2

(1) U가 R^2의 열린집합이고 $f : U \to R$ 이 C^k−급 함수라고 하면 $X : U \to R^3, (u_1,u_2) \mapsto (u_1,u_2,f(u_1,u_2))$ 은 (C^k-급) 단순곡면이다. (이 때, $X(U)$를 f의 그래프(Graph)라고 한다.)

X가 단사함수임은 쉽게 알 수 있고, $\dfrac{\partial X}{\partial u_1} = (1,0,f_{u_1})$, $\dfrac{\partial X}{\partial u_2} = (0,1,f_{u_2})$이므로 $\dfrac{\partial X}{\partial u_1} \times \dfrac{\partial X}{\partial u_2} = (-f_{u_1}, -f_{u_2}, 1) \neq 0$이 되어, X가 정칙성을 만족한다.

(2) $U = \{(u_1,u_2) \in R^2 | u_1^2 + u_2^2 < 1\}$, $V = \{(v_1,v_2) \in R^2 | v_1^2 + v_2^2 < 1\}$로 두면,

$$X : U \to R^3 \ (u_1,u_2) \mapsto (u_1,u_2, \sqrt{1-(u_1^2+u_2^2)}),$$
$$Y : V \to R^3, \ (v_1,v_2) \mapsto (v_1, -\sqrt{1-(v_1^2+v_2^2)}, v_2)$$

은 각각 (C^k−급) 단순곡면이다. $X(U)$, $Y(V)$를 동일한 R^3상에 그리면 $X(U) \cap Y(V) = \left\{(x_1,x_2,x_3) \in R^3 | \sum_{i=1}^{3} x_i^2 = 1, x_2 < 0, x_3 > 0\right\}$는 구의 사분의 일에 해당함을 알 수 있다.

(3) $W = \left\{(w_1,w_2) \in R^2 | -\dfrac{\pi}{2} < w_1 < \dfrac{\pi}{2}, -\pi < w_2 < \pi\right\}$로 두면,

$Z : W \to R^3, \ (w_1,w_2) \mapsto (\cos w_1 \cos w_2, \cos w_1 \sin w_2, \sin w_1)$은 단순곡면이다.

$Z(W)$를 R^3상에 그려 보면 단위구면에서 반원이 제외된 부분임을 알 수 있다.

(4) $X : R^2 \to R^3, \ (u_1,u_2) \mapsto (u_1^2, u_2^2, u_1u_2)$ 은 단순곡면이 아니나, $X : U \to R^3, \ (u_1,u_2) \mapsto (u_1^2, u_2^2, u_1u_2)$ 는 단순곡면이다. 이 때,

$U=\left\{(u_1,u_2)\in R^2 \mid u_1>0, u_2>0\right\}$이다.

앞으로의 이론 전개를 위해 해석학과 관련된 몇 가지 정의와 결과들을 소개한다.

정의 3.1.3

U, V 를 R^n의 열린집합으로,

$$\begin{aligned}&f=(f_1,f_2,\cdots,f_n): U\rightarrow R^n,\\&(u_1,u_2,\cdots,u_n)\mapsto f(u_1,u_2,\cdots,u_n)\\&=(f_1(u_1,u_2,\cdots,u_n),f_2(u_1,u_2,\cdots,u_n),\cdots,f_n(u_1,u_2,\cdots,u_n))\end{aligned}$$

를 C^k-급 함수로 두자.

(1) $n\times n$ 행렬 $\begin{bmatrix}\frac{\partial f_1}{\partial u_1} & \frac{\partial f_1}{\partial u_2} & \cdots & \frac{\partial f_1}{\partial u_n}\\ \frac{\partial f_2}{\partial u_1} & \frac{\partial f_2}{\partial u_2} & \cdots & \frac{\partial f_2}{\partial u_n}\\ \vdots & \vdots & \cdots & \vdots\\ \frac{\partial f_n}{\partial u_1} & \frac{\partial f_n}{\partial u_2} & \cdots & \frac{\partial f_n}{\partial u_n}\end{bmatrix}$를 f의

야코비안행렬(Jacobian Matrix)이라고 하고, $J(f)$로 나타낸다.

그리고 임의의 $p\in U$ 에 대하여, $J(f)_p=\begin{bmatrix}\frac{\partial f_1}{\partial u_1} & \frac{\partial f_1}{\partial u_2} & \cdots & \frac{\partial f_1}{\partial u_n}\\ \frac{\partial f_2}{\partial u_1} & \frac{\partial f_2}{\partial u_2} & \cdots & \frac{\partial f_2}{\partial u_n}\\ \vdots & \vdots & \cdots & \vdots\\ \frac{\partial f_n}{\partial u_1} & \frac{\partial f_n}{\partial u_2} & \cdots & \frac{\partial f_n}{\partial u_n}\end{bmatrix}_p$ 로 표기한다.

(2) $f: U\rightarrow V$가 다음조건을 만족할 때,

f 를 C^k-급 미분동형사상(Diffeomorphism)이라고 한다.

i) f는 전단사 함수이다.

ii) f, f^{-1}는 C^k-급 함수이다.

정리 3.1.4

(1) $f: U \to R^n$, $g: V \to R^n$ 를 $f(U) \subset V$인 C^k-급 함수이면

$J(g \circ f) = J(g)J(f)$이다.

(2) 특히, $f: U \to V$이 미분동형사상이면,

임의의 $p \in U$에 대하여, $\det J(f)_p \neq 0$이다.

증명

(1) 이의 증명은 연쇄율(Chain rule)을 이용하면 쉽게 할 수 있다. 이변수함수인 경우만 생각해보자. 즉,

$$(w_1, w_2) = g(v_1, v_2) = (g_1(v_1, v_2), g_2(v_1, v_2)),$$
$$(v_1, v_2) = f(u_1, u_2) = (f_1(u_1, u_2), f_2(u_1, u_2))$$

로 두면, 임의의 $i, j \in 1,2$에 대하여,

$$\frac{\partial w_i}{\partial u_j} = \sum_{k=1}^{2} \frac{\partial w_i}{\partial v_k} \frac{\partial v_k}{\partial u_j} = \begin{bmatrix} \frac{\partial w_i}{\partial v_1} & \frac{\partial w_i}{\partial v_2} \end{bmatrix} \begin{bmatrix} \frac{\partial v_1}{\partial u_j} \\ \frac{\partial v_2}{\partial u_j} \end{bmatrix}$$ 이므로, $J(g \circ f) = J(g)J(f)$임을 알 수 있다.

(2) $f^{-1} \circ f = id_{|U}$ 이므로 $J(f^{-1})_{f(p)} J(f)_p = J(f^{-1} \circ f)_p = J(id)_p$이고 $J(id)_p$ 는 단위행렬이므로, $\det J(f)_p \neq 0$임을 알 수 있다. ■

위 (2)의 역 명제의 가능성에 대해 다음과 같은 정리가 있다. 이를 역함수정리(Inverse Function Theorem)라고 한다.

정리 3.1.5 | 역함수 정리(Inverse Function Theorem)

U가 R^n의 열린집합이고, $f: U \to R^n$이 C^k-급 함수라고 하자. $p \in U$로 두자. 만일 $\det J(f)_p \neq 0$이면 다음 조건을 만족하는 R^n의 열린 집합 V, W가 존재한다.

(1) $p \in V \subset U$,

(2) $f: V \to W$는 (C^k-급) 미분동형사상

증명

참고문헌[5] W.Rudin의 Principles of Mathematical Analysis을 참조하라. ■

따름정리 3.1.6

R^n의 열린 부분집합들 U, V에 대해 $f: U \to V$가 전단사함수이고 (C^k-급) 미분가능함수라고 두자. 임의의 $p \in U$에 대하여, $\det J(f)_p \neq 0$이면, $f^{-1}: V \to U$는 (C^k-급) 미분가능함수이다. 즉, $f: U \to V$는 (C^k-급) 미분동형사상이다.

도움정리 3.1.7

U, V를 R^2의 열린집합이라고 하자. $X: U \to R^3$가 단순곡면이고, $f: V \to U$이 미분동형사상이면 $Y = X \circ f: V \to R^3$도 단순곡면이다. 이런 미분동형사상 f를 (단순)곡면의 **좌표변환함수(Coordinate Transformation)**라고 한다.

증명

$Y = X \circ f$이 단사함수임을 보이는 일은 쉬우므로 각자 해 보자.

$(u_1, u_2) = f(v_1, v_2)$로 두고 Y의 정칙성을 보이자.

$$\frac{\partial Y}{\partial v_i} = \sum_{k=1}^{2} \frac{\partial X}{\partial u_k}\frac{\partial u_k}{\partial v_i} = \begin{bmatrix} \frac{\partial u_1}{\partial v_i} & \frac{\partial u_2}{\partial v_i} \end{bmatrix} \begin{bmatrix} \frac{\partial X}{\partial u_1} \\ \frac{\partial X}{\partial u_2} \end{bmatrix} \text{이므로}$$

$$\begin{aligned} \frac{\partial Y}{\partial v_1} \times \frac{\partial Y}{\partial v_2} &= \Big(\sum_{k=1}^{2} \frac{\partial X}{\partial u_k}\frac{\partial u_k}{\partial v_1}\Big) \times \Big(\sum_{l=1}^{2} \frac{\partial X}{\partial u_l}\frac{\partial u_l}{\partial v_2}\Big). \\ &= \det(J(f)) \frac{\partial X}{\partial u_1} \times \frac{\partial X}{\partial u_2} \neq 0 \end{aligned}$$

이다. 따라서 Y의 정칙성이 만족된다. ■

예 3.1.8

예 3.1.2(2)에서 계속된다.

$U = \{(u_1, u_2) \in R^2 | u_1^2 + u_2^2 < 1\}$, $V = \{(v_1, v_2) \in R^2 | v_1^2 + v_2^2 < 1\}$로 두면,

$$\begin{aligned} &X:\ U \to R^3,\ (u_1, u_2) \mapsto (u_1, u_2, \sqrt{1-(u_1^2+u_2^2)}), \\ &Y:\ V \to R^3,\ (v_1, v_2) \mapsto (v_1, -\sqrt{1-(v_1^2+v_2^2)}, v_2) \end{aligned}$$

은 각각 (C^k−급) 단순곡면이다.

그리고 $X(U) \cap Y(V) = \left\{(x_1, x_2, x_3) \in R^3 | \sum_{i=1}^{3} x_i^2 = 1, x_2 < 0, x_3 > 0\right\}$이다.

$\overline{U} = \{(u_1, u_2) \in U | u_2 < 0\}$, $\overline{V} = \{(v_1, v_2) \in U | v_2 > 0\}$로 두자.

$f = X^{-1} \circ Y : \overline{V} \to \overline{U}$ 를 생각하면 $f(v_1, v_2) = (v_1, -\sqrt{1-(v_1^2+v_2^2)})$이고

$f^{-1} = Y^{-1} \circ X : \overline{U} \to \overline{V}$는 $f^{-1}(u_1, u_2) = (u_1, \sqrt{1-(u_1^2+u_2^2)})$이므로 f는 미분동형사상이고 도움정리 3.1.7에서 언급된 좌표변환함수의 일종이다. 이 때, $\det J(f) \neq 0$임을 확인해 보라.

당분간은 편의상 $X_1 = \frac{\partial X}{\partial u_1}, X_2 = \frac{\partial X}{\partial u_2}$로 나타내기로 하자.

정의 3.1.9

$X: U \to R^3$가 단순곡면이라고 하고, $(a,b) \in U, p = X(a,b)$로 두자.

(1) $\boldsymbol{n}(a,b) = \dfrac{X_1 \times X_2}{|X_1 \times X_2|}(a,b)$를 p에서 단순곡면 $X: U \to R^3$의 **단위법선벡터 (Unit Normal Vector)**라고 한다.

(2) 점 p를 포함하고 $\boldsymbol{n}(a,b) = \dfrac{X_1 \times X_2}{|X_1 \times X_2|}(a,b)$에 수직인 R^3의 평면을 p에서 X의 **접평면(Tangent Plane)**이라고 하고 $T(p)$로 표기한다.

정리 3.1.10

$X: U \to R^3$가 단순곡면, $f: V \to U$이 좌표변환 함수, $Y = X \circ f$로 두자. 이 때, $(a,b) \in V$로 두면, $T(Y(a,b)) = T(X \circ f(a,b))$ 이다.

증명

$f(v_1, v_2) = (u_1, u_2)$라고 두고 $f(a,b) = (c,d)$라고 하자. 도움정리 3.1.7의 증명과정에서 보다시피 $Y_1 \times Y_2 = \dfrac{\partial Y}{\partial v_1} \times \dfrac{\partial Y}{\partial v_2} = \det(J(f)) \dfrac{\partial X}{\partial u_1} \times \dfrac{\partial X}{\partial u_2} = \det(J(f)) X_1 \times X_2$이므로 $\dfrac{Y_1 \times Y_2}{|Y_1 \times Y_2|}(a,b) = \pm \dfrac{X_1 \times X_2}{|X_1 \times X_2|}(c,d)$이다.

그러므로 $p = Y(a,b) = X(f(a,b)) = X(c,d)$를 지나고
$\dfrac{Y_1 \times Y_2}{|Y_1 \times Y_2|}(a,b)$ 또는 $\dfrac{X_1 \times X_2}{|X_1 \times X_2|}(c,d)$에 수직인 평면은 동일한 평면이다. ■

정리 3.1.10는 단순평면의 한 점에서의 접평면은 좌표변환함수에 의해 불변임을 의미한다.

예 3.1.11

(1) $U=\left\{(u_1,u_2)\in R^2 | u_1^2+u_2^2<1\right\}$,

$X: U\to R^3$, $(u_1,u_2)\mapsto(u_1,u_2,\sqrt{1-(u_1^2+u_2^2)})$라고 두면,

$X_1=(1,0,\dfrac{-u_1}{\sqrt{1-(u_1^2+u_2^2)}})$, $X_2=(0,1,\dfrac{-u_2}{\sqrt{1-(u_1^2+u_2^2)}})$이므로

$\boldsymbol{n}=\dfrac{X_1\times X_2}{|X_1\times X_2|}=(u_1,u_2,\sqrt{1-(u_1^2+u_2^2)})$이 된다. 따라서 $(a,b)\in U, p=X(a,b)$에서의 접평면은 $T(p): a(x-a)+b(y-b)+\sqrt{1-(a^2+b^2)}(z-\sqrt{1-(a^2+b^2)})=0$이다.

즉, $T(p)$의 방정식은 $ax+by+\sqrt{1-(a^2+b^2)}z-1=0$이다.

(2) $X: R^2\to R^3$, $(u_1,u_2)\mapsto(u_1,u_2,u_1u_2)$로 두면 $X_1=(1,0,u_2), X_2=(0,1,u_1)$이므로 $\boldsymbol{n}=\dfrac{X_1\times X_2}{|X_1\times X_2|}=\dfrac{1}{\sqrt{1+u_1^2+u_2^2}}(-u_2,-u_1,1)$이 된다.

따라서 $(a,b)\in U, p=X(a,b)$에서의 접평면 $T(p)$의 방정식은

$-bx-ay+z+ab=0$이다.

정의 3.1.12

$X: U\to R^3$가 단순곡면, $(a,b)\in V, p=X(a,b)$로 두자.

(1) 다음 조건을 만족하는 v_p를 p에서 (단순)곡면 X의 **접벡터(Tangent Vector)** 라고 한다. $\alpha(0)=p, \alpha'(0)=v$인 곡선 $\alpha: (-\epsilon,\epsilon)\to X(U)$가 존재한다.

(2) $u_1\mapsto X(u_1,b)$, $u_2\mapsto X(a,u_2)$를 각각 u_1-**곡선**, u_2-**곡선**이라고 한다.

예 3.1.13

(1) $X_1(a,b)=\dfrac{\partial X}{\partial u_1}(a,b),\ X_2(a,b)=\dfrac{\partial X}{\partial u_2}(a,b)$은 각각 X의 p에서의 접벡터이다.

이유는 $X_1(a,b)=\dfrac{d}{du_1}(u_1 \mapsto X(u_1,b))|_{u_1=a}$이고, $X_2(a,b)=\dfrac{d}{du_2}(u_2 \mapsto X(u_2,b))|_{u_2=b}$

이기 때문이다.

(2) $U=\{(u_1,u_2)\in R^2 | u_1^2+u_2^2<1\}$로 두자.

$X:\ U \to R^3,\ (u_1,u_2)\mapsto (u_1,u_2,\sqrt{1-(u_1^2+u_2^2)})$은 ($C^k$-급) 단순곡면이다.

$(a,b)\in U, p=X(a,b)$에 대하여, $u_1 \mapsto X(u_1,b)=(u_1,b,\sqrt{1-(u_1^2+b^2)})$,

$u_2 \mapsto X(a,u_2)=(a,u_2,\sqrt{1-(a^2+u_2^2)})$ 각각 u_1-곡선, u_2-곡선이다.

> **정리 3.1.14**
>
> $X: U\to R^3$가 단순곡면이고 $\alpha:(-\epsilon,\epsilon)\to X(U)$가 C^k-급 곡선이라고 하고 $(\alpha_1(t),\alpha_2(t))=X^{-1}\circ\alpha(t)$로 두자.
>
> 그러면, $\alpha(t)=X(\alpha_1(t),\alpha_2(t))$이고$\alpha_1(t)$와 $\alpha_2(t)$는 미분가능한 함수로서 $\alpha'(t)=X_1(\alpha_1(t),\alpha_2(t))\alpha_1'(t)+X_2(\alpha_1(t),\alpha_2(t))\alpha_2'(t)$이 된다.

증명

$X^{-1}\circ\alpha:(-\epsilon,\epsilon)\to U$는 t에 관한 함수이므로 $\alpha_i:(-\epsilon,\epsilon)\to R, i=1,2$가 존재하여 $(X^{-1}\circ\alpha)(t)=(\alpha_1(t),\alpha_2(t))$가 된다. 이제 $\alpha_i(t), i=1,2$가 미분이 가능함을 보이자.

$t_0(\in(-\epsilon,\epsilon))$에 대해 $\alpha(t_0)=X(u_1,v_1)=(p_1,p_2,p_3),(u_1,v_1)\in U$라고 하자.

$X(u,v)=(x_1(u,v),x_2(u,v),x_3(u,v))$가 정칙이므로 $X_1(u_1,v_1)\times X_2(u_1,v_1)\neq 0$이고

따라서 $\det\begin{bmatrix} \dfrac{\partial x_i}{\partial u} & \dfrac{\partial x_i}{\partial v} \\ \dfrac{\partial x_j}{\partial u} & \dfrac{\partial x_j}{\partial v} \end{bmatrix}_{(u_1,v_1)}$ $i,j=1,2,3,\ i\neq j$들 중 적어도 하나는 영이 아니다.

일반성을 잃지 않고 $\det\begin{bmatrix} \dfrac{\partial x_1}{\partial u} & \dfrac{\partial x_1}{\partial v} \\ \dfrac{\partial x_2}{\partial u} & \dfrac{\partial x_2}{\partial v} \end{bmatrix}_{(u_1,v_1)} \neq 0$라고 가정할 수 있다. 그러면

역함수정리(정리 3.1.5)에 의해 (u_1,v_1)의 근방 $W(\subset U)$가 존재하여 $(u,v)(\in W)$에 대해 $(u,v)\to(x_1(u,v),x_2(u,v))$가 미분동형사상이 된다.

이 사상을 $P\circ X\colon W\to(P\circ X)(W)$로 표현 할 수 있다. 여기서 $P\colon R^3\to R^2$는 x_1x_2-평면으로의 사영함수이다. $\alpha(t)=(x_1(t),x_2(t),x_3(t))$라고 표현하면 t_0의 근방에서는 $(X^{-1}\circ\alpha)(t)=((P\circ X)^{-1}\circ(P\circ\alpha))(t)$이다. 여기서 $P\circ\alpha$와 $(P\circ X)^{-1}$가 각각 미분이 가능하므로 $X^{-1}\circ\alpha$도 미분이 가능하다. ■

정리 3.1.15

$X\colon U\to R^3$가 단순곡면, $(a,b)\in U$, $p=X(a,b)$로 두자. 그러면,

(1) $T_p(X(U))=\{v_p\in T_p(R^3)\mid v_p$는 p에서 X의 접벡터$\}$은 실벡터공간이다.

(2) $\{X_1(a,b), X_2(a,b)\}$은 $T_p(X(U))$의 기저(Basis)이다. 즉 $T_p(X(U))$는 $T_p(R^3)$의 이차원 부분공간이다.

(3) $T(p)=\{p+v_p|v_p\in T_p(X(U))\}$ $T_p(X(U))$를 p에서 $X\colon U\to R^3$의 **접공간(Tangent Space)**이라고 한다.

증명

(1) $v_p, w_p \in T_p(X(U)), \lambda \in R$이라고 하자.

$v_p + w_p \in T_p(X(U)), \lambda v_p \in T_p(X(U))$임을 보인다. 먼저 $\lambda v_p \in T_p(X(U))$임을 보이자. $v_p \in T_p(X(U))$이므로, $\alpha(0) = p, \alpha'(0) = v$인 곡선 $\alpha : (-\epsilon, \epsilon) \rightarrow X(U)$가 존재한다. $\lambda \neq 0$인 경우에, $\beta : (-\frac{\epsilon}{|\lambda|}, \frac{\epsilon}{|\lambda|}) \rightarrow X(U), t \mapsto \beta(t) = \alpha(\lambda t)$로 정의하자. 그러면, $\beta(0) = \alpha(0) = p, \beta'(0) = \lambda\alpha'(0) = \lambda v_p$ 이므로 $\lambda v_p \in T_p(X(U))$이다. $\lambda = 0$인 경우는 각자 생각해 보라. 이제 $v_p + w_p \in T_p(X(U))$임을 보이자.

$v_p, w_p \in T_p(X(U))$이므로, $\alpha(0) = \beta(0) = p, \alpha'(0) = v, \beta'(0) = w$인 곡선 $\alpha, \beta : (-\epsilon, \epsilon) \rightarrow X(U)$가 존재한다.

$(\alpha_1(t), \alpha_2(t)) = X^{-1} \circ \alpha(t)$, $(\beta_1(t), \beta_2(t)) = X^{-1} \circ \beta(t)$로 두고,

$$\begin{aligned}\gamma(t) &= X(\frac{1}{2}X^{-1}(\alpha(2t)) + \frac{1}{2}X^{-1}(\beta(2t))) \\ &= X(\frac{1}{2}(\alpha_1(2t) + \beta_1(2t)), \frac{1}{2}(\alpha_2(2t) + \beta_2(2t)))\end{aligned}$$

로 정의하면, $\gamma : (-\frac{\epsilon}{2}, \frac{\epsilon}{2}) \rightarrow X(U)$이고, $\gamma(0) = p, \gamma'(0) = \alpha'(0) + \beta'(0) = v + w$이 되어, $v_p + w_p \in T_p(X(U))$임을 알 수 있다.

(2) $\{X_1(a,b), X_2(a,b)\}$은 일차독립이므로 $T_p(X(U))$가 $\{X_1(a,b), X_2(a,b)\}$에 의해 생성된다는 사실만 증명하면 된다. $v_p \in T_p(X(U))$로 두자.

그러면 $\alpha(0) = p, \alpha'(0) = v$인 곡선 $\alpha : (-\epsilon, \epsilon) \rightarrow X(U)$가 존재한다.

$(\alpha_1(t), \alpha_2(t)) = X^{-1} \circ \alpha(t)$로 두면, $\alpha(t) = X(\alpha_1(t), \alpha_2(t))$이 되고,

$v = \alpha'(0) = X_1\alpha_1'(0) + X_2\alpha_2'(0)$가 되어

$T_p(X(U)) = \{mX_1(a,b) + nX_2(a,b) | m, n \in R\}$임을 알 수 있다.

(3) $T(p)=\{q\in R^3|<q-p,\boldsymbol{n}>=0\}$이다. 여기서 $p=X(a,b),\boldsymbol{n}=\dfrac{X_1\times X_2}{|X_1\times X_2|}(a,b)$ 이다. 그러므로 $q-p\in T_p(X(U))$이고 따라서 적당한 $v_p\in T_p(X(U))$에 대해 $q-p=v_p$ 또는 $q=p+v_p$이므로 $T(p)\subseteq\{p+v_p|v_p\in T_p(X(U))\}$이고, 역으로 $q(\in R^3)$가 적당한 $v_p\in T_p(X(U))$에 대해 $q=p+v_p$이면 $<q-p,\boldsymbol{n}> = <v,\boldsymbol{n}>=0$이므로 $q\in T(p)$이다. 따라서 $\{p+v_p|v_p\in T_p(X(U))\}\subseteq T(p)$이고, $T(p)=\{p+v_p|v_p\in T_p(X(U))\}$이다.

■

(3)의 증명은 접공간 $T_p(X(U))$와 접평면 $T(p)$를 자연스럽게 동일시 할 수 있음을 보여준다.

| 연습문제 3-1 |

1. 다음에 주어진 $X: U\to R^3$가 단순곡면인지 아닌지 판단하여라.

(1) $X: R^2\to R^3, X(u_1,u_2)=(u_1+u_2,u_1-u_2,4u_1u_2)$

(2) $X: U=\{(u_1,u_2)\in R^2|u_1\neq 0\}\to R^3, X(u_1,u_2)=(u_1\cosh u_2,u_1\sinh u_2,u_1^2)$

(3) $X: R^2\to R^3, X(u_1,v_1)=(u_1^2,u_2^2,u_1+u_2)$

(4) $X: R^2\to R^3, X(u_1,u_2)=(u_1,u_2,|u_1|)$

2. 다음에 주어진 $X: U\to R^3$가 단순곡면임을 보이고 주어진 점 p에서 접평면 $T(p)$와 접공간 $T_p(X(U))$를 구하여라.

(1) $X: U=\{(u_1,u_2)\in R^2|0<u_1<\pi,0<u_2<2\pi\}\to R^3$,
$X(u,v)=(\sin u_1\cos u_2,\sin u_1\sin u_2,2\cos u_1),p=X(\frac{\pi}{2},\frac{\pi}{2})$

(2) $X: R^2\to R^3, X(u_1,u_1)=(u_1,u_2,u_1^2+u_2^2),p=X(1,1)$

3. (1) 벡터 $v=(v_1,v_2,v_3)$가 단순곡면 $X\colon U\to R^3, X(u_1,u_2)=(u_1,u_2,f(u_1,u_2))$ (여기서 $f: U\to R$은 C^3함수이다.)의 점 $p=(p_1,p_2,f(p_1,p_2))$에서 접벡터가 될 필요충분조건은 $v_3=\frac{\partial f}{\partial u_1}(p_1,p_2)v_1+\frac{\partial f}{\partial u_2}(p_1,p_2)v_2$임을 보여라.

(2) 벡터 $v=(v_1,v_2,v_3)$가 단순곡면 $X\colon U\to R^3, X(u_1,v_1)=(u_1,v_1,f(u_1,u_2))$ (여기서 $f: U\to R$은 C^3함수이다.)의 점 $p=(p_1,p_2,f(p_1,p_2))$에서 접벡터가 될 필요충분조건은 $< v, \frac{\partial X}{\partial u_1}(p_1,p_2)\times\frac{\partial X}{\partial u_2}(p_1,p_2) >= 0$임을 보여라.

4. 단순곡면

$$X\colon U=\left\{(u_1,u_2)\in R^2 | 0<u_1<2\pi, u_2>0\right\}\to R^3,\ X(u_1,u_2)=(u_2\cos u_1, u_2\sin u_1, u_2)$$

에 대해 $\alpha(t)=X(\sqrt{2}t,e^t)(0<t<\sqrt{2}\pi)$라고 하자.

(1) 곡선의 접벡터 $\alpha'(t)$를 $\frac{\partial X}{\partial u_1}(\sqrt{2}t,e^t), \frac{\partial X}{\partial u_2}(\sqrt{2}t,e^t)$의 일차결합으로 나타내어라.

(2) $\alpha'(t)$가 두 벡터 $\frac{\partial X}{\partial u_1}(\sqrt{2}t,e^t), \frac{\partial X}{\partial u_2}(\sqrt{2}t,e^t)$의 사잇각을 이등분함을 보여라.

제2절 곡면(Surface)

1절에서는 앞으로 정의할 일반적인 곡면을 위해 필요한 좌표조각을 도입하고 관련된 내용들을 설명하였는데 이제 이 절에서는 일반적인 곡면을 정의하고자 한다. 그리고 곡면의 공부에 있어서 중요한 예들인 회전면을 만드는 방법을 소개한다.

정의 3.2.1

R^2의 열린 부분집합 U에 대해 $X: U \to X(U)$가 위상동형사상 (Homeomorphism)인 좌표조각 $X: U \to R^3$를 **고유좌표조각(Proper Coordinate Patch)**이라고 한다. 여기서 $X(U)$에 주어진 위상은 R^3의 보통위상으로부터 주어진 상대위상이다.

좌표조각이긴 하나 고유좌표조각이 아닌 예가 있다.

예 3.2.2

함수 $X: D = \{(u,v) | -\pi < u < \pi,\ -1 < v < 1\} \to R^3$, $X(u,v) = (\sin u, \sin 2u, v)$가 좌표조각이 됨을 쉽게 알 수 있다.

그러나 연결집합 $A = X(D) \cap \left\{(x,y,z) \in R^3 | -\dfrac{\sqrt{2}}{2} < x < \dfrac{\sqrt{2}}{2}\right\}$의 역상

$X^{-1}(A) = \left\{(u,v) | u \in (-\pi, -\dfrac{3\pi}{4}) \cup (-\dfrac{\pi}{4}, \dfrac{\pi}{4}) \cup (\dfrac{3\pi}{4}, \pi), v \in (-1,1)\right\}$은

연결집합이 아니므로 X^{-1}은 연속함수가 아니고 따라서 X는 고유좌표조각이 아니다.

정의 3.2.3

다음 조건을 만족하는 (C^k-급)고유좌표조각들의 집합 Σ가 존재할 때, $M \subset R^3$을 (C^k-급) **곡면(Surface)**이라고 한다.

(1) 임의의 $p \in M$에 대하여, $p \in X(U) \subset M$이고 ($X: U \to X(U)$이 위상동형사상인) C^k-급) 고유좌표조각 $X: U \to R^3$가 Σ에 있다.

(2) $X(U) \cap Y(V) \neq \varnothing$인 Σ의 두 좌표조각 $X: U \to M$, $Y: V \to M$에 대하여, 좌표변환함수 $Y^{-1} \circ X: X^{-1}(X(U) \cap Y(V)) \to Y^{-1}(X(U) \cap Y(V))$은 ($C^k$-급) 미분동형사상이다.

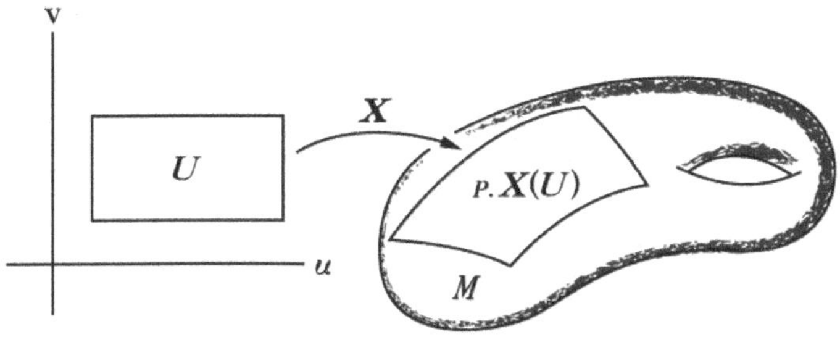

그림 3-1-1

위의 정의의 (1)에서 일반적인 좌표조각 대신 고유좌표조각을 조건으로 제시한 것은 조건 (2)의 좌표변환함수들의 연속성을 보장하기 위함임을 알 수 있다.

예 3.2.4

(1) 좌표조각 $X: U \to R^3$에 대하여, $X(U)$는 곡면이다.

(2) 구면(Sphere) $S^2 = \{(x,y,z) \in R^3 | x^2+y^2+z^2=1\}$는 곡면이다. 이를 알아보기 위해, $U_1 = U_2 = V_1 = V_2 = W_1 = W_2 = \{(x,y) \in R^2 | x^2+y^2 < 1\}$로 두고, 좌표조각들 $X^1, X^2, Y^1, Y^2, Z^1, Z^2$를 다음과 같이 정의한다.

$k \in \{1,2\}$에 대하여,

$$\begin{aligned} X^k &: U_k \to S^2 \subset R^3,\ (x,y) \mapsto (x,y,(-1)^{k+1}\sqrt{1-(x^2+y^2)}), \\ Y^k &: V_k \to S^2 \subset R^3,\ (x,y) \mapsto (x,(-1)^{k+1}\sqrt{1-(x^2+y^2)}, y), \\ Z^k &: W_k \to S^2 \subset R^3,\ (x,y) \mapsto ((-1)^{k+1}\sqrt{1-(x^2+y^2)}, x, y) \end{aligned}$$

로 정의하자. 그리고,

$$\Sigma = \left\{ \begin{array}{l} X^k : U_k \to S^2 \subset R^3, \\ Y^k : V^k \to S^2 \subset R^3, \\ Z^k : W_k \to S^2 \subset R^3 \mid k=1,2 \end{array} \right\}$$

로 두면, 구면 S^2는 곡면이 된다. 이의 증명은 정의 3.2.3 의 조건 (1), (2)를 만족함을 보여야 한다. 먼저 $p\in S^2$를 선택하면 Σ에 속하는 여섯 개의 고유좌표조각의 상들이 S^2를 모두 덮으므로 상이 p를 포함하는 고유좌표조각이 존재함을 보일 수 있고, 조건 (2)는 예 3.1.8과 같은 방법으로 증명 할 수 있다.

(3) $S^1\times(0,1)$은 곡면이 된다. 이 곡면을 **원주면(Cylinder)**이라고 한다. 이를 알아 보기위해,

$$X: U=(-\pi,\pi)\times(0,1)\to R^3,\ (\theta,t)\mapsto(\cos\theta,\sin\theta,t),$$
$$Y: V=(0,2\pi)\times(0,1)\to R^3,\ (\phi,s)\mapsto(\cos\phi,\sin\phi,s)$$

로 두고 $\Sigma=\{X,Y\}$로 두면, $S^1\times(0,1)$은 곡면이 된다.
먼저 고유좌표조각들 X,Y에 대해 $X(U)\cup Y(V)=S^1\times(0,1)$이므로 조건 (1)이 만족됨을 알 수 있고 $Y^{-1}\circ X: X^{-1}(X(U)\cap Y(V))\to Y^{-1}(X(U)\cap Y(V))$를 계산하면 $(Y^{-1}\circ X)(\theta,t)=\begin{cases}(\theta+2\pi,t), & -\pi<\theta<0\\(\theta,t) & , \quad 0<\theta<\pi\end{cases}$ 임을 알 수 있다. 비슷하게 $(X^{-1}\circ Y)(\phi,s)=\begin{cases}(\phi,s) & ,0<\phi<\pi\\(\phi-2\pi,s), & \pi<\phi<2\pi\end{cases}$ 이다. 그러므로 두 함수 모두 미분가능하므로 (2)를 만족한다.

위의 예제들에서 곡면의 정의를 사용하여 어떤 집합이 곡면임을 보이는 일은 매우 귀찮고 힘든 일임을 알 수 있다. 아래 결과는 R^3내의 주어진 집합이 곡면임을 보이는 한 가지 편리한 방법을 제시하는 정리이다.

정리 3.2.5

$U \subset R^3$을 열린집합이라 하고, $f : U \to R$를 미분가능함수로 두고 $r \in f(U)$로 두자.

만일 $[\forall p \in f^{-1}(\{r\}), (\frac{\partial f}{\partial x}(p), \frac{\partial f}{\partial y}(p), \frac{\partial f}{\partial z}(p)) \neq (0,0,0)]$이면, $f^{-1}(\{r\})$는 곡면이다.

증명

$p=(a,b,c) \in f^{-1}(\{r\})$라고 하자. 그러면 $(\frac{\partial f}{\partial x}(p), \frac{\partial f}{\partial y}(p), \frac{\partial f}{\partial z}(p)) \neq (0,0,0)$이므로 $\frac{\partial f}{\partial z}(p) \neq 0$라고 가정할 수 있다. 이제 함수 $F: U \to R^3, F(x,y,z)=(x,y,f(x,y,z))$를 고려하자. 이 함수의 점 $p=(a,b,c)$에서의 $JF_p = \begin{bmatrix} 1 & 0 & 0 \\ 0 & 1 & 0 \\ \frac{\partial f}{\partial x}(p) & \frac{\partial f}{\partial y}(p) & \frac{\partial f}{\partial z}(p) \end{bmatrix}$의 행렬식의 값 $\det JF_p = \frac{\partial f}{\partial z}(p) \neq 0$이므로 역함수 정리에 의해 점 p의 근방 $W_1(\subset U)$과 $F(p)=(a,b,f(a,b,c))=(a,b,r)$의 근방 $W_2(\subset R^3)$가 존재하여 미분동형함수 $F/_{W_1} : W_1 \to W_2$가 존재한다. 미분동형이므로 $(F/_{W_1})^{-1}(u,v,w)=(u,v,z(u,v,w))$를 만족하는 미분이 가능한 함수 $z=z(u,v,w)$가 존재한다. W_2가 (a,b,r)의 열린 근방이므로 (a,b,r)을 중심으로 하고 반지름이 $d>0$인 열린 구 $B_{(a,b,r)}(d) \subset W_2$가 존재하고 $B_{(a,b,r)}(d) \cap \{(u,w,r) \in W_2\}$의 uv평면으로의 사영 P의 치역은 중심이 (a,b)이고 반지름이 d인 열린 원판 V이다. 이제 $(F/_{W_1})^{-1} \circ P^{-1}: V \to f^{-1}(r)$은 미분동형이고 $(F/_{W_1})^{-1} \circ P^{-1}(u,v)=(u,v,z(u,v,r))$로 주어지는 위상동형정칙사상이므로 고유좌표조각이다. $X=(F/_{W_1})^{-1} \circ P^{-1}$라고 두고, 이제 점 $p=(a,b,c)$의 또 다른 고유좌표조각이 $Y: V' \to f^{-1}(r)$이 $Y(u,w)=(u,y(u,r,w),w)$꼴로 주어졌다고 하자.

그러면 좌표변환함수 $X^{-1}\circ Y$: $Y^{-1}(X(V)\cap Y(V'))\to X^{-1}(X(V)\cap Y(V'))$는 $X^{-1}\circ Y(u,w)=(u,y(u,r,w))$ 로 주어지고 비슷하게 $Y^{-1}\circ X(u,v)=(u,z(u,v,r))$ 로 주어지므로 미분동형사상이다. 그러므로 $f^{-1}(\{r\})$은 R^3내의 곡면이다. ■

예 3.2.6

(1) $f: R^3\to R$, $f(x,y,z)=x^2+y^2+z^2$으로 정의된 함수 f는 R^3에서 미분가능한 함수이다. 임의의 $p=(x_0,y_0,z_0)\in f^{-1}(\{1\})$에 대하여,

$1=f(p)=x_0^2+y_0^2+z_0^2$이므로

$$\left(\frac{\partial f}{\partial x}(p),\frac{\partial f}{\partial y}(p),\frac{\partial f}{\partial z}(p)\right)=(2x_0,2y_0,2z_0)\neq(0,0,0)$$

이 된다. 따라서 위의 정리 3.2.5에 의해, 구면 $S^2: f^{-1}(\{1\})$는 곡면이다. 다음 (2),(3),(4)는 (1)과 같은 방법으로 곡면임을 보일 수 있다. a,b,c는 양의 상수들이다.

(2) 곡면 $M=\left\{(x,y,z)\in R^3 \mid \frac{x^2}{a^2}+\frac{y^2}{b^2}+\frac{z^2}{c^2}=1\right\}$을 **타원면(Ellipsoid)**이라고 한다.

(3) 곡면 $M=\left\{(x,y,z)\in R^3 \mid \frac{x^2}{a^2}+\frac{y^2}{b^2}-\frac{z^2}{c^2}=1\right\}$을 **한잎쌍곡면(Hyperboloid of One sheet)**이라고 한다.

(4) 곡면 $M=\left\{(x,y,z)\in R^3 \mid -\frac{x^2}{a^2}-\frac{y^2}{b^2}+\frac{z^2}{c^2}=1\right\}$을 **두잎쌍곡면(Hyperboloid of Two sheet)**이라고 한다.

정의 3.2.7

M을 곡면, $p \in M$이라고 하자.

(1) $X: U \to X(U) \subset M$을 $p \in X(U)$인 고유좌표조각으로 두자.
p에서 $X(U)$의 접공간 $T_p(X(U))$를 p에서 M의 **접공간(Tangent Space)**이라고 하고, T_pM으로 표기한다. 즉, p에서 M의 접공간 T_pM은, $T_pM = T_p(X(U))$로 정의한다. 또한, T_pM의 원소(벡터)를 p에서 M의 **접벡터(Tangent Vector)**라고 한다.

(2) $\boldsymbol{n}(a,b) = \dfrac{X_1 \times X_2}{|X_1 \times X_2|}(a,b)$를 p에서 곡면 M의 **단위법선벡터(Unit Normal Vector)**라고 한다. 점 p를 포함하고 $\boldsymbol{n}(a,b) = \dfrac{X_1 \times X_2}{|X_1 \times X_2|}(a,b)$에 수직인 R^3의 평면을 p에서 X의 **접평면(Tangent Plane)**이라고 하고 $T(p)$로 표기하자.

접공간 T_pM 과 접평면 $T(p)$는 정리 3.1.10과 정의 3.2.3의 조건 (2)에 의해 p를 포함하는 좌표조각의 선택에 대해 불변임을 알 수 있다.

| 연습문제 3-2 |

1. $M = \{(x,y,z) \in R^3 | (x^2+y^2)^2 + 3z^2 = 1\}$이 곡면임을 보여라.

2. $M = \{(x,y,z) \in R^3 | z(z-2) + xy = c\}$가 곡면이 되는 c의 값을 구하여라.

3. $f: U(\subset R^3) \to R$가 R^3의 열린 집합 U에서 정의된 미분가능한 함수라고 하자. 실수 $a(\in f(U))$에 대해 $M = \{(x,y,z) \in U \mid f(x,y,z) = a\}$이라고 하자.

임의의 $p \in M$에 대해 $(\frac{\partial f}{\partial x}(p), \frac{\partial f}{\partial y}(p), \frac{\partial f}{\partial z}(p)) \neq (0,0,0)$일 때,

벡터 $(\frac{\partial f}{\partial x}(p), \frac{\partial f}{\partial y}(p), \frac{\partial f}{\partial z}(p))$는 p에서 곡면 M에 법선벡터임을 보여라.

4. $M = \{(x,y,z) \in R^3 | x^2 + y^2 - z^2 = 1\}$이 곡면임을 보이고, 이 곡면위의 점 $(x,y,0)$ 에서의 접평면 $T(x,y,0)$가 모두 z축에 평행함을 보여라.

5. 단순곡면 $X: U = \{(u_1,u_2) | u_1 \in R, 0 < u_2 < 2\pi\} \to R^3$

$X(u_1,u_2) = (f(u_1)\cos u_2, f(u_1)\sin u_2, g(u_1))(f(u) > 0, g'(u) \neq 0)$

위의 임의의 점 $X(u_1,u_2)$를 지나고 단위법선벡터 $\boldsymbol{n} = \frac{X_1(u_1,u_2) \times X_2(u_1,u_2)}{|X_1(u_1,u_2) \times X_2(u_1,u_2)|}$

에 평행한 직선 (이 직선을 법선이라고 한다)이 항상 z-축과 만남을 보여라.

6. 곡면 M의 모든 법선(M위의 임의의 점 p를 지나고 법선벡터와 평행한 직선)이 일정한 점을 지나면 이 곡면이 적당한 구면의 일부임을 보여라.

7. R^3내의 곡면 M과 평면 P가 단 한 점 p에서 만나면 이 점에서의 M의 접평면 $T(p)$가 P임을 보여라.

8. R^3내의 곡면 M의 모든 점이 평면 P의 한 쪽에만 위치한다면 $P \cap M$의 모든 점에서의 접평면이 P임을 보여라.

제3절 제1기본형식(First Fundamental Form)

1,2절을 통해서 곡면을 정의했는데, 곡면의 정의에서 가장 중요했던 개념은 부분적으로 곡면을 표현하는 좌표조각의 위상동형과 미분가능성이었다. 이제 곡면이 가지고 있는 또 다른 기하학적 구조를 공부하기 시작하는데 곡면위의 곡선의 길이와 영역의 면적을 구하기 위해 필요한 기본적인 도구인 제1기본형식을 도입하고 좌표조각들의 거리계수를 소개한다.

정의 3.3.1

M을 R^3의 곡면이라고 하자.

(1) 임의의 $p \in M$에 대하여,

$I_p : T_pM \times T_pM \to R,\ I_p(v_p, w_p) = < v_p, w_p >$로 정의된 함수

I를 곡면 M의 **제1기본형식(First Fundamental Form)**이라고 한다.

(2) $X : U \to M$을 C^k-급 고유좌표조각으로 두자. 각각의 $i, j \in \{1,2\}$에 대하여, 아래와 같이 정의된 (C^k-급) 미분가능 함수 g_{ij}를 좌표조각 X의 **거리계수(Metric Coefficient)**라고 한다.

$$g_{ij} : U \to R,\ g_{ij}(u_1, u_2) = < X_i(u_1, u_2), X_j(u_1, u_2) >$$

제1기본형식은 R^3의 내적으로부터 곡면위로 유도된 내적에 불과하지만 제1기본형식은 곡면 위의 곡선의 길이, 접벡터들의 사잇각 그리고 영역의 면적을 계산하는데 이용된다. 다음 사실들을 먼저 정리하고자 한다.

(1) $\begin{bmatrix} g_{11} & g_{12} \\ g_{21} & g_{22} \end{bmatrix}$은 가역대칭(Invertible Symmetric)행렬이다.

이유는, $\det[g_{ij}] = g_{11}g_{22} - g_{12}g_{21} = |X_1|^2|X_2|^2 - < X_1, X_2 >^2 = |X_1 \times X_2|^2 \geq 0$

인데, $X_1 \times X_2 \neq 0$이므로, $\det[g_{ij}] > 0$이다.

(2) $p \in X(U)$이고 $X(a,b)=p$, $(a,b) \in U$라고 두면,
$v_p = v_1 X_1(a,b) + v_2 X_2(a,b)$, $w_p = w_1 X_1(a,b) + w_2 X_2(a,b)$로 둘 수 있으므로,

$$\begin{aligned} I(v_p, w_p) &= \ < v_p, w_p > \\ &= \ < \sum_\alpha v_\alpha X_\alpha, \sum_\beta w_\beta X_\beta > \\ &= \sum_{\alpha,\beta} v_\alpha g_{\alpha\beta} w_\beta \\ &= \sum_\alpha v_\alpha \sum_\beta g_{\alpha\beta} w_\beta \\ &= [v_1\ v_2] \begin{bmatrix} \sum_\beta g_{1\beta} w_\beta \\ \sum_\beta g_{2\beta} w_\beta \end{bmatrix} \\ &= [v_1\ v_2] \begin{bmatrix} g_{11}\ g_{12} \\ g_{21}\ g_{22} \end{bmatrix} \begin{bmatrix} w_1 \\ w_2 \end{bmatrix} \end{aligned}$$

임을 알 수 있다.

예 3.3.2

$U \subset R^2$를 열린집합, $f : U \to R$를 (C^k-급) 미분가능함수에 대해 $X(u_1, u_2) = (u_1, u_2, f(u_1, u_2))$로 정의된 단순곡면을 생각하자.

$X_1 = (1,0,f_1)$, $X_2 = (0,1,f_2)$, (이 때, $f_1 = \dfrac{\partial f}{\partial u_1}$, $f_2 = \dfrac{\partial f}{\partial u_2}$)이므로,

$$\begin{aligned} g_{11} &= \ < X_1, X_1 > \ = 1 + f_1^2, \\ g_{12} = g_{21} &= < X_1, X_2 > \ = f_1 f_2, \\ g_{22} &= \ < X_2, X_2 > \ = 1 + f_2^2 \end{aligned}$$

이고, $\det[g_{ij}] = 1 + f_1^2 + f_2^2 > 0$이다.

M을 곡면, $X : U \to M$을 좌표조각으로 두자.

(1) 곡선 $\alpha : [a,b] \to X(U) \subset M$의 길이는 다음과 같다.

$$l_a^b(\alpha) = \int_a^b |\frac{d\alpha}{dt}|dt = \int_a^b \sqrt{g_{11}(\frac{d\alpha_1}{dt})^2 + 2g_{12}\frac{d\alpha_1}{dt}\frac{d\alpha_2}{dt} + g_{22}(\frac{d\alpha_2}{dt})^2}\, dt$$ 이다.

이 때, $(\alpha_1(t), \alpha_2(t)) = X^{-1}(\alpha(t))$이다. 이유는,

$$\begin{aligned} |\frac{d\alpha}{dt}|^2 &= < \frac{d\alpha}{dt}, \frac{d\alpha}{dt} > \\ &= < \sum_i X_i \frac{d\alpha_i}{dt}, \sum_j X_j \frac{d\alpha_j}{dt} > \\ &= \sum_{i,j} g_{ij} \frac{d\alpha_i}{dt}\frac{d\alpha_j}{dt} \\ &= g_{11}(\frac{d\alpha_1}{dt})^2 + 2g_{12}\frac{d\alpha_1}{dt}\frac{d\alpha_2}{dt} + g_{22}(\frac{d\alpha_2}{dt})^2 \end{aligned}$$

이기 때문이다.

(2) $A \subset X(U)$를 유계인 닫힌영역으로 두자. 곡면 A의 면적은

$$\begin{aligned} \iint_{X^{-1}(A)} |X_1 \times X_2| du_1 du_2 &= \iint_{X^{-1}(A)} \sqrt{g_{11}g_{22} - g_{12}^2}\, du_1 du_2 \\ &= \iint_{X^{-1}(A)} \sqrt{\det(g)}\, du_1 du_2 \end{aligned}$$

이다. (여기서, $g = \begin{bmatrix} g_{11} & g_{12} \\ g_{21} & g_{22} \end{bmatrix}$ 이다.)

(3) $U, V \subset R^2$를 열린집합으로 두고, $f : V \to U$를 좌표변환함수로 두고, $X : U \to R^3$를 좌표조각으로 두면 $Y = X \circ f$은 좌표조각이 된다.

$g = \begin{bmatrix} g_{11} & g_{12} \\ g_{21} & g_{22} \end{bmatrix}$, $\overline{g} = \begin{bmatrix} \overline{g_{12}} & \overline{g_{12}} \\ \overline{g_{21}} & \overline{g_{22}} \end{bmatrix}$를 각각 X, Y의 거리계수라고 하자.

그러면 $\overline{g} = J(f)^T g J(f)$이 성립한다.

이유는, $\overline{g_{kl}} = < Y_k, Y_l >$

$$= < \sum_{\alpha} X_{\alpha} \frac{\partial u_{\alpha}}{\partial v_k}, \sum_{\beta} X_{\beta} \frac{\partial u_{\beta}}{\partial v_l} >$$

$$= \sum_{\alpha,\beta} < X_{\alpha}, X_{\beta} > \frac{\partial u_{\alpha}}{\partial v_k} \frac{\partial u_{\beta}}{\partial v_l}$$

$$= \sum_{\alpha,\beta} g_{\alpha\beta} \frac{\partial u_{\alpha}}{\partial v_k} \frac{\partial u_{\beta}}{\partial v_l}$$

$$= \begin{bmatrix} \frac{\partial u_1}{\partial v_k} & \frac{\partial u_2}{\partial v_k} \end{bmatrix} \begin{bmatrix} g_{11} & g_{12} \\ g_{21} & g_{22} \end{bmatrix} \begin{bmatrix} \frac{\partial u_1}{\partial v_l} \\ \frac{\partial u_2}{\partial v_l} \end{bmatrix}$$

이다. 여기서 마지막 변은 $J(f)^T g J(f)$의 $(k,l)-$성분이므로, $\bar{g} = J(f)^T g J(f)$임을 알 수 있다. (3)의 결과와 다변수함수의 다음 정리를 이용하여

> **정리 (다변수 해석학 참조)**
>
> $U, V \subset R^2$가 열린 집합이고, $f : V \to U$를 좌표 변환함수로 두자.
>
> $F \subset V$를 유계인 닫힌 영역으로 두자.
>
> $G : f(F) \to R$인 연속함수이면,
>
> $\iint_{f(F)} G(u_1, u_2)\, du_1 du_2 = \iint_F G(f(v_1, v_2))\, |\det(J(f))| dv_1 dv_2$이다.

(2)에서 정의된 영역의 면적이 잘 정의되어 있음을 다음과 같이 보일 수 있다.

$$\iint_{X^{-1}(A))} \sqrt{\det(g)}\, du_1 du_2 = \iint_{f(Y^{-1}(A))} \sqrt{\det(g)}\, du_1 du_2$$

$$= \iint_{Y^{-1}(A)} \sqrt{\det(g \circ f)} |J(f)| dv_1 dv_2$$

$$= \iint_{Y^{-1}(A)} \sqrt{\det(J(f)^T g J(f))}\, dv_1 dv_2$$

$$= \iint_{Y^{-1}(A)} \sqrt{\det(\bar{g})}\, dv_1 dv_2 = \iint_{Y^{-1}(A)} \sqrt{\det(\bar{g})}\, dv_1 dv_2$$

위의 (1)의 곡선의 길이는 잘 정의되어 있는지 확인해 보자.

$\alpha:[a,b]\to Y(V)\subset M$이라고 하면 $Y^{-1}(\alpha(t))=(\beta_1(t),\beta_2(t))$라고 두면

$(\alpha_1(t),\alpha_2(t))=f(\beta_1(t),\beta_2(t))$가 성립하므로 $\begin{bmatrix}\frac{d\alpha_1}{dt}\\ \frac{d\alpha_2}{dt}\end{bmatrix}=J(f)\begin{bmatrix}\frac{d\beta_1}{dt}\\ \frac{d\beta_2}{dt}\end{bmatrix}$이고,

$\overline{g}=J(f)^T g\, J(f)$이다.

$$\begin{aligned}
&\sum_{i,j}\overline{g_{ij}}\frac{d\beta_i}{dt}\frac{d\beta_j}{dt}\\
&=\overline{g_{11}}(\frac{d\beta_1}{dt})^2+2\overline{g_{12}}\frac{d\beta_1}{dt}\frac{d\beta_2}{dt}+\overline{g_{22}}(\frac{d\beta_2}{dt})^2\\
&=\begin{bmatrix}\frac{d\beta_1}{dt}&\frac{d\beta_2}{dt}\end{bmatrix}\begin{bmatrix}\overline{g_{11}}&\overline{g_{12}}\\ \overline{g_{12}}&\overline{g_{22}}\end{bmatrix}\begin{bmatrix}\frac{d\beta_1}{dt}\\ \frac{d\beta_2}{dt}\end{bmatrix}\\
&=\begin{bmatrix}\frac{d\beta_1}{dt}&\frac{d\beta_2}{dt}\end{bmatrix}J(f)^T\begin{bmatrix}g_{11}&g_{12}\\ g_{12}&g_{22}\end{bmatrix}J(f)\begin{bmatrix}\frac{d\beta_1}{dt}\\ \frac{d\beta_2}{dt}\end{bmatrix}\\
&=\begin{bmatrix}\frac{d\alpha_1}{dt}&\frac{d\alpha_2}{dt}\end{bmatrix}\begin{bmatrix}g_{11}&g_{12}\\ g_{12}&g_{22}\end{bmatrix}\begin{bmatrix}\frac{d\alpha_1}{dt}\\ \frac{d\alpha_2}{dt}\end{bmatrix}\\
&=g_{11}(\frac{d\alpha_1}{dt})^2+2g_{12}\frac{d\alpha_1}{dt}\frac{d\alpha_2}{dt}+g_{22}(\frac{d\alpha_2}{dt})^2
\end{aligned}$$

이므로 곡선의 길이도 조각의 선택과 관계없이 잘 정의됨을 알 수 있다. 이제 곡면을 만드는 또 다른 표준적인 방법을 설명하고자 한다.

예 3.3.3 | 회전면(Surface of Revolution)

단사인 정칙평면곡선 $\alpha:(a,b)\to R^2, \alpha(t)=(r(t),h(t))(r(t)>0)$을 이용하여 $U=(a,b)\times(-\pi,\pi)$로 $X:U\to R^3$를
$X(t,\theta)=(r(t)\cos\theta, r(t)\sin\theta, h(t)),\ r(t)>0, -\pi<\theta<\pi$로 정의하자.

곡면 $M=X(U)\cup\{(-r(t),0,h(t))|a<t<b\}$를 **회전면(Surface of Revolution)**이라고 한다. 이 때, 곡선 α를 회전면의 **생성곡선(Profile Curve)**이라 한다. M이 곡면임을 먼저 확인하자.

$$X_t\times X_\theta=(r'(t)\cos\theta,r'(t)\sin\theta,h'(t))\times(-r(t)\sin\theta,r(t)\cos\theta,0)$$
$$=(-r(t)h'(t)\cos\theta,r(t)h'(t)\sin\theta,r(t)r'(t))\text{이므로}$$

$|X_t\times X_\theta|=r(t)\sqrt{r'(t)^2+h'(t)^2}\neq 0$이다. 따라서 X는 정칙이고 X가 고유좌표조각임을 알 수 있다.

이제 $V=(a,b)\times(0,2\pi)$에 대해 $Y: V\to R^3$,
$Y(t,\phi)=(r(t)\cos\phi, r(t)\sin\phi, h(t))$로 정의하면 역시 고유좌표조각이고 또 $M=X(U)\cup Y(V)$이다.

이제 $X^{-1}\circ Y(t,\phi)=\begin{cases}(t,\phi) & ,0<\phi<\pi \\ (t,\phi-2\pi) & ,\pi<\phi<2\pi\end{cases}$,

$Y^{-1}\circ X(t,\theta)=\begin{cases}(t,\theta+2\pi) & ,-\pi<\theta<0 \\ (t,\theta) & ,0<\theta<\pi\end{cases}$ 이므로 M은 곡면이다.

이 곡면은 $xz-$평면위의 곡선 $X(t,0)=(r(t),0,h(t))$를 $z-$축으로 회전할 때 생기는 곡면이다. θ가 상수 θ_0인 곡선 $X(t,\theta_0)$를 **경선(Meridian)**이라고 하고, t가 상수 t_0인 원 $X(t_0,\theta)$를 **등위원(Circle of Latitude)**이라고 한다. 이 회전면의 거리계수를 구하여 보면,

$$X_1=r'(t)\cos\theta, r'(t)\sin\theta, h'(t)),$$
$$X_2=(-r(t)\sin\theta, r(t)\cos\theta, 0)$$

이므로, $g=\begin{bmatrix} g_{11}\, g_{12} \\ g_{21}\, g_{22}\end{bmatrix}=\begin{bmatrix} r'(t)^2+h'(t)^2 & 0 \\ 0 & r(t)^2\end{bmatrix}$이 된다.

예제 3.3.4 | 원환면(Torus)

평면곡선 $\alpha(t)=(R+r\cos t, r\sin t), 0<r<R, 0<t<2\pi$에 대해

$X: U=(0,2\pi)\times(-\pi,\pi)\to R^3,\ X(t,\theta)=((R+r\cos t)\cos\theta,(R+r\cos t)\sin\theta, r\sin t)$

라고 정의하자. 그러면 $M=X(U)\cup\{((R+r)\cos\theta,(R+r)\sin\theta,0)|-\pi\le\theta\le\pi\}$
$\cup\{(R+r\cos t,0,r\sin t)|0\le t\le 2\pi\}$

는 곡면임을 알 수 있다. X에 의해 덮혀지지 않는 부분을 위해 추가될 고유좌표조각들은 다음 두 가지를 들 수 있다.

$$Y: V=(-\pi,\pi)\times(-\pi,\pi)\to R^3$$
$$Y(t,\theta)=((R+r\cos t)\cos\theta,(R+r\cos t)\sin\theta,r\sin t)$$
$$Z: W=(0,2\pi)\times(0,2\pi)\to R^3$$
$$Z(t,\theta)=((R+r\cos t)\cos\theta,(R+r\cos t)\sin\theta,r\sin t)$$

이러한 곡면을 **원환면(Torus)**이라고 부른다.

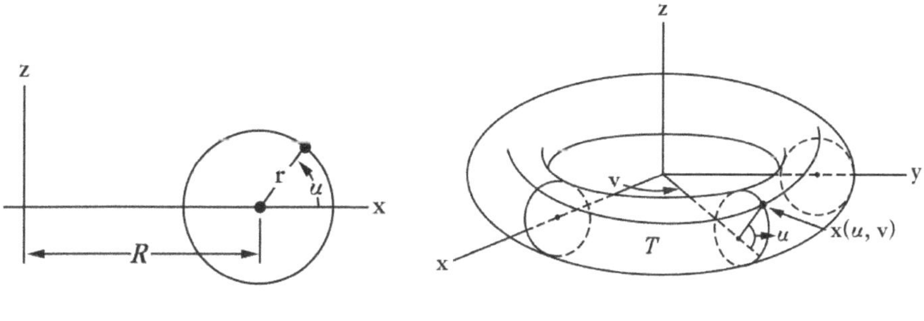

그림 3-3-1

예제 3.3.5

예제 3.3.4의 원환면의 면적을 구하여라.

[풀이]

예제 3.3.4에서의 조각 $X:(0,2\pi)\times(-\pi,\pi)\to M$의 상은 M에서 면적에는 공헌하지 않는 두 개의 원을 제외한 부분이므로 이 조각의 상의 면적과 원환면 M의 면적은 같다. 그러나 이 조각의 면적은 열린집합에서 정의된 면적이므로 이상적분으로 표현된다. 즉

$$\lim_{\epsilon,\delta\to 0^+}\int_{\epsilon}^{2\pi-\epsilon}\int_{-\pi+\delta}^{\pi-\delta}|X_t\times X_\theta|d\theta dt=\int_0^{2\pi}\int_{-\pi}^{\pi}(R+r\cos t)rd\theta dt=4\pi^2Rr$$

이다.

| 연습문제 3-3 |

1. 다음 좌표조각들의 거리계수 $g_{ij}(i,j=1,2)$를 구하여라.

(1) $X(u_1,u_2)=(a\sin u_1\cos u_2, b\sin u_1\sin u_2, c\cos u_1)$ (a,b,c는 양의 상수들)

(2) $X(u_1,u_2)=(\dfrac{4u_1}{u_1^2+u_2^2+4},\dfrac{4u_2}{u_1^2+u_2^2+4},\dfrac{2(u_1^2+u_2^2)}{u_1^2+u_2^2+4})$

(3) $X(u,v)=(au_1\cosh u_2, bu_1\sinh u_2, u_1^2)$ (a,b는 양의 상수들)

2. 다음 영역의 면적을 구하여라.

(1) $A=\left\{X(u_1,u_2)|X(u_1,u_2)=(u_1,u_2,u_1^2+u_2^2), u_1^2+u_2^2\le 1\right\}$

(2) $\overline{U}=[-\dfrac{\pi}{2},\dfrac{\pi}{2}]\times[-\dfrac{\pi}{2},\dfrac{\pi}{2}]$, $X:\overline{U}\to R^3$

$X(t,\theta)=((R+r\cos t)\cos\theta,(R+r\cos t)\sin\theta, r\sin t))$에 대해 $B=X(\overline{U})$

(3) $C=\left\{X(\theta,\phi)=(\sin\theta\cos\phi,\sin\theta\sin\phi,\cos\theta)|\dfrac{\pi}{4}\le\theta\le\dfrac{3\pi}{4}, 0\le\phi\le\pi\right\}$

제4절 법곡률 측지곡률 그리고 가우스공식

(Normal Curvatures, Geodesic Curvatures and Gauss Formula)

이 절에서는 곡면위의 곡선이 그 곡면과 관련하여 어떤 성질을 갖는지 알아보려 한다. 곡선의 측지곡률 그리고 법곡률을 도입하고 이들과 곡선의 곡률과의 관계를 살펴보고 좌표조각의 2계미분의 접성분과 법성분을 표현하는 가우스공식을 유도한다.

M을 R^3의 곡면으로 두고, $p \in M$이라고 하자. $X: U \to M$을 $p \in X(U)$인 M의 좌표조각으로 두자. $\boldsymbol{n}=\dfrac{X_1 \times X_2}{|X_1 \times X_2|}$은 M의 단위법벡터장이다.

$N_pM=\{a\boldsymbol{n}(p)|a\in R\}$를 점 $p\in M$에서 M의 **법공간(Normal Space)** 이라고 한다. N_pM은 1차원 벡터공간이고, T_pM은 2차원 벡터공간이므로, $T_pR^3 = T_pM \oplus N_pM$은 직교직합(Orthogonal Direct Sum) (연습문제1-1의 13번 참조)이 된다.

γ를 곡면 M위의 곡선(즉, $Im\gamma \subset X(U)$)으로 단위속력곡선이라고 하자. 그리고, κ, τ, T, N, B를 γ의 프레네-세레도구라고 두자.

$<\gamma'', \boldsymbol{n}>\boldsymbol{n} \in N_{\gamma(s)}M$ 이고, $\gamma''-<\gamma'', \boldsymbol{n}>\boldsymbol{n} \in T_{\gamma(s)}M$이므로,

$\gamma''(s) = (\gamma''-<\gamma'', \boldsymbol{n}>\boldsymbol{n})+ <\gamma'', \boldsymbol{n}>\boldsymbol{n} \in T_{\gamma(s)}M \oplus N_{\gamma(s)}M$로 표현할 수 있다.

또한 $\gamma''-<\gamma'', \boldsymbol{n}>\boldsymbol{n}$은 $\boldsymbol{n}, T$ 모두에 수직인 벡터이므로, $\gamma''-<\gamma'', \boldsymbol{n}>\boldsymbol{n}$와 $\boldsymbol{n} \times T$는 평행임을 알 수 있다. 따라서, $\gamma'' = <\gamma'', \boldsymbol{n}>\boldsymbol{n} + <\gamma'', \boldsymbol{n} \times T>(\boldsymbol{n} \times T)$이다. 이 때, $\boldsymbol{n}(s) \in N_{\gamma(s)}M$이고 $(\boldsymbol{n} \times T)(s) \in T_{\gamma(s)}M$이다.

정의 3.4.1

곡면 M위의 단위속력곡선 γ의 가속도 γ''의 곡면 M의 법성분과 접평면 성분을 각각 곡선 γ의 **법곡률(Normal Curvature)**, **측지곡률(Geodesic Curvature)**이라고 하고 κ_n, κ_g로 나타낸다. 즉, $\kappa_n =<\gamma'', \boldsymbol{n}>$, $\kappa_g =<\gamma'', \boldsymbol{n} \times T>$이다.

$\gamma'' = <\gamma'', \boldsymbol{n}> \boldsymbol{n} + <\gamma'', \boldsymbol{n}\times T> (\boldsymbol{n}\times T) = \kappa_n \boldsymbol{n} + \kappa_g (\boldsymbol{n}\times T)$임을 알 수 있다.

위의 정의에서 (곡선 γ를 따르는)곡면의 단위접벡터장 $\boldsymbol{n}\times T$를 γ의 **고유법벡터장 (Intrinsic Normal Vector Field)**이라고 한다.

$\gamma'' = \kappa N$이므로 $\kappa^2 = <\gamma'', \gamma''> = \kappa_n^2 + \kappa_g^2$ $\kappa^2 = \kappa_n^2 + \kappa_g^2$가 성립한다.

예제 3.4.2

$M = S^2$로 두고, S^2위의 단위속력곡선 $\gamma(s) = \dfrac{1}{\sqrt{2}}(\cos(\sqrt{2}s), \sin(\sqrt{2}s), 1)$의 법곡률과 측지곡률을 구하여 보자.

[풀이]

S^2의 다음의 좌표조각을 생각한다.

$X : U \to S^2, (u_1, u_2) \mapsto (u_1, u_2, \sqrt{1-(u_1^2+u_2^2)})$

$(U = \{(u_1, u_2) \in R^2 | u_1^2 + u_2^2 < 1\})$로 두면,

γ를 따르는 단위법벡터장은

$$\boldsymbol{n} = \frac{X_1 \times X_2}{|X_1 \times X_2|} = (u_1, u_2, \sqrt{1-(u_1^2+u_2^2)}) = \frac{1}{\sqrt{2}}(\cos(\sqrt{2}s), \sin(\sqrt{2}s), 1)$$

이고 $T = \gamma' = (-\sin(\sqrt{2}s), \cos(\sqrt{2}s), 0)$,

$\gamma'' = -\sqrt{2}(\cos(\sqrt{2}s), \sin(\sqrt{2}s), 0)$가 된다.

그리고 $\boldsymbol{n}\times T = -\dfrac{1}{\sqrt{2}}(\cos(\sqrt{2}s), \sin(\sqrt{2}s), -1)$이므로,

$\kappa_n = <\gamma'', \boldsymbol{n}> = -1$, $\kappa_g = <\gamma'', \boldsymbol{n}\times T> = 1$이 된다.

가속도 γ''의 좌표조각에 의한 표현에 대해 좀 더 자세히 알아보자. 좌표조각 X가 C^2-급이라고 가정하자. $(X^{-1} \circ \gamma)(s) = (\gamma_1(s), \gamma_2(s)) \in U$로 두자. 그러면

$\gamma(s) = X((\gamma_1(s), \gamma_2(s)))$이므로,

$$T(s) = X_1 \frac{d\gamma_1}{ds} + X_2 \frac{d\gamma_2}{ds} = \sum_i X_i \frac{d\gamma_i}{ds} \text{ 이고}$$

$$\gamma''(s) = \frac{dT}{ds} = \sum_i (X_i \frac{d^2\gamma_i}{ds^2} + \sum_{i,j} (X_{ij} \frac{d\gamma_j}{ds} \frac{d\gamma_i}{ds}))$$

이므로 가속도 γ''는 X_i, X_{ij} $(i,j = 1,2)$에 의해 결정됨을 알 수 있다.

여기서 $X_i = \dfrac{\partial X}{\partial u_i}, X_{ij} = \dfrac{\partial^2 X}{\partial u_j \partial u_i}$를 나타낸다.

정의 3.4.3

(1) $L_{ij} = \langle X_{ij}, \boldsymbol{n} \rangle$을 좌표조각 $X : U \to M$의 **제2기본형식의 계수 (Coefficients of the 2nd Fundamental Forms)**라고 한다.

(2) $\Gamma_{ij}^k = \sum_l \langle X_{ij}, X_l \rangle g^{lk}$ 을 **크리스토펠 기호(Christoffel Symbols)**라고 한다.

거리계수행렬 $g = \begin{bmatrix} g_{11} & g_{12} \\ g_{21} & g_{22} \end{bmatrix}$의 역행렬을 $g^{-1} = \begin{bmatrix} g^{11} & g^{12} \\ g^{21} & g^{22} \end{bmatrix}$로 표현한다.

정의로부터 $L_{ij} = L_{ji}, \Gamma_{ij}^k = \Gamma_{ji}^k$가 성립함을 알 수 있다.

정리 3.4.4

다음의 방정식들이 성립한다.

(1) **가우스 공식(Gauss Formula)**

$$X_{ij} = L_{ij}\boldsymbol{n} + \sum_k \Gamma_{ij}^k X_k.$$

---

(2) $\kappa_n = \sum_{i,j} L_{ij} \frac{d\gamma_i}{ds}\frac{d\gamma_j}{ds}$, $\kappa_g(\boldsymbol{n} \times T) = \sum_k (\frac{d^2\gamma_k}{ds^2} + \sum_{i,j} \Gamma_{ij}^k \frac{d\gamma_i}{ds}\frac{d\gamma_j}{ds}) X_k$.

증명

(1) 임의의 $i,j \in \{1,2\}$에 대하여, $\{\boldsymbol{n}, X_1, X_2\}$이 $X(U)$위의 각 점 p에서 $T_p(R^3)$의 기저이므로, $X_{ij} = a_{ij}\boldsymbol{n} + \sum_k b_{ij}^k X_k$를 만족하는 $a_{ij}, b_{ij}^k \in R$이 존재한다.

먼저, $L_{ij} = < X_{ij}, \boldsymbol{n} > = a_{ij}$이다. 다음으로 임의의 $l \in \{1,2\}$에 대하여,

$$< X_l, X_{ij} > = \sum_m b_{ij}^m < X_l, X_m > = \sum_m b_{ij}^m g_{ml}$$

이므로 b_{ij}^k를 구하기위해 양변에 g^{lk}를 곱하고 첨자 m에 대해 합하면

$$b_{ij}^k = \sum_l < X_{ij}, X_l > g^{lk} = \Gamma_{ij}^k$$

이 된다. 따라서 $X_{ij} = L_{ij}\boldsymbol{n} + \sum_k \Gamma_{ij}^k X_k$이다.

(2) 방정식 $\gamma'' = \kappa_n \boldsymbol{n} + \kappa_g(\boldsymbol{n} \times T)$에 주목하면서,

방정식 $\gamma'' = \sum_i X_i \frac{d^2\gamma_i}{ds^2} + \sum_{i,j} X_{ij} \frac{d\gamma_j}{ds}\frac{d\gamma_i}{ds}$에 (1)의 가우스 공식을 적용하면,

$$\begin{aligned}\gamma'' &= \sum_i X_i \frac{d^2\gamma_i}{ds^2} + \sum_{i,j} X_{ij} \frac{d\gamma_j}{ds}\frac{d\gamma_i}{ds} \\ &= (\sum_{i,j} L_{ij} \frac{d\gamma_j}{ds}\frac{d\gamma_i}{ds})\boldsymbol{n} + \sum_k [\frac{d^2\gamma^k}{ds^2} + \sum_{i,j} \Gamma_{ij}^k \frac{d\gamma_j}{ds}\frac{d\gamma_i}{ds}] X_k\end{aligned}$$

이 되므로, 주목한 식과 비교하여,

$$\kappa_n = \sum_{i,j} L_{ij} \frac{d\gamma_i}{ds}\frac{d\gamma_j}{ds} \quad \text{이고}$$

$$\kappa_g(\boldsymbol{n} \times T) = \sum_k \left(\frac{d^2\gamma_k}{ds^2} + \sum_{i,j} \Gamma_{ij}^k \frac{d\gamma_i}{ds}\frac{d\gamma_j}{ds}\right) X_k$$

임을 알 수 있다. ■

정리 3.4.5

다음의 방정식이 성립한다. $\Gamma_{ij}^l = \frac{1}{2}\sum_k g^{kl}\left(\frac{\partial g_{ik}}{\partial u_j} - \frac{\partial g_{ij}}{\partial u_k} + \frac{\partial g_{kj}}{\partial u_i}\right)$.

증명

$\frac{\partial g_{ij}}{\partial u_k} = \frac{\partial}{\partial u_k}(< X_i, X_j >) = < X_{ik}, X_j > + < X_i, X_{jk} >$ 이다. 첨자들을 적당히 바꾸면

$$\frac{\partial g_{ik}}{\partial u_j} = < X_{ij}, X_k > + < X_i, X_{jk} >$$

이고

$$\frac{\partial g_{kj}}{\partial u_i} = < X_{ik}, X_j > + < X_k, X_{ji} >$$

이므로

$$\frac{1}{2}\left(\frac{\partial g_{ik}}{\partial u_j} - \frac{\partial g_{ij}}{\partial u_k} + \frac{\partial g_{kj}}{\partial u_i}\right) = < X_{ij}, X_k >$$

가 된다. 따라서,

$$\frac{1}{2}\sum_k g^{kl}\left(\frac{\partial g_{ik}}{\partial u_j} - \frac{\partial g_{ij}}{\partial u_k} + \frac{\partial g_{kj}}{\partial u_i}\right) = \sum_k < X_{ij}, X_k > g^{kl} = \Gamma_{ij}^l$$

이 된다. ■

곡면에서 정의되는 양들이나 개념들 중 거리계수들에 의해 완전히 결정되는 것들을 **본질적(Intrinsic) 개념** 또는 **고유한 개념**이라고 부른다. 이러한 개념들은 뒤에서 정의할 곡면들 사이의 등거리사상에 의해 불변인 개념들과 동치인데 곡면미분기하학의 중요한 내용이다. 위의 결과에 의해 크리스토펠 기호 Γ_{ij}^k 들은 거리계수 g_{ij}들에 의해 완전히 결정되므로 이 기호들은 곡면의 본질적(Intrinsic)인 양이다.

예제 3.4.6

(1) $X: U \rightarrow S^2, \ (u_1, u_2) \mapsto (u_1, u_2, \sqrt{1-(u_1^2+u_2^2)})$일 때, 곡면 $X(U) \subset S^2$의 크리스토펠 기호들과 제2기본형식의 계수를 구하여 보라.

[풀이]

$X_1 = (1, 0, \dfrac{-u_1}{\sqrt{1-(u_1^2+u_2^2)}}), X_2 = (0, 1, \dfrac{-u_2}{\sqrt{1-(u_1^2+u_2^2)}})$이므로

$g_{11} = 1 + \dfrac{u_1^2}{1-(u_1^2+u_2^2)}, g_{22} = 1 + \dfrac{u_2^2}{1-(u_1^2+u_2^2)}, g_{12} = g_{21} = \dfrac{u_1 u_2}{1-(u_1^2+u_2^2)}$ 임을

안다. 그러므로 $g^{11} = 1-u_1^2, g^{22} = 1-u_2^2, g^{12} = g^{21} = -u_1 u_2$이다. 정리 3.4.5에 의해

$$\Gamma_{11}^1 = \frac{1}{2} g^{11} \left(\frac{\partial g_{11}}{\partial u_1} - \frac{\partial g_{11}}{\partial u_1} + \frac{\partial g_{11}}{\partial u_1} \right) + \frac{1}{2} g^{21} \left(\frac{\partial g_{12}}{\partial u_1} - \frac{\partial g_{11}}{\partial u_2} + \frac{\partial g_{21}}{\partial u_1} \right)$$

$$= \frac{1}{2}(1-u_1^2) \frac{-(1-u_2^2)(-2u_1)}{(1-(u_1^2+u_2^2))^2} + \frac{1}{2}(-u_1 u_2) \Big[\frac{u_2(1-(u_1^2+u_2^2)-u_1 u_2(-2u_1)}{(1-(u_1^2+u_2^2))^2}$$
$$- \frac{(-2u_2)(1-(u_1^2+u_2^2))-(1-u_2^2)(-2u_2)}{(1-(u_1^2+u_2^2))^2} + \frac{u_2(1-(u_1^2+u_2^2)-u_1 u_2(-2u_1)}{(1-(u_1^2+u_2^2))^2} \Big]$$

$$= \frac{u_1(1-u_2^2)}{1-(u_1^2+u_2^2)}$$

를 얻는다. 비슷한 계산에 의해

$$\Gamma_{11}^{2} = \frac{u_2(1-u_2^2)^2}{(1-(u_1^2+u_2^2))^2},\ \Gamma_{22}^{2} = \frac{u_2(1-u_1^2)}{1-(u_1^2+u_2^2)},\ \Gamma_{22}^{1} = \frac{u_1(1-u_1^2)^2}{(1-(u_1^2+u_2^2))^2}$$

$$\Gamma_{12}^{1} = \Gamma_{21}^{1} = \frac{u_1^2 u_2}{1-(u_1^2+u_2^2)}, \Gamma_{12}^{2} = \Gamma_{21}^{2} = \frac{u_1 u_2^2}{1-(u_1^2+u_2^2)}$$ 를 얻는다.

단위법선벡터 $\boldsymbol{n} = (u_1, u_2, \sqrt{1-(u_1^2+u_2^2)})$이고 $X_{11} = (0,0, \frac{u_2^2-1}{(1-u_1^2-u_2^2)^{3/2}})$,

$X_{12} = (0,0, \frac{-u_1u_2}{(1-u_1^2-u_2^2)^{3/2}})$, $X_{22} = (0,0, \frac{u_1^2-1}{(1-u_1^2-u_2^2)^{3/2}})$이므로

$$L_{11} = (0,0, \frac{u_2^2-1}{1-u_1^2-u_2^2}),\ L_{12} = L_{21} = (0,0, \frac{-u_1u_2}{1-u_1^2-u_2^2}),$$

$$L_{22} = (0,0, \frac{u_1^2-1}{1-u_1^2-u_2^2}).$$

(2) S^2 위의 단위속력곡선 $\gamma(s) = (\cos s, 0, \sin s), 0 < s < \pi$의 법곡률과 측지곡률을 구하여라.

[풀이]

$\gamma''(s) = (-\cos s, 0, -\sin s)$이고, $\boldsymbol{n}(s) = (\cos s, 0, \sin s)$이므로,

$\kappa_n = <\gamma'', \boldsymbol{n}> = -1$이다. 또한 $\kappa = 1$이므로, $\kappa^2 = \kappa_n^2 + \kappa_g^2$로부터

$\kappa_g = 0$임을 알 수 있다.

위의 예제 (2)에서 곡선 γ가 구면 S^2의 대원(Great Circle)임을 확인해 보라. 구면 S^2의 대원의 측지곡률이 0인 사실은 기억해둘 필요가 있다.

| 연습문제 3.4 |

1. $\kappa^2 = \kappa_n^2 + \kappa_g^2$임을 보여라.

2. 곡면위의 곡선이 법곡률과 측지곡률이 모두 영이면 그 곡선은 직선의 일부임을 보여라.

3. 곡면이 한 평면의 반사에 관하여 대칭일 때, 곡면과 평면의 교선은 측지선임을 보여라.

4. 생성곡선 $t \mapsto (r(t), 0, h(t))$이 단위속력곡선인 회전면 $X(t,\theta) = (r(t)\cos\theta, r(t)\sin\theta, h(t))$에 대하여 다음 물음에 답하여라.
   (1) 경선 $\theta = \theta_0$(상수)의 측지곡률을 구하여라.
   (2) 등위원 $t = t_0$(상수)의 측지곡률 구하여라.

5. 윗 문항에서 회전면의 제2기본형식의 계수행렬 (L_{ij})를 구하여라.

6. 구면 위의 곡선 γ에 대하여 다음 물음에 답하여라.
   (1) γ의 법곡률 κ_n을 구하여라.
   (2) γ의 측지곡률 κ_g를 구하여라.
   (3) 만약 γ의 측지곡률 κ_g가 상수이면 γ는 원임을 보여라.

7. 임의의 곡선 γ(단위속력일 필요는 없음)의 측지곡률 κ_g는

$\kappa_g(t) = \dfrac{\det(\boldsymbol{n}(t), \dot{\gamma}(t), \ddot{\gamma}(t))}{|\dot{\gamma}(t)|^3}$ 임을 보여라. 여기서 $\dot{\gamma}(t) = \dfrac{d\gamma}{dt}$, $\ddot{\gamma}(t) = \dfrac{d^2\gamma}{dt^2}$ 이다.

8. 공간곡선 $\gamma(t) = (\cos\theta\cos t, \cos\theta\sin t, \sin\theta)$, $|\theta| < \pi/2$은 단위구면 $S^2 = \{(x,y,z) \in R^3 \mid x^2 + y^2 + z^2 = 1\}$ 위에서 소원(Small Circle)이다. 이 소원의 측지곡률을 구하여라. 여기서 S^2의 단위법벡터는 바깥을 향한다고 한다.

9. 단위구면 S^2 위의 호의 길이에 의한 매개화 곡선 $\gamma(s)$를 생각하자.
   (1) $|\kappa_g(s)| = \sqrt{\kappa(s)^2 - 1}$,
   (2) $\kappa_g{}' = \kappa(s)^2 \tau(s)$

   임을 보여라. 여기서 $\kappa(s), \tau(s)$는 각각 공간곡선 $\gamma(s)$의 곡률과 비틀림률이다.

제5절 측지선(Geodesics)

이 절에서는 곡면위의 곡선 중 아주 특별한 곡선인 **측지선(Geodesic)**을 소개하려 한다. 곡면상의 측지선은 거의 그 곡면상의 두 점 사이의 가장 짧은 길이를 갖는 곡선이다.

> **정의 3.5.1**
>
> 곡면 M위의 단위 속력 곡선 γ가 γ의 모든 점에서 측지곡률이 0일 때 즉, $\kappa_g \equiv 0$일 때, 곡선 γ를 곡면 M의 **측지선(Geodesic)**이라고 한다.

측지곡률이 0인 곡선의 가속도는 어떤 방향일까? 생각해보자.

정리 3.5.2

M을 곡면, $X: U \to M$을 M의 좌표조각이라고 하고, γ를 $X(U)$위의 단위속력곡선으로 두고, $(\gamma_1(s), \gamma_2(s)) = X^{-1}(\gamma(s))$로 두자. 그러면,
γ가 M의 측지선이 될 필요충분조건은 γ_1, γ_2가 다음 (측지)미분방정식을 만족하는 것이다.

$$\frac{d^2\gamma_k}{ds^2} + \sum_{i,j} \Gamma_{ij}^k \frac{d\gamma_i}{ds} \frac{d\gamma_j}{ds} = 0 \,(k = 1, 2).$$

증명

$\kappa_g(\boldsymbol{n} \times T) = \sum_k (\frac{d^2\gamma_k}{ds^2} + \sum_{i,j} \Gamma_{ij}^k \frac{d\gamma_i}{ds} \frac{d\gamma_j}{ds}) X_k$을 주목하자.

$[\gamma$: 측지선 $\Leftrightarrow \kappa_g \equiv 0 \Leftrightarrow \sum_k (\frac{d^2\gamma_k}{ds^2} + \sum_{i,j} \Gamma_{ij}^k \frac{d\gamma_i}{ds} \frac{d\gamma_j}{ds}) X_k = 0]$이고, $\{X_1, X_2\}$가 일차독립이므로, γ가 측지선일 필요충분조건은 $k = 1, 2$에 대해

$$\frac{d^2\gamma_k}{ds^2} + \sum_{i,j} \Gamma_{ij}^k \frac{d\gamma_i}{ds} \frac{d\gamma_j}{ds} = 0$$

이다. ■

곡면 M위의 단위속력곡선 γ가 측지선일 필요충분조건은 γ''가 법선벡터와 평행임을 알 수 있다.

예 3.5.3

(1) 평면 P위의 직선은 측지선이다. 이유는 다음과 같다. γ를 단위속력곡선으로서 P위의 직선이라고 하자. 그러면 $\gamma'' \equiv 0$이 되고, $\kappa_g = \, < \gamma'', \boldsymbol{n} \times T > \, = 0$이 되어, γ는 측지선이다.

(2) 평면 P위의 측지선은 직선의 일부이다. 이유는 다음과 같다. γ를 단위속력곡선으로서 P위의 측지선이라고 하자. γ가 P위의 측지선이므로, γ''은 P와 수직이어야 한다. 또한, γ가 평면 P위의 곡선이므로, γ''은 P와 평행이어야 한다. 따라서 $\gamma''\equiv 0$이 되고 이를 풀면,

$$\gamma(s)=p+s\,v,\ |v|=1$$

인 직선이 된다.

예제 3.5.4

(1) 중심이 $p(\in R^3)$이고 반지름이 r인 R^3내의 구면 $S_p^2(r)$위의 대원이 측지선임을 보여라.

[풀이]

γ를 단위속력곡선으로서 중심이 $p(\in R^3)$이고 반지름이 r인 구면 $S_p^2(r)$ 위의 대원이라고 하자. $\gamma''(s)$와 $S_p^2(r)$의 법선벡터 $\gamma(s)-p$가 평행함을 보이면 된다. 모든 대원은 중심을 지나는 하나의 평면과 구면의 교선이므로 적당한 상수벡터 u가 존재하여 $<\gamma(s)-p,u>=0$이다. 이 식을 연속으로 미분하여 $<T,u>=0$, $<\gamma''(s),u>=0$를 얻는다. $\gamma''(s)=\kappa N$이므로 u가 종법선벡터 B와 평행함을 알 수 있다. $<\gamma(s)-p,\gamma(s)-p>=r^2$를 미분하여$<\gamma(s)-p,T>=0$를 얻고 따라서 $\gamma(s)-p$와 주법선벡터 N은 평행하므로 $\gamma''(s)$와 $\gamma(s)-p$가 평행하다.

(2) 구면 $S_p^2(r)$위의 측지선은 적당한 한 대원의 일부이다.

[풀이]

γ를 단위속력곡선으로서 $S_p^2(r)$위의 측지선이라고 하자. γ가 S^2위의 곡선이므로, $<\gamma(s)-p,\gamma(s)-p>=r^2$이다. 이 식을 두 번 미분하고 γ가 단위속력곡선

임을 이용하면

$$<\gamma''(s), \gamma(s)-p> \ = -1$$

을 얻는다. 그런데, γ가 S^2위의 측지선이므로

$$\gamma'' = \kappa_n \boldsymbol{n} + \kappa_g(\boldsymbol{n} \times T) = \kappa_n \boldsymbol{n} = \frac{1}{r}\kappa_n(\gamma(s)-p)$$

이 된다. 이식을 $<\gamma''(s), \gamma(s)-p> \ = -1$에 대입하면,

$$\begin{aligned} -1 &= \ <\gamma'', \gamma-p> \ = \ <\kappa_n \boldsymbol{n}, \gamma-p> \\ &= \kappa_n <\boldsymbol{n}, \gamma-p> \ = \frac{1}{r}\kappa_n <\gamma-p, \gamma-p> \\ &= r\kappa_n \end{aligned}$$

이 된다. 따라서 $\kappa_n = -\frac{1}{r}$ 식 $\kappa^2 = \kappa_n^2 + \kappa_g^2$으로부터, $\kappa \equiv \frac{1}{r}$임을 알 수 있다.

아래 예제에 의해 γ는 $\kappa \equiv \frac{1}{r}$인 원의 일부가 된다.

따라서 γ는 적당한 대원의 일부이다.

예제 3.5.5

구면 위에 있는 상수인 곡률을 갖는 단위속력곡선은 원이다.

[풀이]

중심이 원점인 구면위의 곡선에 대해서만 다루어도 충분하다.

$\gamma : (a,b) \to S^2(r)(\subset R^3)$를 상수곡률 κ을 갖는 단위속력곡선이라고 하자. $S^2(r)$은 중심이 원점이고 반지름이 r인 구면이다. T, N, B를 γ의 프레네-세레틀장 그리고 τ를 이 곡선의 비틀림률이라고 하자. $<\gamma, \gamma> = r^2$를 미분하면 $2<\gamma, T> = 0$이므로 $<\gamma, T> = 0$이고, 따라서 적당한 실함수 a, b가 존재하여 $\gamma = aN + bB$가 성

립한다. 양변을 미분하면 프레네-세레 공식에 의해

$$T = a'N + a(-\kappa T + \tau B) + b'B - b\tau N$$

또는

$$(-a\kappa - 1)T + (a' - b\tau)N + (a\tau + b')B = 0$$

이다. 따라서 $a\kappa + 1 = 0, a' - b\tau = 0, a\tau + b' = 0$가 성립한다. $a = -\frac{1}{\kappa}$이고 κ가 상수이므로 $a' = 0$이고 따라서 $b\tau = 0$이므로 $b = 0$ 또는 $\tau = 0$이다. $b = 0$이면 세 번째 식으로부터 $a\tau = 0$를 얻고 $\tau = 0$이다. 그러므로 γ는 구면위에 있는 평면곡선이므로 원의 일부이다.

정리 3.5.6

$U = (a, b) \times (-\pi, \pi)$로 $X : U \to R^3$를

$X(t, \theta) = (r(t)\cos\theta, r(t)\sin\theta, z(t)),\ r(t) > 0, -\pi < \theta < \pi$로 두고,

$M = X(U) \cup \{X(t, \pi) | a < t < b\}$을 단위 속력 곡선인 $(r(t), z(t))$에 의해 생성되는 회전면이라고 두자. 그러면, 다음이 성립한다.

(1) 경선은 측지선이다.

(2) 등위원 $X(t_0, \theta)$이 측지선이다. $\Leftrightarrow$ 임의의 θ에 대해 $X_1(t_0, \theta)$가 z축과 평행하다.

증명

정리 3.5.2 를 이용하기 위해, 크리스토펠 기호들을 계산하자. 크리스토펠 기호들은 정리 3.4.5의 식 $\Gamma_{ij}^l = \frac{1}{2}\sum_k g^{kl}(\frac{\partial g_{ik}}{\partial u_j} - \frac{\partial g_{ij}}{\partial u_k} + \frac{\partial g_{kj}}{\partial u_i})$으로 계산한다.

매개변수를 $u_1=t,\ u_2=\theta$로 두고 계산하자. 먼저 제1기본형식의 계수는,

$$[g_{ij}]=\begin{bmatrix}\dot{r}^2+\dot{z}^2 & 0\\ 0 & r^2\end{bmatrix}=\begin{bmatrix}1 & 0\\ 0 & r^2\end{bmatrix}$$

이다. 여기서 $\dot{}=\dfrac{d}{dt}$를 나타낸다. 이제 $[g^{kl}]=\begin{bmatrix}1 & 0\\ 0 & \dfrac{1}{r^2}\end{bmatrix}$이 된다.

$$\begin{aligned}\Gamma_{22}^1&=\frac{1}{2}g^{11}\left(\frac{\partial g_{21}}{\partial\theta}-\frac{\partial g_{22}}{\partial t}+\frac{\partial g_{12}}{\partial\theta}\right)+\frac{1}{2}g^{21}\left(\frac{\partial g_{22}}{\partial\theta}-\frac{\partial g_{22}}{\partial\theta}+\frac{\partial g_{22}}{\partial\theta}\right)\\&=\frac{1}{2}\left(0-\frac{\partial r^2}{\partial t}+0\right)+0=-r\dot{r}\end{aligned}$$

이고

$$\begin{aligned}\Gamma_{21}^2&=\frac{1}{2}g^{12}\left(\frac{\partial g_{21}}{\partial t}-\frac{\partial g_{21}}{\partial t}+\frac{\partial g_{11}}{\partial\theta}\right)+\frac{1}{2}g^{22}\left(\frac{\partial g_{22}}{\partial t}-\frac{\partial g_{21}}{\partial\theta}+\frac{\partial g_{21}}{\partial\theta}\right)\\&=0+\frac{1}{2}\cdot\frac{1}{r^2}\left(\frac{\partial r^2}{\partial t}-0+0\right)=\frac{\dot{r}}{r}\end{aligned}$$

이다. 나머지 크리스토펠 기호는 모두 0이다. 정리하면 다음과 같다.

$$\begin{aligned}&\Gamma_{11}^1=\Gamma_{12}^1=\Gamma_{21}^1=0,\ \Gamma_{22}^1=-r\dot{r},\\&\Gamma_{11}^2=0,\Gamma_{12}^2=\Gamma_{21}^2=\frac{\dot{r}}{r},\ \Gamma_{22}^2=0.\end{aligned}$$

따라서, 정리 3.5.2에 의해 단위속력곡선 $\gamma(s)=X(t(s),\theta(s))$ 이 측지선이 될 필요충분조건은 다음 미분방정식을 만족하는 것이다. $'=\dfrac{d}{ds},\ \dot{}=\dfrac{d}{dt}$로 표기한다.

$$\begin{cases} t'' - r\dot{r}(\theta')^2 = 0, \\ \theta'' + \dfrac{2\dot{r}}{r}t'\theta' = 0. \end{cases} \qquad \text{----------------- (*)}$$

또한 $\gamma(s) = X(t(s), \theta(s))$가 단위속력곡선이므로

$$1 = |\gamma'(s)|^2 = |X_1 t' + X_2\theta'|^2 = (t')^2 g_{11} + (\theta')^2 g_{22} = (t')^2 + (\theta' r)^2 \qquad \text{------ (**)}$$

이다.

(1) $\gamma(s)$가 경선인 경우는 $\gamma(s) = X(t(s),\theta(s))$, $\theta(s) = \theta_0$인데, 여기서 θ_0는 상수이다. 그러므로 $\theta' = \theta'' = 0$ 이 되어, $\gamma(s)$는 위의 미분방정식 (*)의 둘째 식을 만족한다. 또한 (**)로부터 $t' = \pm 1$이므로 $t'' = 0$이 되어 (*)의 첫째 식을 만족한다. 따라서 경선은 모두 측지선이다.

(2) $\gamma(s)$가 등위원인 경우는 $\gamma(s) = X(t(s),\theta(s))$, $t(s) = t_0$인데 여기서 t_0는 상수이다. 그러므로 $t' = t'' = 0$이 된다. 또한 (**)로부터 $\theta' \neq 0$이고 $\theta'' = 0$가 된다 (이유는 $\theta' = \pm\dfrac{1}{r(t)} = \pm\dfrac{1}{r(t_0)}$는 상수이기 때문이다). 따라서 식 (*) 로부터 $[\gamma(s)$: 측지선 $\Leftrightarrow \dot{r}(t_0) = 0]$임을 얻고, 이로부터

$$\begin{aligned} \gamma(s)\text{는 측시선 } &\Leftrightarrow \dot{r}(t_0) - 0 \\ &\Leftrightarrow \text{임의의 } \theta\text{에 대해 } X_1(t_0,\theta) \\ &\quad = (\dot{r}(t_0)\cos\theta, r(\dot{t_0})\sin\theta, \dot{z}(t_0)) = (0,0,\dot{z}(t_0)) \\ &\Leftrightarrow \text{임의의 } \theta\text{에대해 } X_1(t_0,\theta)\text{는 } z\text{축에 평행하다.} \end{aligned}$$

가 된다. ■

예 3.5.7

$U = R^2$, $X : U \to R^3$, $X(u,v) = (u, v, u^2 - v^2)$로 두고, 곡면 $M = X(U)$을 생각하자. 그리고 M위의 곡선 $\gamma(t) = (t, 0, t^2)$는 M의 측지선이 아니지만 호의 길이에

의한 재매개화는 측지선이다. 이러한 곡선을 **전측지선(Pre-geodesic)**이라고 부른다. 편의상, $' = \frac{d}{ds}$, $\dot{} = \frac{d}{dt}$로 표기하기로 하자.

$$\gamma' = \dot{\gamma}\frac{dt}{ds},\ \ \gamma'' = \ddot{\gamma}(\frac{dt}{ds})^2 + \dot{\gamma}\frac{d^2t}{ds^2}$$

이므로

$$\begin{aligned}\kappa_g &= <\boldsymbol{n}\times T, \gamma''> \\ &= <\boldsymbol{n}\times\gamma', \gamma''> \\ &= (\frac{dt}{ds})^3 <\boldsymbol{n}\times\dot{\gamma}, \ddot{\gamma}> \\ &= 0.\end{aligned}$$

이 되어 γ는 측지선이 된다. 위식의 마지막 등호가 성립하는 이유는,

$$\dot{\gamma}(t) = (1,0,2t),\ \ \ddot{\gamma}(t) = (0,0,2),\ \ \boldsymbol{n}(t) = \frac{(-2t,0,1)}{\sqrt{1+4t^2}}$$

이므로

$$<\boldsymbol{n}, \dot{\gamma}\times\ddot{\gamma}> = 0$$

이 되기 때문이다.

정리 3.5.8

M을 곡면, $p\in M$으로, $v_p \in T_pM$, $|v_p| = 1$로 두자. 그러면, 적당한 $\epsilon > 0$ 에 대하여, $\gamma(0) = p, \gamma'(0) = v_p$를 만족하는 M위의 측지선 $\gamma : (-\epsilon, \epsilon) \to M$가 유일하게 존재한다.

증명

먼저 식 $\dfrac{\partial g_{ij}}{\partial u_k}=\sum_l(g_{il}\Gamma^l_{jk}+g_{jl}\Gamma^l_{ik})$를 증명하자. 정리 3.4.5의 식

$\Gamma^l_{ij}=\dfrac{1}{2}\sum_k g^{kl}(\dfrac{\partial g_{ik}}{\partial u_j}-\dfrac{\partial g_{ij}}{\partial u_k}+\dfrac{\partial g_{kj}}{\partial u_i})$을 이용하면,

$$\begin{aligned}\sum_l g_{il}\Gamma^l_{jk} &= \frac{1}{2}[\sum_l g_{il}\sum_m g^{ml}(\frac{\partial g_{jm}}{\partial u_k}-\frac{\partial g_{jk}}{\partial u_m}+\frac{\partial g_{mk}}{\partial u_j})] \\ &= \frac{1}{2}[\sum_m(\frac{\partial g_{jm}}{\partial u_k}-\frac{\partial g_{jk}}{\partial u_m}+\frac{\partial g_{mk}}{\partial u_j})\sum_l g_{il}g^{ml}] \\ &= \frac{1}{2}[\sum_m(\frac{\partial g_{jm}}{\partial u_k}-\frac{\partial g_{jk}}{\partial u_m}+\frac{\partial g_{mk}}{\partial u_j})\delta_{im} \\ &= \frac{1}{2}(\frac{\partial g_{ji}}{\partial u_k}-\frac{\partial g_{jk}}{\partial u_i}+\frac{\partial g_{ik}}{\partial u_j})\end{aligned}$$

이 된다. 따라서

$$(*)\qquad \begin{aligned}\sum_l(g_{il}\Gamma^l_{jk}+g_{jl}\Gamma^l_{ik}) &= \sum_l g_{il}\Gamma^l_{jk}+\sum_l g_{jl}\Gamma^l_{ik} \\ &= \frac{1}{2}[(\frac{\partial g_{ji}}{\partial u_k}-\frac{\partial g_{jk}}{\partial u_i}+\frac{\partial g_{ik}}{\partial u_j})+(\frac{\partial g_{ij}}{\partial u_k}-\frac{\partial g_{ik}}{\partial u_j}+\frac{\partial g_{jk}}{\partial u_i})] \\ &= \frac{\partial g_{ij}}{\partial u_k}\end{aligned}$$

이 된다.

$X:U\to M$을 $p=X(0,0)\in X(U)$인 M의 좌표조각이라고 하고,

$v_p=\sum_i v_iX_i(0,0)$라고 두자. 그러면, 정리 3.5.2의 미분방정식의 해가 존재하게 되는데, 이를 자세히 언급하면, 다음과 같다.

> 임의의 $k\in\{1,2\}$에 대해, $\gamma_k(0)=0$ 그리고 $\dfrac{d\gamma_k}{ds}(0)=v_k$가 초기조건인 미분
>
> 방정식 $k\in\{1,2\}$, $\dfrac{d^2\gamma_k}{ds^2}+\sum_{i,j}\Gamma^k_{ij}\dfrac{d\gamma_i}{ds}\dfrac{d\gamma_j}{ds}=0$은 적당한 $\epsilon>0$에 대하여, 유일

한 해 $\gamma_1, \gamma_2 : (-\epsilon, \epsilon) \to U$를 갖는다.

이의 증명은 아래의 미분 방정식의 해의 존재정리를 이용한다. 위의 미분방정식에서 $u_1 = \gamma_1, u_2 = \gamma_2, u_3 = \gamma_1{}', u_4 = \gamma_2{}'$로 두면, 주어진 2계 미분방정식은 초기조건이 $u_1(0) = u_2(0) = 0, u_3(0) = v_1, u_4(0) = v_2$인 1계 미분방정식

$$\frac{du_k}{ds} = F_k(u_1, u_2, u_3, u_4)\ (k = 1,2,3,4)$$

으로 변형되고, 다음의 정리에 의해 증명된다.

미분방정식의 해의 존재와 유일성 정리

$U(\subset R^4)$를 R^4의 점 (a_1, a_2, a_3, a_4)의 열린 근방이라고 하고, $F_k : U \to R\ (k=1,2,3,4)$을 연속인 도함수를 갖는 함수라고 두자. 그러면, $u_k(0) = a_k\ (k=1,2,3,4)$이 초기조건인 미분방정식 $\dfrac{du_k}{ds} = F_k(u_1, u_2, u_3, u_4)$ $(k=1,2,3,4)$은 적당한 $\epsilon > 0$에 대하여, 유일한 해 $u_k : (-\epsilon, \epsilon) \to R\ (k=1,2,3,4)$를 갖는다.

(이는 미분방정식의 해의 존재와 유일성 정리로 참고문헌 [2] S.Lang의 Analysis I을 참조하라.)

이제, $\gamma(s) = X(\gamma_1(s), \gamma_2(s)),\ s \in (-\epsilon, \epsilon)$로 두자. 그러면

$$\gamma(0) = X(\gamma_1(0), \gamma_2(0)) = X(0,0) = p$$

이고

$$\gamma'(0) = X_1(0,0)\gamma_1{}'(0) + X_2(0,0)\gamma_2{}'(0) = \sum_i v_i X_i(0,0) = v_p$$

이다. γ가 단위속력곡선임을 보이기만 하면, 정리 3.5.2에 의해, $\gamma : (-\epsilon, \epsilon) \to M$ 는 $\gamma(0) = p, \gamma'(0) = v_p$를 만족하는 M의 측지선이 된다.

γ가 단위 속력 곡선임을 보이기 위해,

$$\begin{aligned} h(s) &= <\gamma'(s), \gamma'(s)> \\ &= <X_1\gamma_1{}' + X_2\gamma_2{}', X_1\gamma_1{}' + X_2\gamma_2{}'> \\ &= \sum_{i,j} g_{ij}\gamma_i{}'\gamma_j{}' \end{aligned}$$

으로 두자. 이제 [임의의 s에 대해, $h'(s) = 0$]임을 보이면 된다.

$$\begin{aligned} h'(s) &= \sum_{i,j}(g_{ij}(\gamma_1(s), \gamma_2(s))\gamma_i{}'(s)\gamma_j{}'(s))' \\ &= \sum_{i,j}[(\sum_k \frac{\partial g_{ij}}{\partial u_k}\gamma_k{}')\gamma_i{}'\gamma_j{}' + g_{ij}(\gamma_i{}''\gamma_j{}' + \gamma_j{}''\gamma_i{}')] \\ &= \sum_{i,j}[(\sum_{k,l}(g_{il}\Gamma_{jk}^l + g_{jl}\Gamma_{ik}^l)\gamma_k{}')\gamma_i{}'\gamma_j{}' + g_{ij}(\gamma_i{}''\gamma_j{}' + \gamma_j{}''\gamma_i{}')] \\ &= \sum_{i,j}(\sum_{k,l} g_{il}\Gamma_{jk}^l\gamma_k{}'\gamma_i{}'\gamma_j{}' + g_{ij}\gamma_i{}''\gamma_j{}') + \sum_{i,j}(\sum_{k,l} g_{jl}\Gamma_{ik}^l\gamma_k{}'\gamma_i{}'\gamma_j{}' + g_{ij}\gamma_j{}''\gamma_i{}') \\ &= \sum_{i,l} g_{il}\gamma_i{}'(\gamma_l{}'' + \sum_{j,k}\Gamma_{jk}^l\gamma_k{}'\gamma_j{}') + \sum_{j,l} g_{jl}\gamma_j{}'(\gamma_l{}'' + \sum_{i,k}\Gamma_{ik}^l\gamma_k{}'\gamma_i{}') \\ &= 0 \end{aligned}$$

이 된다. 여기서 두 번째 등식은 (*)를 이용하였다. 따라서, h는 상수함수, $h(0) = 1$로부터 γ는 단위속력곡선이다. 이로써 정리의 증명이 끝났다. ■

정리 3.5.9

M을 곡면, $p, q \in M$으로 두자. γ는 M위의 단위속력곡선이라고 하자. γ가 p와 q를 잇는 M위의 곡선 중 그 길이가 가장 짧은 곡선이라면, γ는 M위의 측지선이다.

증명

(1) $\gamma : [a,b] \to M$, $\gamma(a)=p$, $\gamma(b)=q$을 p와 q를 잇는 M위의 곡선 중 길이가 가장 짧은 곡선이라고 두자. γ가 측지선임을 보이기 위해서는,

$$[\forall s \in [a,b],\ \kappa_g(s)=0]$$

임을 증명하면 된다. $\kappa_g(s_0) \neq 0$인 $s_0 \in [a,b]$가 존재한다고 가정하자.
그러면, κ_g는 연속함수이므로 적당한 $[c,d], c<d$가 존재하여
$[\forall s \in [c,d],\ \kappa_g(s) \neq 0]$이다. γ가 p와 q를 잇는 M위의 곡선으로 그 길이가 가장 짧은 곡선이므로, 그 일부인 $\gamma_{|[c,d]}$도 $\gamma(c), \gamma(d)$를 잇는 M위의 곡선 중 그 길이가 가장 짧은 곡선이 된다.

(2) $\gamma([c,d]) \subset X(U)$를 만족하는 좌표조각 $X : U \to M$이 존재한다고 가정해도 무방하다. 그리고, $(\gamma_1, \gamma_2) = X^{-1} \circ \gamma$로 두자.

$$\lambda : [c,d] \to R,\ \lambda(s) = (s-c)(d-s)\kappa_g(s)$$

로 정의하면

$$\lambda(s)(\boldsymbol{n} \times T) = \sum_i v_i(s) X_i(\gamma_1(s), \gamma_2(s))$$

로 표현 할 수 있다. $v_i : [c,d] \to R$은 미분가능 함수이다. 적당한 $\epsilon > 0$에 대하여,

$$\alpha : [c,d] \times (-\epsilon, \epsilon) \to M,\ \alpha(s,t) = X(\gamma_1(s) + tv_1(s), \gamma_2(s) + tv_2(s))$$

로 정의하자. (사실, α를 정의할 수 있는 $\epsilon > 0$의 존재성을 보여야 하나 이는 각자 생각해 보자.) 그리고, 임의의 $t \in (-\epsilon, \epsilon)$에 대하여,

$$\alpha_t : [c,d] \to M,\ \alpha_t(s) = \alpha(s,t)$$

로 정의하면, α_t는 $\gamma(c)$ 와 $\gamma(d)$를 잇는 M의 곡선이고, $\alpha_0 = \gamma$이다.

또한 $\dfrac{\partial \alpha}{\partial t}(s,0) = \sum_i v_i(s) X_i(\gamma_1(s), \gamma_2(s)) = \lambda(s)(\boldsymbol{n} \times T)$가 된다.

(3) α_t의 길이를 $L(t)$로 두면, $L(t) = \displaystyle\int_c^d < \frac{\partial \alpha}{\partial s}, \frac{\partial \alpha}{\partial s} >^{\frac{1}{2}} ds$이므로,

$$\begin{aligned} L'(t) &= \frac{d}{dt} \int_c^d < \frac{\partial \alpha}{\partial s}, \frac{\partial \alpha}{\partial s} >^{\frac{1}{2}} ds \\ &= \int_c^d \frac{\partial}{\partial t} < \frac{\partial \alpha}{\partial s}, \frac{\partial \alpha}{\partial s} >^{\frac{1}{2}} ds \\ &= \int_c^d \frac{< \dfrac{\partial^2 \alpha}{\partial t \partial s}, \dfrac{\partial \alpha}{\partial s} >}{< \dfrac{\partial \alpha}{\partial s}, \dfrac{\partial \alpha}{\partial s} >^{\frac{1}{2}}} ds \end{aligned}$$

이 된다. 따라서

$$\begin{aligned} L'(0) &= \int_c^d < \frac{\partial^2 \alpha}{\partial t \partial s}, \frac{\partial \alpha}{\partial s} > |_{t=0}\ ds \\ &= \int_c^d \left(\frac{\partial}{\partial s} < \frac{\partial \alpha}{\partial t}, \frac{\partial \alpha}{\partial s} > |_{t=0} - < \frac{\partial \alpha}{\partial t}, \frac{\partial^2 \alpha}{\partial s^2} > |_{t=0} \right) ds \\ &= [< \frac{\partial \alpha}{\partial t}(s,0), \frac{\partial \alpha}{\partial s}(s,0) >]_c^d - \int_c^d < \frac{\partial \alpha}{\partial t}(s,0), \frac{\partial^2 \alpha}{\partial s^2}(s,0) > ds \end{aligned}$$

이다. 그런데

$$\frac{\partial \alpha}{\partial t}(s,0) = \lambda(s)(\boldsymbol{n} \times T) \text{이고, } \frac{\partial^2 \alpha}{\partial s^2}(s,0) = \gamma''(s) = \kappa_g(\boldsymbol{n} \times T) + \kappa_n \boldsymbol{n}$$

이므로

$$\begin{aligned} L'(0) &= -\int_c^d < \frac{\partial \alpha}{\partial t}(s,0), \frac{\partial^2 \alpha}{\partial s^2}(s,0) > ds \\ &= -\int_c^d < \lambda(s)(\boldsymbol{n} \times T), \kappa_g(s)(\boldsymbol{n} \times T) + \kappa_n(s)\boldsymbol{n} > ds \\ &= -\int_c^d \lambda(s)\kappa_g(s) ds \\ &< 0 \end{aligned}$$

이 되는데, 이는 $\gamma([c,d])$가 $\gamma(c), \gamma(d)$를 잇는 M위의 곡선으로 그 길이가 가장 짧은 곡선이 된다는 (1)의 사실에 모순된다. (그 이유는 $L(0)$가 함수 $L(t)$의 최솟값이므로 $L'(0)=0$가 되어야 한다.) 이로써 증명이 끝났다. ■

구면 S^2와 그 위의 두 점 $p=(0,0,1)$, $q=(0,0,-1)$을 잇는 가장 짧은 길이를 갖는 곡선(따 라서, 측지선)은 무수히 많이 존재한다. 즉, 일반적으로 두 점을 잇는 가장 짧은 길이를 갖는 곡선(또는, 측지선)은 (비록 존재한다 하더라도) 유일하지는 않음을 알 수 있다. 어떤 경우의 곡면은 두 점을 잇는 가장 짧은 길이를 갖는 곡선(따라서, 측지선)이 없을수도 있다. 예컨대, $M=R^2-\{(0,0)\}$로 두고, $p=(-1,-1)$, $q=(2,2)$로 두면, 두 점 p, q를 잇는 가장 짧은 길이를 갖는 곡선이 없다. 또한, 위의 정리 3.5.9의 역은 일반적으로 성립하지 않는다. 다음 예제를 참조하자.

예 3.5.10

구면 S^2와 $p \neq \pm q$인 두 점 $p,q \in S^2$를 생각해 보자. 그러면, p, q를 포함하는 유일한 대원이 존재하고, 이 대원은 측지선이다. 이 측지선은 p와 q를 잇는 두 곡선분의 합으로 이루어져 있는데 그 중 하나는 p와 q를 잇는 선분 중 길이가 가장 짧은 곡선이고, 나머지 하나는 그렇지 않음을 알 수 있다.

| 연습문제 3-5 |

1. 곡면위의 직선은 측지선임을 보여라.

2. 구면위의 임의의 측지선은 대원의 일부분임을 보여라.

3. 곡선 γ는 곡면 M과 평면 Π와의 교집합 $\gamma = \Pi \cap M$이다. 여기서, 평면 Π는 곡선 γ를 따라서 동일한 평면 $\Pi = span\{\gamma'(t), \boldsymbol{n}(t)\}$이다. 가령, 구면위의 대원은 이 조건을 만족한다. 이 때, 곡선 γ를 **법절단(Normal Section)**이라 한다. 곡면의 법 절단은 측지선임을 보여라.

4. 한 잎 쌍곡면 $M = \left\{(x,y,z) \in R^3 | \frac{x^2}{a^2} + \frac{y^2}{b^2} - \frac{z^2}{c^2} = 1\right\}$

   위의 점 $(a,0,0)$를 지나는 4개의 서로 다른 측지선을 찾아라.

5. 원주면위의 측지선들을 정리 3.5.2의 (측지)미분방정식을 풀어서 구하여라.

제6절 평행벡터장(Parallel Vector Fields)

유클리드평면에서는 접벡터 v_p에 대해 같은 벡터부분 v만 유지함으로써 한 점에서의 접벡터를 다른 임의의 점 q에 평행한 접벡터 v_q로 옮길 수 있다. 그러나 일반적인 곡면에서서는 이러한 "원거리 평행성(distant parallelism)"이란 현상은 기대할 수 없다. 그러나 곡면위의 곡선을 따라서 정의된 벡터장의 평행성은 항상 정의할 수 있는데 이 절에서는 이러한 평행벡터장을 정의하고 존재성과 관련하여 몇 가지 예를 들고자 한다.

정의 3.6.1

$\gamma:(a,b)\to M$를 곡면 M위의 미분가능인 곡선이라고 하자.

각각의 $t\in(a,b)$에 대하여, 벡터 $V(t)\in T_{\gamma(t)}M$를 대응시키는 벡터함수 V를 **γ를 따르는 벡터장(Vector Field along γ)**이라고 한다.

예 3.6.2

γ를 곡면 M위의 단위속력곡선이라고 하자. 이 때 $T(s)$는 γ를 따르는 (단위)벡터장이 되는데, 이 벡터장을 γ의 접벡터장(Tangent Vector Field)이라고 한다. 또한, $Im\gamma\subset X(U)$인 M의 좌표조각 $X:U\to M$가 존재한다고 가정하자. 그러면, 또 다른 γ를 따르는 고유법벡터장 $(\boldsymbol{n}\times T)(s)$을 생각할 수 있다.

$\{T(s),(\boldsymbol{n}\times T)(s)\}$은 $T_{\gamma(s)}M$의 정규직교기저이므로, γ를 따르는 임의의 벡터장 $V(s)$는

$$V(s)=a(s)T(s)+b(s)(\boldsymbol{n}\times T)(s)$$

로 표현된다.

정의 3.6.3

$\gamma:(a,b)\to M$를 곡면 M위의 미분가능인 곡선이라고 하고, V를 γ를 따르는 벡터장이라고 하자. $V:(a,b)\to R^3$이 미분가능할 때, 벡터장 V를 **미분가능한 벡터장**이라고 한다.

$V(s)=a(s)T(s)+b(s)(\boldsymbol{n}\times T)(s)$로 표현된 γ를 따르는 벡터장 $V(s)$가 미분가능일 필요충분조건은 a,b가 미분가능일 때이다.

정의 3.6.4

$\gamma : (a,b) \to M$를 곡면 M위의 미분가능인 곡선이라고 하자.

V는 γ를 따르는 미분가능한 벡터장이라고 하자. 만일 임의의 $t \in (a,b)$에 대하여, $\frac{dV}{dt}$이 $T_{\gamma(t)}M$에 수직일 때, V를 γ를 따르는 **평행벡터장(Parallel Vector Field)**이라고 한다.

예 3.6.5

(1) (평면에서의 평행벡터장) P를 R^3의 $xy-$평면이라고 두고 P위의 곡선을 $\alpha(t) = (x(t), y(t), 0)$라고 하자. $V(t) = (V_1(t), V_2(t), 0)$는 곡선 α를 따르는 P의 벡터장이라고 하자. 그러면,

$$[V: \text{평행벡터장} \Leftrightarrow \frac{dV}{dt} \perp T_{\alpha(t)}P \Leftrightarrow \frac{dV}{dt}\text{와 } (0,0,1)\text{은 평행하다.}]$$

이 되는데, $\frac{dV}{dt} = (V_1'(t), V_2'(t), 0)$이므로 $V_1'(t) = 0 = V_2'(t)$이다.

그러므로 V가 평행벡터장이 될 필요충분조건은 V_1, V_2가 상수일 때이다. 즉, V는 상수벡터이다.

(2) 구면 S^2위의 곡선 $\gamma(t) = (\cos t, \sin t, 0)$를 따르는 벡터장 $V(t) = (0,0,1)$은 평행벡터장이다.

(3) 구면 S^2위의 곡선 $\gamma(t) = (\frac{1}{\sqrt{2}}\cos t, \frac{1}{\sqrt{2}}\sin t, \frac{1}{\sqrt{2}})$를 따르는 벡터장

$$W(t) = (\boldsymbol{n} \times T)(t) = (-\frac{1}{\sqrt{2}}\cos t, -\frac{1}{\sqrt{2}}\sin t, \frac{1}{\sqrt{2}})$$

은 평행벡터장이 아니다. 그 이유는 $\frac{dW}{dt}=(\frac{1}{\sqrt{2}}\sin t,-\frac{1}{\sqrt{2}}\cos t,0)$는 법벡터장 $\gamma(t)=(\frac{1}{\sqrt{2}}\cos t,\frac{1}{\sqrt{2}}\sin t,\frac{1}{\sqrt{2}})$와 평행이 아니기 때문이다.

정리 3.6.6

곡면 M의 좌표조각 $X : U \to M$이라 하고, $\gamma(t) = X(\gamma_1(t),\gamma_2(t))$를 $Im\gamma \subset X(U)$인 M위의 정칙곡선으로 두자. γ를 따르는 미분가능한 벡터장 $V(t)=\sum_i v_i(t)X_i(\gamma_1(t),\gamma_2(t))$에 대하여, 다음 명제 (1), (2)는 서로 동치이다.

(1) $V(t)$는 평행벡터장이다.

(2) $\frac{dv_k}{dt}+\sum_{i,j}\Gamma_{ij}^k v_i\frac{d\gamma_j}{dt}=0\ (k=1,2)$.

증명

$\frac{dV}{dt}=\sum_i\frac{dv_i}{dt}X_i+\sum_{i,j}v_iX_{ij}\frac{d\gamma_j}{dt}$ 이므로,

[$V(t)$가 평행벡터장이다.

$\Leftrightarrow$ 임의의 $l\in\{1,2\}$, $<\frac{dV}{dt},X_l> =0$

$\Leftrightarrow$ 임의의 $l\in\{1,2\}$, $\sum_i\frac{dv_i}{dt}g_{il}+\sum_{i,j}<X_{ij},X_l>v_i\frac{d\gamma_j}{dt}=0$]

이다.

(1) $\Rightarrow$ (2) : $V(t)$를 평행벡터장이라고 하자. 그러면,

$$[\text{임의의 } l\in\{1,2\},\ \sum_i\frac{dv_i}{dt}g_{il}+\sum_{i,j}<X_{ij},X_l>v_i\frac{d\gamma_j}{dt}=0]$$

이므로

$$\text{임의의 } k \in \{1,2\},\ 0 = \sum_l \left(\sum_i \frac{dv_i}{dt} g_{il} + \sum_{i,j} < X_{ij}, X_l > v_i \frac{d\gamma_j}{dt} \right) g^{lk}$$
$$= \frac{dv_k}{dt} + \sum_{i,j} \Gamma_{ij}^k v_i \frac{d\gamma_j}{dt}$$

이 된다.

(2) $\Rightarrow$ (1) : $\dfrac{dv_k}{ds} + \sum_{i,j} \Gamma_{ij}^k v_i \dfrac{d\gamma_j}{ds} = 0\ (k=1,2)$이라고 가정하자. 그러면,

$$\text{임의의 } l \in \{1,2\},\ 0 = \sum_k \left(\frac{dv_k}{dt} + \sum_{i,j} \Gamma_{ij}^k v_i \frac{d\gamma_j}{dt} \right) g_{kl}$$
$$= \sum_i \frac{dv_i}{dt} g_{il} + \sum_{i,j} \left(\sum_k \Gamma_{ij}^k g_{kl} \right) v_i \frac{d\gamma_j}{dt}$$

이 된다. 여기서,

$$\sum_k \Gamma_{ij}^k g_{kl} = \sum_k \left(\sum_m < X_{ij}, X_m > g^{mk} \right) g_{kl} = < X_{ij}, X_l >$$

이므로, $[\ \forall l \in \{1,2\},\ \sum_i \dfrac{dv_i}{dt} g_{il} + \sum_{i,j} < X_{ij}, X_l > v_i \dfrac{d\gamma_j}{dt} = 0]$이 되어, $V(t)$는 평행벡터장이다. ■

(2)의 식이 Γ_{ij}^k, γ에만 의존하므로, "평행벡터장"은 곡면의 **본질적인 개념**이다.

정리 3.6.7

$\gamma : (a,b) \to M$를 곡면 M위의 정칙곡선이라고 두고, $V_0 \in T_{\gamma(t_0)}M$로 두자. 그러면, $V(t_0) = V_0$인 γ를 따르는 평행벡터장 V가 유일하게 존재한다.

증명

(1) 곡선 γ의 상이 하나의 좌표조각 안에 있을 경우, 즉 $\gamma(a,b) \subset X(U)$인 경우 : $\gamma(t) = X(\gamma_1(t), \gamma_2(t))$로 두고, $V_0 = \sum_i v_i^0 X_i(\gamma_1(t_0), \gamma_2(t_0))$로 두자.

그러면 선형미분방정식

$$\frac{dv_k}{dt} + \sum_{i,j} \Gamma_{ij}^k v_i \frac{d\gamma_j}{dt} = 0, \ v_k(t_0) = v_k^0 \ (k = 1,2)$$

의 유일한 해 $v_1, v_2 : (a,b) \to R$이 존재한다(미분방정식의 해의 존재정리 참조). 이 때,

$$V(t) = \sum_i v_i(t) X_i(\gamma_1(t), \gamma_2(t)), t \in (a,b)$$

로 정의하면 정리 3.6.6 에 의해 $V(t)$는 $V(t_0) = V_0$인 γ를 따르는 유일한 평행벡터장이 된다.

(2) 그렇지 않은 경우 : $t \in (a,b)$를 임의로 선택하자.
$t = t_0$이면 $V(t) = V_0$로 정의하자. 먼저 $t > t_0$인 경우에 평행벡터장 $V(s), s \in [t_0, t]$가 유일하게 존재함을 보이자. ($t < t_0$인 경우에도 같은 방법으로 할 수 있다.) 이를 위해 다음 도움정리가 필요하다.

도움정리 3.6.8

임의의 $k = 1,2,\cdots,n$에 대해 좌표조각 $X^k : U^k \to M$, $\gamma([s_{k-1}, s_k]) \subset X^k(U^k)$를 만족하는 $[t_0, t]$의 분할 $t_0 = s_0 < s_1 < \cdots < s_n = t$이 존재한다.

이 도움정리의 증명은 $[t_0, t]$의 위상적 성질인 컴팩트 집합임을 사용하면 되는데,

각자 해보기 바란다. 이제 (1)의 결과에 의해, $V_1(t_0)=V_0$ 인 $\gamma_{|[t_0,s_1]}$를 따르는 평행벡터장 $V_1(s), s\in[t_0,s_1]$이 유일하게 존재한다. 다시 (1)의 결과에 의해, $V_2(s_1)=V_1(s_1)$인 $\gamma_{|[s_1,s_2]}$를 따르는 평행벡터장 $V_2(s), s\in[s_1,s_2]$이 유일하게 존재한다.

이런 과정을 계속하면, $V(t_0)=V_0$인 $\gamma_{|[t_0,t]}$를 따르는 평행벡터장 $V(s), s\in[t_0,t]$이 유일하게 존재하게 되고, $t\in(a,b)$가 임의로 선택되었으므로, $V(t_0)=V_0$인 γ를 따르는 평행벡터장 $V(s), s\in(a,b)$이 유일하게 존재하게 된다. ■

정의 3.6.9

$\gamma:(a,b)\to M$를 곡면 M 위의 정칙곡선이라고 두고, $V_0\in T_{\gamma(t_0)}M$로 두자. $V(t_0)=V_0$인 γ를 따르는 평행벡터장 $V(t)$를 V_0의 γ를 따르는 (곡면 M 에서의) **평행이동(Parallel Translation)**이라고 한다.

예제 3.6.10

$M=S^2$로 두고 S^2의 한 좌표조각

$X:(0,\pi)\times(-\pi,\pi)\to S^2, X(\phi,\theta)=(\sin\phi\cos\theta, \sin\phi\sin\theta, \cos\phi)$을 생각하자.
(이 좌표조각을 **지리적 좌표계(Geographical Coordinates)**라고 한다.) S^2위의 등위원 $\gamma:(-\pi,\pi)\to S^2$, $\gamma(t)=X(\phi_0,t)$ (ϕ_0 는 상수)을 따르는 $V_0=X_1(\phi_0,0)$의 평행이동 $V(t)$를 구하여 보자.

[풀이]

$V(t)=\sum_i v_i(t)X_i(\gamma_1(t),\gamma_2(t))$로 두고, 정리 3.6.6 의 (2)를 이용하여 v_1, v_2를 구하여, $V(t)$를 계산하자. 먼저, $(\gamma_1(t),\gamma_2(t))=X^{-1}(\gamma(t))=(\phi_0,t)$이다.

$V_0=X_1(\phi_0,0)=V(0)$이므로 $v_1(0)=1, v_2(0)=0$이 된다. 이제 크리스토펠 기호들을 구하자.

$$[g_{ij}] = \begin{bmatrix} 1 & 0 \\ 0 & \sin^2\phi \end{bmatrix}, [g^{kl}] = \begin{bmatrix} 1 & 0 \\ 0 & \csc^2\phi \end{bmatrix}$$

임을 이용하여 정리 3.4.5의 식

$$\Gamma_{ij}^{l} = \frac{1}{2}\sum_{k} g^{kl}\left(\frac{\partial g_{ik}}{\partial u_j} - \frac{\partial g_{ij}}{\partial u_k} + \frac{\partial g_{kj}}{\partial u_i}\right), (u_1, u_2) = (\phi, t)$$

으로부터 크리스토펠 기호들을 직접 계산하면 다음을 얻는다.

$$\begin{aligned} &\Gamma_{11}^{1} = \Gamma_{12}^{1} = \Gamma_{21}^{1} = \Gamma_{11}^{2} = \Gamma_{22}^{2} = 0, \\ &\Gamma_{12}^{2} = \Gamma_{21}^{2} = \cot\phi, \\ &\Gamma_{22}^{1} = -\sin\phi\cos\phi. \end{aligned}$$

정리 3.6.6(2)로부터, 다음의 미분방정식을 얻는다.

$$\begin{cases} \dfrac{dv_1}{dt} - \sin\phi_0\cos\phi_0 v_2 = 0, \\ \dfrac{dv_2}{dt} + \cot\phi_0 v_1 = 0, \qquad v_1(0) = 1, v_2(0) = 0. \end{cases}$$

이 미분방정식을 풀면,

$$v_1 = \cos((\cos\phi_0)t), v_2 = -\frac{\sin((\cos\phi_0)t)}{\sin\phi_0}$$

가 된다. 따라서

$$V(t) = \cos((\cos\phi_0)t)X_1 - \frac{\sin((\cos\phi_0)t)}{\sin\phi_0}X_2$$

이 된다. 유클리드공간에서는 폐곡선을 따라서 접벡터가 평행이동을 하면 동일한 벡터가 얻어지지만 일반적인 곡면에서는 항상 이러한 현상이 나타나지는 않는다.

좌표조각 $X : (0,\pi)\times(-\pi,\pi)\to S^2, X(\phi,\theta)=(\sin\phi\cos\theta, \sin\phi\sin\theta, \cos\phi)$를 매개화 $X : (0,\pi)\times[-\pi,\pi]\to S^2, X(\phi,\theta)=(\sin\phi\cos\theta, \sin\phi\sin\theta, \cos\phi)$로 확장하면 등위원 $\gamma : (-\pi,\pi)\to S^2,\ \gamma(t)=X(\phi_0,t)$는

폐곡선 $\gamma : (-\pi,\pi)\to S^2,\ \gamma(t)=X(\phi_0,t)$ 으로 확장된다.

접벡터 $V(-\pi)$와 $V(\pi)$가 정규직교법벡터

$X_1(\phi_0,-\pi)(=X_1(\phi_0,\pi)),\ -\dfrac{1}{\sin\phi_0}X_2(\phi_0,-\pi)(=-\dfrac{1}{\sin\phi_0}X_2(\phi_0,\pi))$와 이루는 각을 보면 $-\pi\cos\phi_0$에서 $\pi\cos\phi_0$로 $2\pi\cos\phi_0$만큼 증가하였음을 볼 수 있다. 이러한 변화각을 **홀로노미(Holonomy)각**이라고 한다.

정리 3.6.11

γ를 곡면 M위의 정칙곡선이라고 두고, $V(t), W(t)$이 γ를 따르는 평행벡터장이라고 하자. 그러면 다음이 성립한다.

(1) $< V(t), W(t) >$는 상수이다.

(2) $V(t)$와 $W(t)$가 이루는 각 $\measuredangle(V(t), W(t))$는 상수이다.

증명

(1) $f(t)=< V(t), W(t) >$로 두자.

그러면, $f'(t)=< \dfrac{dV}{dt}, W>+< V, \dfrac{dW}{dt}> =0$ 이므로 $f(t)=< V(t), W(t) >$는 상수이다.

(2) $< V(t), W(t) > =|V(t)||W(t)|\cos\theta(t)$이 상수이고, $|V(t)|$와 $|W(t)|$도 상수이

므로, $\measuredangle(V(t), W(t)) = \theta(t)$도 상수이다.

정리 3.6.12

γ를 곡면 M위의 정칙곡선이라고 두자. 그러면 다음 (1)과 (2)는 동치이다.

(1) $\dfrac{d\gamma}{dt}$이 γ를 따르는 평행벡터장이다.

(2) $\dfrac{dt}{ds}$가 상수이고, $\gamma(t(s))$가 측지선이다.(s는 호의 길이이다.)

증명

$\dfrac{d^2\gamma}{ds^2} = \dfrac{d}{ds}(\dfrac{d\gamma}{ds}) = \dfrac{d}{ds}(\dfrac{d\gamma}{dt}\dfrac{dt}{ds}) = \dfrac{d^2\gamma}{dt^2}(\dfrac{dt}{ds})^2 + \dfrac{d\gamma}{dt}(\dfrac{d^2t}{ds^2})$를 기억하자.

(1) $\Rightarrow$ (2) : $\dfrac{d\gamma}{dt}$이 γ를 따르는 평행벡터장이므로, $|\dfrac{d\gamma}{dt}|$는 상수이다. 그러므로 $\dfrac{dt}{ds} = \dfrac{1}{\frac{ds}{dt}} = \dfrac{1}{|\frac{d\gamma}{dt}|}$도 상수이다. 따라서, $\dfrac{d^2\gamma}{ds^2} = \dfrac{d^2\gamma}{dt^2}(\dfrac{dt}{ds})^2$이고, $\dfrac{d^2\gamma}{dt^2} \perp M$이므로, $\dfrac{d^2\gamma}{ds^2} \perp M$이 된다. 따라서 단위속력곡선 $\gamma(t(s))$는 측지선이다.

(2) $\Rightarrow$ (1) : 위의 증명과정에서 $\dfrac{d^2\gamma}{ds^2} \perp M$ 이면 $\dfrac{d^2\gamma}{dt^2} \perp M$ 이므로, $\dfrac{d\gamma}{dt}$은 γ를 따르는 평행벡터장이다. ■

예 3.6.13

$M=S^2$로 두고, N, S를 각각 S^2의 북극점, 남극점이라고 하자.

(1) α를 N, S를 잇는 경선으로, β를 S, N을 잇는 또 다른 경선으로 두자. V_0를 북극 N에서의 경선 α의 단위접벡터라고 하자. 북극 N에서 α, β가 이루는 각을 θ라고 두면 α를 따른 남극 S까지의 V_0의 평행이동을 V_1, 다시 β를 따르는 북극 N까지의 V_1의 평행이동을 V_2로 두면 두 벡터가 이루는 각은 $\measuredangle(V_0, V_2)=2\theta$이 되고, 이 값은 두 경선 α, β로 이루어진 도형의 면적이 된다.

(2) 적도상의 서로 다른 두 점 P, Q를 잡고 N에서 P까지의 경선을 α, P에서 Q까지의 적도를 β로, Q에서 N까지의 경선을 γ로 두자. 그리고, N에서 두 곡선 α와 γ가 이루는 각을 θ로 두자. 그러면, 임의의 벡터 $V_0 \in T_N S^2$를 α, β, γ를 따라 순서대로 평행이동한 벡터를 $V_1 \in T_N S^2$로 두면, $\measuredangle(V_0, V_1)=\theta$가 되는데, 이 값은 세 곡선 α, β, γ로 이루어진 도형의 면적과 같다.

| 연습문제 3-6 |

1. 단위속력곡선 γ를 따르는 고유 법 벡터장 $\boldsymbol{n}\times T$가 평행일 필요충분조건은 γ가 측지선이 되는 것이다.

2. 곡면 M위의 단위속력곡선 γ의 주 법선 벡터 N에 대하여 $V:=N-<N,\boldsymbol{n}>\boldsymbol{n}$이라 두면 다음 명제는 서로 동치임을 보여라.
   (1) $V=0$.
   (2) γ는 측지선이다.
   (3) V는 γ를 따르는 평행벡터장이다.

04 국소 곡면이론 II(Local Surface Theory II)

3장에서는 곡면위에 두 종류의 곡률, 즉 법곡률과 측지곡률을 정의하였다. 측지곡률은 곡면위의 곡선이 어떻게 굽어있는지를 측정하고 법곡률은 곡면이 R^3에서 어느 정도 굽어있는지를 알려 준다. 이번 장에서는 곡면의 또 다른 곡률개념을 정의하고자 한다. 즉, 곡면에 수직인 벡터가 어떻게 변화하는지를 측정하는 개념이다. 이것은 2장에서 곡선의 종법선 벡터 B의 변화율(접촉평면의 변화율)을 측정하기위하여 B'을 계산한 것과 같은 맥락이다. 4-1절에서는 제2기본형식과 와인가르텐(Weingarten)사상을 정의한다. 4-2절에서는 와인가르텐사상을 이용하여 곡면의 주곡률, 가우스곡률 그리고 평균곡률을 정의하고 의미를 알아본다. 4-3절에서는 가우스의 놀라운 정리와 곡면의 기본정리에 대하여 살펴본다. 4-4절과 4-5절에서는 각각 거리를 보존하는 등거리사상, 각을 보존하는 등각사상에 대하여 알아본다. 4-6절에서는 회전면들 중 가우스곡률이 상수인 곡면들을 분류한다.

제1절 제2기본형식과 와인가르텐사상 (Second Fundamental Forms and Weingarten Maps)

3-5절에서는 측지곡률에 관련된 개념들을 알아보았다. 이 절에서는 법곡률의 기하학적 의미 즉, 곡면위의 곡선의 단위접벡터 방향으로 곡면이 얼마나 굽어져있는가를 알아본다(정리 4.7.3). 한편, 곡면을 곡선의 모임이 아닌 곡면 그 자체로 보고 한 점에서 곡면의 형태를 알아보기 위해서 와인가르텐사상 L을 도입하고자 한다. 다음 절에서는 이 사상 L이 곡면위의 한 점의 접평면에서 정의되는 선형사상으로 그의 고윳값이 국소적으로 곡면의 형태가 어떠한지 알려 줄 것이다.

M이 곡면이고, $X: U \to M$이 좌표조각이라고 두자. γ가 $X(U) \subset M$위의 단위속력곡선이면 다음이 성립함을 알고 있다.

$$(1)\ \gamma'' = \kappa_n \boldsymbol{n} + \kappa_g (\boldsymbol{n} \times T),$$

$$(2)\ X_{ij} = L_{ij} \boldsymbol{n} + \sum_k \Gamma_{ij}^k X_k.$$

여기서, $L_{ij} = < X_{ij}, \boldsymbol{n} >$, $\Gamma_{ij}^k = \sum_l < X_{ij}, X_l > g^{lk}$이다.

정의 4.1.1

M을 곡면으로 두자. 임의의 $p \in M$와 p근방의 좌표조각 X에 대하여,

$$I\!I_p : T_pM \times T_pM \to R,\ I\!I_p(V, W) = \sum_{i,j} L_{ij} v_i w_j$$

(단, $V = \sum_i v_i X_i$, $W = \sum_j w_j X_j$)로 정의된 함수 $I\!I$를 곡면 M의 **제2기본형식 (Second Fundamental Forms)**이라고 한다.

$I\!I_p(V, W) = \sum_{i,j} L_{ij} v_i w_j = \begin{bmatrix} v_1 & v_2 \end{bmatrix} \begin{bmatrix} L_{11} & L_{12} \\ L_{21} & L_{22} \end{bmatrix} \begin{bmatrix} w_1 \\ w_2 \end{bmatrix}$ 이다. $I\!I_p$는 좌표조각의 선택에 거의 무관함을 문제 4.1.5를 통하여 알 수 있다. 즉, 점 p에서의 두 개의 좌표조각을 $Y(v_1, v_2)$, $X(u_1, u_2)$라고 하고, 이들의 좌표변환함수를 $f(v_1, v_2) = (u_1, u_2)$라 두면

$$L_{ij} = \pm \sum \overline{L}_{\alpha\beta} \frac{\partial v^\alpha}{\partial u^i} \frac{\partial v^\beta}{\partial u^j}$$

이다. 여기서 부호는 야코비행렬식 $\det(J(f))$의 부호를 따른다. $\overline{I\!I}$를 좌표조각 Y에 관한 제2기본형식이라 두면

$$\overline{I\!I}(V, W) = \sum \overline{L}_{\alpha\beta} \overline{v}_\alpha \overline{w}_\beta = \pm \sum L_{ij} v_i v_j = \pm I\!I(V, W)$$

이다. 즉, 제2기본형식은 좌표선택에 의해서 부호 정도 차이가 생길 수 있다.

정리 4.1.2 | $I\!I_p$는 대칭인 쌍선형사상(Symmetric Bilinear Map)이다.

증명

$L_{ij}=L_{ji}$이므로 $I\!I$는 대칭이다. 쌍선형성은 각자 해보자. ■

정리 4.1.3

M이 곡면, $p \in M$, $v_p \in T_pM$, $|v_p|=1$로 두고, X를 p의 좌표조각으로 두자. $\gamma : (-\epsilon,\epsilon) \to M$가 $\gamma(0)=p, \gamma'(0)=v_p$인 단위속력곡선이라고 하자.

이 때, 다음이 성립한다.

(1) γ의 p에서의 법곡률 $\kappa_n(p)$는, $\kappa_n(p)=I\!I(v_p,v_p)$이다.

(2) p에서 단위법벡터 $\boldsymbol{n_p}$와 v_p에 의해 만들어지는 평면이 곡면과 만나는 곡선을 $\bar{\gamma}$라고 하면, $\kappa(p)=|\kappa_n(p)|$이다. (이 때, $\kappa(p)$ 는 p에서 곡선 $\bar{\gamma}$의 곡률이다.)

증명

(1) 정리 3.4.4에 의해,

$$\kappa_n(p)=\sum_{i,j}L_{ij}(p)\gamma_i'(0)\gamma_j'(0)=I\!I_p(\gamma'(0),\gamma'(0))=I\!I_p(v_p,v_p)\text{이다.}$$

(2) 곡선 $\bar{\gamma}$가 단위속력곡선이리고 가정해도 무방하다. (1)에 의해, $\bar{\gamma}$의 p에서의 법곡률 $\overline{\kappa_n}(p)$는, $\overline{\kappa_n}(p)=I\!I(v_p,v_p)=\kappa_n(p)$이다. 곡선 $\bar{\gamma}$가 $\boldsymbol{n_p}$와 v_p에 의해 만들어지는 평면에 있고, v_p가 $\bar{\gamma}$의 p에서 접벡터이므로, $\bar{\gamma}$의 주법선벡터 $N(p)$는 $N(p)//P$이고 $N(p)\perp v_p$이 된다. 따라서

$$N(p) = \pm\boldsymbol{n}(p)$$

이다. 이로부터

$$\kappa(p) = <\bar{\gamma}''(p), N(p)> \ = \pm <\bar{\gamma}''(p), \boldsymbol{n}(p)> \ = \pm \overline{\kappa_n}(p)$$

을 얻는다. 따라서 $\kappa(p) = |\kappa_n(p)|$ 임을 알 수 있다. ■

위의 정리의 (1)에서, 법곡률은 곡면과 단위접벡터 v_p에만 의존함을 알 수 있다. 또한, 정리의 (2)로부터, $p \in M$에서 $v_p \in T_pM$방향으로 법곡률은 p에서 v_p방향으로 곡면 M이 휘어진 정도를 의미함을 알 수 있다.

정의 4.1.4

G를 곡면 M의 열린집합이라고 하고, $f : G \rightarrow R$로 두자.

(1) 함수 f가 다음을 만족할 때, f는 $p(\in G)$에서 **미분가능하다**고 한다.

$\alpha(0) = p$인 임의의 G위의 미분가능한 곡선 α에 대하여 $\dfrac{d(f \circ \alpha)}{dt}(0)$이 존재한다.

(2) 임의의 $p \in G$에 대하여, f가 p에서 미분가능할 때, f가 G에서 **미분가능하다**고 한다.

정의 4.1.5

G를 곡면 M의 열린집합이라고 하고, $f : G \rightarrow R$가 미분가능하다고 하자.

$p \in G$와 $v_p \in T_pM$에 대하여, $\alpha(0) = p, \alpha'(0) = v_p$인 G 위의 곡선 α를 선택하자.

이 때, $\dfrac{d(f \circ \alpha)}{dt}(0)$를 p에서 v방향으로 f의 **방향도함수**라고 하고,

$\dfrac{d(f \circ \alpha)}{dt}(0) = v_p[f]$로 나타낸다.

예 4.1.6

$M = S^2, p = (0,0,1), v_p = (0,1,0)$로 두고, $f(x,y,z) = x^2 + yz$로 두자.

$$\alpha(t) = (0, \sin t, \cos t)$$

로 두면, α는 S^2위의 곡선으로, $\alpha(0) = p, \alpha'(0) = v_p$이다. 따라서 p에서 v방향으로 f의 방향도함수 $v_p[f]$는

$$\begin{aligned} v_p[f] &= \frac{d(f \circ \alpha)}{dt}(0) \\ &= f_x(p)\alpha_1'(0) + f_y(p)\alpha_2'(0) + f_z(p)\alpha_3'(0) \\ &= 1 \end{aligned}$$

이다.

> **정리 4.1.7**
>
> $X : U \to M$을 $p = X(0,0) \in X(U)$인 곡면 M의 좌표조각이라고 하고, $v_p = \sum_i v_i X_i(0,0) \in T_pM$로 두자. 또한, $f : G \to R$ ($G(\subset M)$는 p의 적당한 근방)가 미분가능한 함수라고 하자. 이 때, 다음이 성립한다.
>
> $$v_p[f] = \sum_i v_i \frac{\partial(f \circ X)}{\partial u_i}(0,0) = \sum_i v_i X_i(p)[f]$$

증명

$\alpha(0) = p, \alpha'(0) = v_p$인 G 위의 곡선 α를 선택하자. 그리고, $\alpha(t) = X(\alpha_1(t), \alpha_2(t))$로 두자. 그러면,

$$
\begin{aligned}
v_p[f] &= \frac{d(f \circ \alpha)}{dt}(0) \\
&= \frac{d}{dt}\bigg|_{t=0} (f \circ X)(\alpha_1(t), \alpha_2(t)) \\
&= \sum_i \frac{\partial(f \circ X)}{\partial u_i}(0,0)\alpha_i'(0) \\
&= \sum_i v_i \frac{\partial(f \circ X)}{\partial u_i}(0,0) \\
&= \sum_i v_i X_i(p)[f]
\end{aligned}
$$

이다. ■

위 정리는 방향도함수가 곡선의 선택에는 무관함을 알려주고 있다. 실제로 위의 식을 잘살펴보면 $v_p[f]$의 값은 점 p에서 접벡터 v_p의 성분에만 의존함을 알 수 있다.

따름정리 4.1.8

G를 곡면 M의 열린집합이라 하고, $p \in G$, $v_p, w_p \in T_pM$로 두자. 임의의 미분가능한 함수 $f : G \to R$에 대하여, 다음이 성립한다.

$(v_p + w_p)[f] = v_p[f] + w_p[f]$, $(rv_p)[f] = rv_p[f]$. 단, r은 실수이다.

증명

도함수의 선형성을 이용하면 쉽게 보일 수 있다. ■

G가 곡면 M의 열린집합이고, $p \in G$로, $v_p \in T_pM$로 두자.

$\boldsymbol{f} : G \to R^3, \boldsymbol{f} = (f_1, f_2, f_3)$이 미분가능한 함수 일 때,

$$v_p[\boldsymbol{f}] = (v_p[f_1], v_p[f_2], v_p[f_3])$$

로 나타내자.

벡터 함수 $\boldsymbol{f} : G \to R^3, \boldsymbol{f}=(f_1,f_2,f_3)$는 G 위에서의 벡터장으로 생각할 수 있고, 따라서 $v_p[\boldsymbol{f}]=(v_p[f_1], v_p[f_2], v_p[f_3])$는 벡터장 $\boldsymbol{f}$의 v_p방향으로의 방향도함수가 된다. 왜냐하면, α가 $\alpha(0)=p, \alpha'(0)=v_p$인 곡면 M의 곡선이면,

$$\begin{aligned} v_p[\boldsymbol{f}] &= (v_p[f_1], v_p[f_2], v_p[f_3]) \\ &= ((f_1 \circ \alpha)'(0), (f_2 \circ \alpha)'(0), (f_3 \circ \alpha)'(0)) \\ &= (\boldsymbol{f} \circ \alpha)'(0) \end{aligned}$$

이 되기 때문이다.

한 좌표조각에서 정의되는 단위법선벡터 $\boldsymbol{n}$에 대한 방향도함수를 생각하여보자.

정의 4.1.9

M을 곡면이라고 하자. 임의의 $p \in M$에 대하여,
$L_p : T_pM \to R^3, L_p(v_p)=-v_p[\boldsymbol{n}]$로 정의된 함수 $L=\{L_p\}$을 **와인가르텐사상 (Weingarten Map)**이라고 한다.

정리 4.1.10

(1) L_p는 T_pM에서 T_pM으로 가는 선형사상이다.

(2) L의 좌표표현을 $L(X_k)=\sum_l L_k^l X_l$로 두면, $L_k^l=\sum_i L_{ik}\, g^{il}$이다.

(즉, $\begin{bmatrix} L(X_1) \\ L(X_2) \end{bmatrix} = \begin{bmatrix} L_{11} & L_{12} \\ L_{21} & L_{22} \end{bmatrix} \begin{bmatrix} g^{11} & g^{12} \\ g^{21} & g^{22} \end{bmatrix} \begin{bmatrix} X_1 \\ X_2 \end{bmatrix}$ 이다.)

증명

(1) 따름정리 4.1.8 로부터 L_p가 선형사상임을 알 수 있다. 즉, $L_p(v_p+w_p)=L_p(v_p)+L_p(w_p)$, $L_p(rv_p)=rL(v_p)$이다. X 를 $X(0,0)=p$좌표조각으로 두자. $Im L_p \subset T_pM$ 를 보이기 위해서는 $L_p(X_i)\in T_pM$임을 보이면 충분하다. α를 $\alpha(0)=p$인 u_i-곡선으로 두자. 그러면, $\alpha'(0)=X_i(0,0)$이다.

$$L_p(X_i(0,0)) = -X_i(0,0)[\boldsymbol{n}] = -(\boldsymbol{n}\circ\alpha)'(0) = -\frac{\partial \boldsymbol{n}}{\partial u_i}(0,0)$$

이 된다. 그런데, $<\boldsymbol{n},\boldsymbol{n}> = 1$이므로

$$0=\frac{\partial}{\partial u_i}<\boldsymbol{n},\boldsymbol{n}> = 2<\frac{\partial \boldsymbol{n}}{\partial u_i},\boldsymbol{n}>$$

이 되어 $\dfrac{\partial \boldsymbol{n}}{\partial u_i}\in T_pM$이 된다. 따라서,

$$L_p(X_i(0,0)) = -\frac{\partial \boldsymbol{n}}{\partial u_i}(0,0)\in T_pM$$

이다.

(2) $<\boldsymbol{n},X_i> = 0$이므로

$$\begin{aligned}0=\frac{\partial}{\partial u_k}<\boldsymbol{n},X_i> &= <\frac{\partial \boldsymbol{n}}{\partial u_k},X_i>+<\boldsymbol{n},X_{ki}> \\ &= -<L(X_k),X_i>+<\boldsymbol{n},L_{ki}\boldsymbol{n}+\sum_l \Gamma^l_{ki}X_l> \\ &= L_{ki}-\sum_l L^l_k\, g_{li}\end{aligned}$$

이 되어, $L_{ki} = \sum_l L_k^l g_{li}$이다. 즉,

$$\begin{bmatrix} L_{11} & L_{12} \\ L_{21} & L_{22} \end{bmatrix} = \begin{bmatrix} L_1^1 & L_1^2 \\ L_2^1 & L_2^2 \end{bmatrix} \begin{bmatrix} g_{11} & g_{12} \\ g_{21} & g_{22} \end{bmatrix}$$

이다. 따라서

$$\begin{bmatrix} L(X_1) \\ L(X_2) \end{bmatrix} = \begin{bmatrix} L_1^1 & L_1^2 \\ L_2^1 & L_2^2 \end{bmatrix} \begin{bmatrix} X_1 \\ X_2 \end{bmatrix} = \begin{bmatrix} L_{11} & L_{12} \\ L_{21} & L_{22} \end{bmatrix} \begin{bmatrix} g^{11} & g^{12} \\ g^{21} & g^{22} \end{bmatrix} \begin{bmatrix} X_1 \\ X_2 \end{bmatrix}$$

임을 알 수 있다. ■

위의 증명과정에서,

(1) $L_p(X_i) = -\dfrac{\partial \boldsymbol{n}}{\partial u_i}(p) \in T_pM$ 임을 알 수 있는데, 벡터장 $\dfrac{\partial \boldsymbol{n}}{\partial u_i}$을 $\dfrac{\partial \boldsymbol{n}}{\partial u_i} = \boldsymbol{n}_i$로 표기하기로 하자.

(2) $\begin{bmatrix} L_{11} & L_{12} \\ L_{21} & L_{22} \end{bmatrix} = \begin{bmatrix} L_1^1 & L_1^2 \\ L_2^1 & L_2^2 \end{bmatrix} \begin{bmatrix} g_{11} & g_{12} \\ g_{21} & g_{22} \end{bmatrix}$ 임을 알 수 있다.

예 4.1.11

(1) M이 평면이면 $L \equiv 0$이다.

(2) $M = S^2$로 두고, $\boldsymbol{n} = (x,y,z)$, $(x,y,z) \in S^2$로 두자. $v_p \in T_pS^2$에 대하여, α를 S^2위의 곡선으로 $\alpha(0) = p, \alpha'(0) = v_p$이라고 하자. 그러면

$$(\boldsymbol{n} \circ \alpha)(t) = \alpha(t)$$

이므로

$$\begin{aligned} L_p(v_p) &= -v_p[\boldsymbol{n}] \\ &= -(\boldsymbol{n} \circ \alpha)'(0) \\ &= -\alpha'(0) \\ &= -v_p \end{aligned}$$

이 되어, $L_p = -id$임을 알 수 있다.

정리 4.1.12

L_p는 자기수반(Self Adjoint) 선형사상이다.

즉, $\forall v_p, w_p \in T_pM$, $< L_p(v_p), w_p > = I\!I_p(v_p, w_p) = < v_p, L_p(w_p) >$이다.

증명

(1) 임의의 $i, j = 1,2$에 대하여,

$< L_p(X_j), X_i > = -< \boldsymbol{n}_j, X_i > = < X_{ij}, \boldsymbol{n} > = L_{ij} = I\!I_p(X_i, X_j)$이고,

$I\!I_p$가 대칭이므로,

$$< L_p(X_j), X_i > = I\!I_p(X_i, X_j) = < X_j, L_p(X_i) >$$

임을 알 수 있다.

(2) 일반적인 경우는 L_p, $< \ , \ >$, $I\!I_p$의 (쌍) 선형성을 이용하면 쉽게 증명할 수 있다.

■

| 연습문제 4.1 |

1. R^3상의 벡터장 V, W에 대하여 $V[f] = W[f]$가 임의의 미분가능함수 f에 대하여 성립하면, $V = W$임을 보여라.

2. 다음 타원포물면에 대하여 제2기본형식의 계수행렬 (L_{ij})를 구하여라.

$$X(u_1, u_2) = (u_1, u_2, u_1^2 + u_2^2)$$

3. 원환면 $X(t,\theta) = ((2+\cos t)\cos\theta, (2+\cos t)\sin\theta, \sin t))$의 와인가르텐사상 L을 구하여라.

4. 예제 3.3.3의 회전면에 대한 행렬 (L_i^j)를 구하고 위의 문항의 결과와 비교하여 보아라.

5. 좌표조각 $Y(v_1, v_2)$가 좌표조각 $X(u_1, u_2)$의 좌표변환함수 $f(v_1, v_2) = (u_1, u_2)$에 의한 재매개화라 하자. 이 때,

$$\begin{bmatrix} \overline{L}_{11} & \overline{L}_{12} \\ \overline{L}_{21} & \overline{L}_{22} \end{bmatrix} = \pm J(f)^T \begin{bmatrix} L_{11} & L_{12} \\ L_{21} & L_{22} \end{bmatrix} J(f)$$

임을 보여라. 여기서 부호는 야코비행렬식 $\det(J(f))$의 부호에 따른다.

제2절 주곡률, 가우스 곡률, 평균곡률

(Principal Curvatures, Gaussian Curvatures and Mean Curvatures)

곡면 M이 점 $p \in M$의 근방에서 접평면 T_pM을 얼마나 빠르게 벗어나는가를 측정함으로써 곡면의 휘어지는 정도를 알 수 있는데 이것은 점 $p \in M$의 근방에서 정의되는 단위법선벡터 $\boldsymbol{n}$의 변화율을 측정하는 것과 같은 개념이다. 이 변화율은 자기수반인 와인가르텐사상 L에 의해서 주어진다. 더욱이 점 $p \in M$의 근방에서의 곡면의 국소적인 많은 성질들이 L의 고윳값들에 의해서 표현됨을 알 수 있다.

도움정리 4.2.1

M을 곡면으로, $p \in M$로 두자. 그러면, 와인가르텐 사상 L_p는 두 개의 실수인 고윳값(중근 포함)을 갖는다.

증명

M의 점 p에서의 접공간 T_pM의 하나의 정규직교기저 $\{v_p, w_p\}$를 생각하면 $\{v_p, w_p\}$에 의한 L_p의 표현행렬은 대칭행렬(정리 4.1.12에 의해 L_p는 자기수반 선형사상이다.)이므로 이 표현행렬을 $L = \begin{bmatrix} a & b \\ b & c \end{bmatrix}$로 두면 특성방정식

$$0 = \det(L - tI) = \det\begin{bmatrix} a-t & b \\ b & c-t \end{bmatrix} = t^2 - (a+c)t + ac - b^2$$

는 판별식 $D = (a+c)^2 - 4(ac-b^2) = (a-c)^2 + 4b^2 \geq 0$이므로, 두 개의 실수인 해(중근 포함)를 갖는다. 따라서 L_p는 두 개의 실수인 고윳값(중근 포함)을 갖는다. ■

위의 증명에서 L_p가 중근인 고윳값 κ를 갖는 경우는 $a = c, b = 0$인 경우이므로, $L_p = \kappa\, id$임을 알 수 있다.

정리 4.2.2

M을 곡면으로, $p \in M$로 두고, $\kappa_1, \kappa_2\,(\kappa_2 \leq \kappa_1)$는 L_p의 고윳값이라고 하자. 이 때, 다음 조건을 만족하는 T_pM의 정규직교 기저 $\{v_p, w_p\}$가 존재한다.

(1) v_p, w_p는 L_p의 고유벡터이다.

(2) $\kappa_n(p)$은 v_p, w_p방향으로 각각 최댓값 κ_1, 최솟값 κ_2을 갖는다.

증명

점 $p \in M$에서의 법곡률 κ_n은 단위접벡터에 의존한다는 사실에 주목하자.

(1) 먼저, L_p의 고유벡터로 이루어진 T_pM의 정규직교기저 $\{v_p, w_p\}$가 존재함을 보이자. 두 가지 경우로 나누어 생각하자.

(i) $\kappa_2 < \kappa_1$인 경우 :

v_p, w_p를 단위벡터로 각각 고윳값 κ_1, κ_2에 대한 L_p의 고유벡터로 두자.

$\kappa_1 < v_p, w_p > \; = \; < L_p(v_p), w_p > \; = \; < v_p, L_p(w_p) > \; = \kappa_2 < v_p, w_p >$

이므로, $< v_p, w_p > \; = 0$이 되어 $\{v_p, w_p\}$이 T_pM 의 정규직교기저임을 알 수 있다.

(ii) $\kappa_2 = \kappa_1 (= \kappa)$인 경우 : $L_p = \kappa \, id$이므로, T_pM 의 모든 벡터가 고윳값 κ에 대한 L_p의 고유벡터이고, 따라서 L_p의 고유벡터로 이루어진 T_pM 의 정규직교기저 $\{v_p, w_p\}$이 존재한다.

(2) $x_p \in T_pM$, $|x_p| = 1$에 대하여, $\kappa_2 \le \kappa_n(x_p) \le \kappa_1$임을 보이자. $\{v_p, w_p\}$이 T_pM의 정규직교기저이고, $|x_p| = 1$이므로,

$$x_p = v_p \cos\theta + w_p \sin\theta$$

로 표현할 수 있다.

$\kappa_n(x_p) = \; < L_p(x_p), x_p > \; = \kappa_1 \cos^2\theta + \kappa_2 \sin^2\theta = \kappa_1 - (\kappa_1 - \kappa_2)\sin^2\theta$이므로, κ_n은 $x_p = v_p$일 때, 최댓값 κ_1, $x_p = w_p$일 때, 최솟값 κ_2를 갖는다. ■

정의 4.2.3

M을 곡면으로, $p \in M$로 두자.

(1) L_p의 고윳값들을 p에서 M의 **주곡률(Principal Curvatures)**이라고 한다.

(2) 이 때, 고유벡터의 방향을 p에서 M의 **주곡률 방향(Principal Directions)**이라고 한다.

따름정리 4.2.4 | 오일러(Euler)

M은 곡면, $p \in M$로 두고, κ_1, κ_2를 p에서 M의 주곡률이라고 하자. v_p가 κ_1의 주곡률 방향이고, $x_p \in T_pM, |x_p| = 1$로 두자. 만일 $\measuredangle(v_p, x_p) = \theta$이면, $\kappa_n(x_p) = \kappa_1 \cos^2\theta + \kappa_2 \sin^2\theta$이다.

증명

연습문제로 남긴다. ■

정의 4.2.5

M은 곡면, $p \in M$이고 κ_1, κ_2를 p에서 M의 주곡률이라고 하자. $\kappa_1 = \kappa_2$ 일 때, 점 p를 M의 **배꼽점(Umbilic Point)**이라고 한다.

예를 들면 평면의 점은 모두 배꼽점이며, 구면의 점도 모두 배꼽점이다.

정의 4.2.6

$\gamma(t)$를 곡면 M상의 곡선이라고 하자. 임의의 t에 대하여, $\gamma'(t)$가 주곡률 방향일 때, 곡선 γ를 **주곡률선(Line of Curvatures)**이라고 한다.

정의 4.2.7

M을 곡면, $p \in M$로 두고, κ_1, κ_2를 p에서 M의 주곡률이라고 하자.

(1) 주곡률들의 곱 $\kappa_1\kappa_2$를 p에서 **가우스곡률(Gaussian Curvature)**이라고 하고, $K(p)$(또는, K)로 표기한다. 즉, $K(p)=\kappa_1\kappa_2$이다.

(2) 주곡률들의 평균 $\frac{1}{2}(\kappa_1+\kappa_2)$를 p에서 M의 **평균곡률(Mean Curvature)**이라고 하고, $H(p)$(또는, H)로 표기한다. 즉, $H(p)=\frac{1}{2}(\kappa_1+\kappa_2)$이다.

곡면 M의 점 p에서의 와인가르텐사상 L_p의 두 고유벡터로 이루어진 T_pM의 기저 $\alpha=\{v_p, w_p\}$와 p점을 포함하는 좌표조각 $X: U \to M$에 의한 점 p에서의 T_pM의 기저 $\beta=\{X_1, X_2\}$에 대해 L_p의 표현행렬들은 각각

(1) $[L_p]_\alpha^\alpha=\begin{bmatrix}\kappa_1 & 0\\ 0 & \kappa_2\end{bmatrix}$, $[L_p]_\beta^\beta=\begin{bmatrix}L_{11} & L_{12}\\ L_{21} & L_{22}\end{bmatrix}\begin{bmatrix}g^{11} & g^{12}\\ g^{21} & g^{22}\end{bmatrix}$이고 정리 1.1.19에 의해 $[L_p]_\beta^\beta=[id]_\alpha^\beta[L_p]_\alpha^\alpha[id]_\beta^\alpha$이므로

(2) $\det([L_p]_\alpha^\alpha)=\det([L_p]_\beta^\beta)$, $\quad tr([L_p]_\alpha^\alpha)=tr([L_p]_\beta^\beta)$이다.

(3) $K(p)=\kappa_1\kappa_2=\det([L_p]_\alpha^\alpha)$, $H(p)=\frac{1}{2}(\kappa_1+\kappa_2)=\frac{1}{2}tr([L_p]_\alpha^\alpha)$이다.

그러므로 (1), (2), (3)에 의해

$$K(p)=\det([L_p]_\beta^\beta)=\det\left(\begin{bmatrix}L_{11} & L_{12}\\ L_{21} & L_{22}\end{bmatrix}\begin{bmatrix}g^{11} & g^{12}\\ g^{21} & g^{22}\end{bmatrix}\right)=\frac{L_{11}L_{22}-L_{12}^2}{g_{11}g_{22}-g_{12}^2}$$

이고

$$H(p) = \frac{1}{2} tr([L_p]_\beta^\beta) = \frac{L_{11}g_{22} - 2L_{12}g_{12} + L_{22}g_{11}}{2(g_{11}g_{22} - g_{12}^2)}$$

로 나타나는데 이는 가우스곡률과 평균곡률을 제1기본형과 제 2기본형의 계수들로표현한 식으로 실제 계산에 있어서는 이 식들이 자주 활용된다. 좌표조각의 선택에 따라 곡면의 단위법선벡터는 $\boldsymbol{n}$ 또는 $-\boldsymbol{n}$이 되는데 이 선택에 따라 와인가르텐사상도 부호가 바뀌고 따라서 주곡률의 부호도 바뀐다. 그러나 가우스곡률은 이 선택에 대해 불변이다. 그러나 평균곡률의 부호는 바뀐다.

정의 4.2.8

M을 곡면, $p \in M$, $\kappa_1(p), \kappa_2(p)$ 그리고 $K(p)$를 각각 p에서 M의 주곡률들 그리고 가우스 곡률이라고 하자.

(1) $K(p) > 0$일 때, p를 **타원점(Elliptic Point)**이라고 한다.

(2) $K(p) < 0$일 때, p를 **쌍곡점(Hyperbolic Point)**이라고 한다.

(3) $\kappa_1(p), \kappa_2(p)$ 중 하나만 0이면, p를 **포물점(Parabolic Point)**이라고 한다.

(4) $\kappa_1(p), \kappa_2(p)$ 모두 0이면, p를 **평면점(Planar Point)**이라고 한다.

정리 4.1.3에 의하면 주어진 곡면 M위의 한 점 p에서 단위접벡터 x_p에 대한 법곡률 $\kappa_{\boldsymbol{n}}(x_p)$의 절대값 $|\kappa_{\boldsymbol{n}}(x_p)|$는 단위법선벡터 $\boldsymbol{n_p}$와 x_p의 법절단곡선의 곡률과 같다. $\kappa_{\boldsymbol{n}}(x_p)$의 부호는 법절단곡선이 $\boldsymbol{n_p}$ 방향으로 굽어있는지 반대방향으로 굽어있는지를 나타낸다. 가우스곡률의 부호가 양수이면 즉 $K(p) = \kappa_1\kappa_2 > 0$이면 κ_1과 κ_2의 부호가 같으므로 이 점에서 모든 법곡률의 부호가 일정하다는 것을 나타내므로 모든 법절단이 굽어 있는 방향이 일정하다.

즉, 이 점의 근방이 타원면과 닮아 있다는 것을 알 수 있다. 반면에 $K(p) < 0$이면 κ_1과 κ_2의 부호가 다르므로 이 점 근방의 법절단곡선들은 방향에 따라 굽어 있는 방향이 달라질 수 있으므로 이러한 점의 근방은 쌍곡면과 닮아 있을 것이다. 또 $\kappa_1(p) > 0$이고 $\kappa_2(p) = 0$이면 이 점의 근방이 포물주면(parabolical cylinder)과 닮았다는 것과 $\kappa_1(p)=\kappa_2(p)=0$이면 이 점의 근방이 평면과 닮았다는 것을 유추할 수 있다. 그러므로 가우스곡률의 부호는 그 점의 근방에서 곡면의 형태를 설명함을 알 수 있다.

예 4.2.9

(1) $U\subset R^2$를 열린집합, 미분가능한 함수 $f: U\to R, z=f(x,y)$에 의해서 주어지는 단순곡면 $X: U\to R^3, X(u_1,u_2)=(u_1, u_2, f(u_1,u_2))$의 가우스 곡률을 구해보자. $X_1=(1,0,f_1), X_2=(0,1,f_2)$이므로,

$$[g_{ij}]=\begin{bmatrix}1+f_1^2 & f_1f_2\\ f_1f_2 & 1+f_2^2\end{bmatrix}$$

이다. 또한, $X_{11}=(0,0,f_{11}), X_{12}=(0,0,f_{12}), X_{22}=(0,0,f_{22})$이고,

$$\boldsymbol{n}=\frac{X_1\times X_2}{|X_1\times X_2|}=\frac{1}{\sqrt{1+f_1^2+f_2^2}}(f_1,-f_2,-1)$$

이므로

$$[L_{ij}]=[< X_{ij},\boldsymbol{n} >]=\frac{-1}{\sqrt{1+f_1^2+f_2^2}}\begin{bmatrix}f_{11} & f_{12}\\ f_{12} & f_{22}\end{bmatrix}$$

이다. 따라서

$$K=\frac{L_{11}L_{22}-L_{12}^2}{g_{11}g_{22}-g_{12}^2}=\frac{f_{11}f_{22}-f_{12}^2}{(1+f_1^2+f_2^2)^2}$$

이다.

(2) $z=x^2+y^2$로 두면, $K=\dfrac{f_{11}f_{22}-f_{12}^2}{(1+f_1^2+f_2^2)^2}=\dfrac{4}{(1+4x^2+4y^2)^2}>0$이다.

$z=x^2-y^2$로 두면, $K=\dfrac{f_{11}f_{22}-f_{12}^2}{(1+f_1^2+f_2^2)^2}=\dfrac{-4}{(1+4x^2+4y^2)^2}<0$이다.

(3) 주면(cylinder) $X(u_1,u_2)=(x_1(u_1),x_2(u_1),u_2)$에 대해 $X_{12}=X_{22}=(0,0,0)$ 이므로 $L_{12}=L_{22}=0$이고, 따라서 가우스곡률 $K=\dfrac{L_{11}L_{22}-L_{12}^2}{g_{11}g_{22}-g_{12}^2}=0$이다.

$X_2=(0,0,1)$방향의 법절단은 직선 $(0,0,u_2)$이고, 따라서 법곡률이 0이다. 이것은 주곡률들 중 하나이므로 주면위의 점들은 포물점이 아니면 평면점이다.

(4) 원환면 $X(t,\theta)=((R+r\cos t)\cos\theta,(R+r\cos t)\sin\theta,r\sin t)$는 양, 음, 0 각각의 값을 가우스 곡률로 갖는 점들이 있다.

$X_t=(-r\sin t\cos\theta,-r\sin t\sin\theta,r\cos t)$,

$X_\theta=(-(R+r\cos t)\sin\theta,(R+r\cos t)\cos\theta,0)$

이므로 $g_{11}=r^2,g_{12}=0,g_{22}=(R+r\cos t)^2$이고,

$\boldsymbol{n}=\dfrac{X_t\times X_\theta}{|X_t\times X_\theta|}=(-\cos t\cos\theta,-\cos t\sin\theta,\sin t)$이다.

$X_{tt}=(-r\cos t\cos\theta,-r\cos t\sin\theta,-r\sin t),X_{t\theta}=(r\sin t\sin\theta,-r\sin t\cos\theta,0)$

$X_{\theta\theta}=(-(R+r\cos t)\cos\theta,-(R+r\cos t)\sin\theta,0)$이므로

$L_{11}=r,L_{12}=0,L_{22}=(R+r\cos t)\cos t$이다. 그러므로

$K=\dfrac{\cos t}{r(R+r\cos t)}$이다.

원환면의 바깥부분($-\dfrac{\pi}{2}<t<\dfrac{\pi}{2}$)에서는 $K>0$이고 원환면의 안쪽부분

($-\pi<t<-\dfrac{\pi}{2},\dfrac{\pi}{2}<t<\pi$)에서는 $K<0$이고, 또 경계선($t=\pm\dfrac{\pi}{2}$)에서는 $K=0$이다.

다음 정리에서는 곡면의 가우스사상의 면적과 곡면의 면적의 관계로서 가우스곡률의 의미를 설명하고 있다.

정의 4.2.10

곡면 M의 점 $p \in M$의 좌표조각 $X : U \rightarrow M,\ p \in X(U)$을 생각하자. 유계인 닫힌영역 $S \subset X(U)$의 면적 $A(S)$는

$$A(S) = \iint_{X^{-1}(S)} < X_1 \times X_2, \boldsymbol{n} > du_1 du_2,$$

와 같이 주어진다. 여기서 $< X_1 \times X_2, \boldsymbol{n} >= \sqrt{g}$ 이고 $\sqrt{g}\, du_1 du_2$는 면적소이다.

함수 $\boldsymbol{\nu} : S \subset M \rightarrow S^2 \subset R^3, p \mapsto \boldsymbol{n}(X^{-1}(p))$를 S의 **가우스사상(Gauss map)** 이라 한다. ($\boldsymbol{n}$을 $S \subset X(U)$상의 벡터장으로 보면 가우스 사상 $\boldsymbol{\nu}$와 동일시 할 수 있다.)

$Im(\boldsymbol{\nu}) = \boldsymbol{n}(X^{-1}(S))$임을 고려하면

$$A(\boldsymbol{\nu}(S)) = \iint_{X^{-1}(S)} < \boldsymbol{n}_1 \times \boldsymbol{n}_2, \boldsymbol{n} > du_1 du_2$$

이다. 여기서 $A(\boldsymbol{\nu}(S))$는 부호가 있는 면적(Signed Area)이고 가우스 사상 $\boldsymbol{\nu}$의 방향에 의해 결정된다.

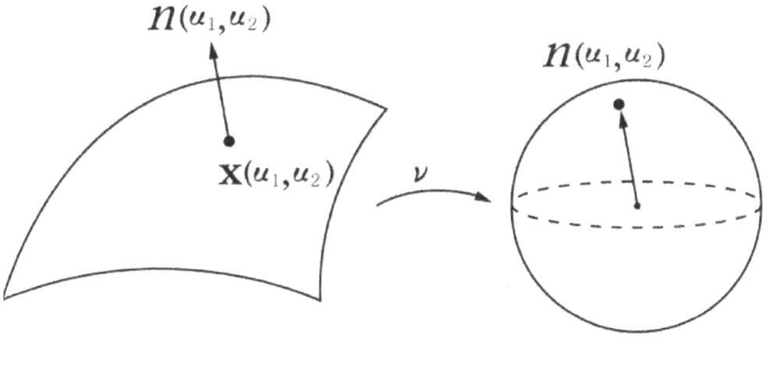

그림 4-2-1

정리 4.2.11

M을 곡면, $p \in M$로 두고, $K(p)$를 p에서 M의 가우스곡률이라고 하자. 이 때, 다음이 성립한다.

$$K(p) = \lim_{S \to p} \frac{A(\boldsymbol{\nu}(S))}{A(S)}.$$

단, S는 p를 포함하는 $X(U)$의 유계인 닫힌영역이다.

$K(p) = \lim_{S \to p} \frac{A(\boldsymbol{\nu}(S))}{A(S)}$에서의 극한은 영역 S가 연속적으로 점 p로 줄어듦을 의미한다. 엄밀히 말하면, 임의의 $\epsilon > 0$에 대하여, 적당한 자연수 N이 존재하여 다음을 만족한다.

$$n \ge N, S \subset X(B(X^{-1}(p), \frac{1}{n}) \Rightarrow \left| \frac{A(\boldsymbol{n}(S))}{A(S)} - K(p) \right| < \epsilon$$

이다. 이 때, $B(X^{-1}(p), \frac{1}{n})(\subset R^2)$는 중심이 $X^{-1}(p)$, 반지름이 $\frac{1}{n}$인 열린원판이다.

증명

$\boldsymbol{n}_1 \times \boldsymbol{n}_2 = K(X_1 \times X_2)$이므로, 다변수 함수에 대한 적분의 평균값 정리 (참고문헌 [11]의 연습문제7.2.9 또는 이 책의 연습문제 4.2.3 참조)에 의해

$$\begin{aligned} A(\boldsymbol{\nu}(S)) &= \iint_{X^{-1}(S)} < \boldsymbol{n}_1 \times \boldsymbol{n}_2, \boldsymbol{n} > du_1 du_2 \\ &= \iint_{X^{-1}(S)} K < X_1 \times X_2, \boldsymbol{n} > du_1 du_2 \\ &= K(q) \iint_{X^{-1}(S)} < X_1 \times X_2, \boldsymbol{n} > du_1 du_2 \\ &= K(q) A(S) \end{aligned}$$

을 만족하는 $q \in S$가 존재한다. 따라서, $\lim_{S \to p} \frac{A(\boldsymbol{\nu}(S))}{A(S)} = \lim_{q \to p} K(q) = K(p)$가 된다. ■

| 연습문제 4-2 |

1. 따름정리 4.2.4를 증명하여라.

2. 정리 4.2.11의 증명에서 사용되었던 식 $\boldsymbol{n_1} \times \boldsymbol{n_2} = K(X_1 \times X_2)$을 증명하여라.

3. 정리 4.2.11의 증명과정에서 나타난
$$\iint_{X^{-1}(S)} K < X_1 \times X_2, \boldsymbol{n} > du_1 du_2 = K(q) \iint_{X^{-1}(S)} < X_1 \times X_2, \boldsymbol{n} > du_1 du_2$$
를 증명하여라.

4. 나선면(helicoid) $X(u_1, u_2) = (u_1 \cos u_2, u_1 \cos u_2, bu_2), b \neq 0$의 가우스곡률 K와 평균곡률 H를 구하고, $-1 \leq K < 0$임을 확인하여라.

5. 안장곡면 $M = \{(x, y, z) \in R^3 \mid z = xy\}$의 가우스곡률 K와 평균곡률 H를 구하여라.

6. 가우스곡률 $K < 0$인 곡면 위에는 배꼽점이 존재하지 않고, $K \leq 0$인 경우에 배꼽점은 모두 평면점임을 보여라.

7. 정리 4.2.11을 이용하여 반지름이 r인 구면 $S^2(r)$, 평면 그리고 원주면의 가우스곡률 K를 각각 구하여라.

제3절 가우스의 놀라운 정리(Gauss's Theorema Egregium)

가우스의 가장 중요한 발견 중의 하나는 곡면에 관한 것인데 곡면을 늘리지 않고 구부릴 때 가우스 곡률이 변하지 않는다는 것이다. 가우스는 이 결과를 'remarkable'의 라틴어 'egregium'이라고 불렀는데 그 이후로 그의 정리에 붙여지고 있다.

M 이 곡면이고, $X: U \to M$이 좌표조각이라고 두자. 그러면,
$X_{ij} = L_{ij}\boldsymbol{n} + \sum_k \Gamma_{ij}^k X_k$이고

$$L_{ij} = < X_{ij}, \boldsymbol{n} >,\ \Gamma_{ij}^k = \sum_l < X_{ij}, X_l > g^{lk}$$

이다.

정의 4.3.1

$R_{ijk}^l = \dfrac{\partial \Gamma_{ik}^l}{\partial u_j} - \dfrac{\partial \Gamma_{ij}^l}{\partial u_k} + \sum_m (\Gamma_{ik}^m \Gamma_{mj}^l - \Gamma_{ij}^m \Gamma_{mk}^l)$을 첨자 (i,l,j,k)인 **리만곡률텐서(Riemannian Curvature Tensor with index** (i,l,j,k)**)**라고 한다.

$\Gamma_{ij}^l = \dfrac{1}{2}\sum_k g^{kl}(\dfrac{\partial g_{ik}}{\partial u_j} - \dfrac{\partial g_{ij}}{\partial u_k} + \dfrac{\partial g_{kj}}{\partial u_i})$이므로, 크리스토펠 기호 Γ_{ij}^l들은 $[g_{ij}]$에 의해 정해짐을 알고 있다.

정리 4.3.2

다음 방정식이 성립한다.

(1) 가우스 방정식(Gauss's Equation)

$$R^l_{ijk} = L_{ik}L^l_j - L_{ij}L^l_k.$$

(2) 코다찌-마인나르디 방정식(Codazzi-Mainardi Equation)

$$\frac{\partial L_{ij}}{\partial u_k} - \frac{\partial L_{ik}}{\partial u_j} = \sum_m (\Gamma^m_{ik} L_{mj} - \Gamma^m_{ij} L_{mk}).$$

증명

정리 3.4.4의 가우스 공식 $X_{ij} = L_{ij}\boldsymbol{n} + \sum_l \Gamma^l_{ij} X_l$로부터,

$$\begin{aligned}
X_{ijk} &= \frac{\partial}{\partial u_k}(L_{ij}\boldsymbol{n} + \sum_l \Gamma^l_{ij} X_l) \\
&= \frac{\partial L_{ij}}{\partial u_k}\boldsymbol{n} + L_{ij}\boldsymbol{n}_k + \sum_l (\frac{\partial \Gamma^l_{ij}}{\partial u_k} X_l + \Gamma^l_{ij} X_{lk}) \\
&= \frac{\partial L_{ij}}{\partial u_k}\boldsymbol{n} - L_{ij}\sum_l L^l_k X_l + \sum_l \frac{\partial \Gamma^l_{ij}}{\partial u_k} X_l + \sum_l \Gamma^l_{ij}(L_{lk}\boldsymbol{n} + \sum_m \Gamma^m_{lk} X_m) \\
&= (\frac{\partial L_{ij}}{\partial u_k} + \sum_l \Gamma^l_{ij} L_{lk})\boldsymbol{n} + \sum_l (\frac{\partial \Gamma^l_{ij}}{\partial u_k} - L_{ij}L^l_k + \sum_m \Gamma^m_{ij}\Gamma^l_{mk}) X_l
\end{aligned}$$

이 된다. 같은 방법으로,

$$X_{ikj} = (\frac{\partial L_{ik}}{\partial u_j} + \sum_l \Gamma^l_{ik} L_{lj})\boldsymbol{n} + \sum_l (\frac{\partial \Gamma^l_{ik}}{\partial u_j} - L_{ik}L^l_j + \sum_m \Gamma^m_{ik}\Gamma^l_{mj}) X_l$$

을 얻고, $X_{ijk} = X_{ikj}$이므로,

$$\frac{\partial L_{ij}}{\partial u_k}+\sum_l \Gamma_{ij}^l L_{lk}=\frac{\partial L_{ik}}{\partial u_j}+\sum_l \Gamma_{ik}^l L_{lj},$$
$$\frac{\partial \Gamma_{ij}^l}{\partial u_k}-L_{ij}L_k^l+\sum_m \Gamma_{ij}^m \Gamma_{mk}^l = \frac{\partial \Gamma_{ik}^l}{\partial u_j}-L_{ik}L_j^l+\sum_m \Gamma_{ik}^m \Gamma_{mj}^l$$

이 되는데, 첫 번째 식으로부터 코디찌-마인나르디 방정식을 얻으며, 두 번째 식으로부터 가우스 방정식 $R_{ijk}^l = L_{ik}L_j^l - L_{ij}L_k^l$를 얻을 수 있다. ■

크리스토펠 기호 Γ_{ij}^k들이 곡면의 본질적(Intrinsic) 개념이므로 리만곡률텐서 R_{ijk}^l들도 곡면의 본질적 개념이다.

정리 4.3.3 | 가우스의 놀라운 정리(Gauss's Theoema Egregium)

가우스곡률은 곡면의 본질적 개념이다.

증명

가우스 방정식 $R_{ijk}^l = L_{ik}L_j^l - L_{ij}L_k^l$으로부터,

$$\begin{aligned}\sum_l R_{ijk}^l g_{lm} &= L_{ik}\sum_l L_j^l g_{lm} - L_{ij}\sum_l L_k^l g_{lm} \\ &= L_{ik}L_{jm} - L_{ij}L_{km}\end{aligned}$$

을 얻는다. 위에서 두 번째 등호는 방정식

$$\begin{bmatrix} L_{11} & L_{12} \\ L_{21} & L_{22}\end{bmatrix} = \begin{bmatrix} L_1^1 & L_1^2 \\ L_2^1 & L_2^2\end{bmatrix}\begin{bmatrix} g_{11} & g_{12} \\ g_{21} & g_{22}\end{bmatrix}$$

으로부터 나온다. 이 식에 $i=k=1, j=m=2$을 대입하면,

$$\sum_l R^l_{121}\, g_{l2} = L_{11}L_{22} - L_{12}L_{21}$$
$$= (g_{11}g_{22} - g_{12}g_{21})K$$

이 되어 $K = \dfrac{\sum_l R^l_{121}\, g_{l2}}{g_{11}g_{22} - g_{12}g_{21}}$는 곡면의 본질적 개념임을 알 수 있다. ■

곡선의 기본정리(정리 2.5.1)는 정칙곡선이 곡률과 비틀림률에 의해서 완전히 결정된다는 사실을 보여주는데 곡면에 대해서도 이와 유사한 정리를 알아보자.

정의 4.3.4 | 곡면의 기본 정리(The Fundamental Theorem for Surfaces)

$U \subset R^2$이 열린집합이고, $g_{ij}, L_{ij} : U \to R\,(i, j = 1, 2)$이 다음 조건을 만족한다고 하자.

(a) $g_{11} > 0, g_{22} > 0$

(b) $g_{12} = g_{21}, L_{12} = L_{21}, \det[g_{ij}] > 0$

(c) g_{ij}, L_{ij}는 가우스 방정식과 코다찌-마인나르디 방정식을 만족하는 미분가능 함수이다. 이 때, 다음이 성립한다.

(1) 임의의 $p \in U$에 대해, p의 적당한 열린근방 $V(\subset U)$와 좌표조각 $X : V \to R^3$이 존재하여, X의 제1기본형식 및 제2기본형식의 계수가 각각 $[g_{ij}]$, $[L_{ij}]$이다.

(2) 만일 U가 연결집합이고, $Y : V \to R^3$이 (1)을 만족하는 또 다른 좌표조각이면, 곡면 $X(V)$와 $Y(V)$는 합동(Congruent)이다.

증명

증명은 참고문헌[4] M.P.Do Carmo의 Differential Geometry of Curves and Surfaces를 참조하라. ■

| 연습문제 4-3 |

1. $M=R^2$일 때, $R^l_{ijk} \equiv 0 \ (1 \le i,j,k,l \le 2)$임을 보여라.

2. 다음 원환면(Torus)의 리만곡률텐서 R^l_{ijk}를 구하여라.

$$X(u_1,u_2)=((2+\cos u_1)\cos u_2,\ (2+\cos u_1)\sin u_2,\ \sin u_1)$$

$$U=\left\{(u_1,u_2)\in R^2 \mid -\pi < u_1, u_2 < \pi\right\}.$$

3. 다음 실린더의 리만곡률텐서 R^l_{ijk}를 구하여라.

$$X(u_1,u_2)=(\cos u_1,\ \sin u_1,\ u_2),$$

$$U=\left\{(u_1,u_2)\in R^2 \mid -\frac{3}{4}\pi < u_1 < \frac{3}{4}\pi,\ 0< u_2 < 1\right\}.$$

제4절 곡면간의 등거리사상(Isometry)

이 절에서는 곡면이 기하학적으로 같을 조건이 무엇인지 알아보려 한다. 예제 4.4.5에서 평면과 실린더는 적당한 좌표조각을 가져오면 두 곡면의 거리계수가 같음을 알 수 있을 것이다. 이는 평평한 종이를 구기지 않고 실린더에 감쌀 수 있다는 사실과도 무관하지 않다. 만약 평면위에 곡선을 그려서 말면 실린더위의 곡선이 된다. 구기지 않았으므로 곡선의 길이는 같아질 것이다. 그런데 곡선의 길이는 제1기본형식의 제곱근의 적분으로 주어지기 때문에 두 곡면의 거리계수는 같아야 됨을 유추할 수 있다. 다음 등거리사상의 정의는 어떤 곡면을 구기지 않고 다른 곡면을 덮을 수 있음을 표현하고 있다.

정의 4.4.1

M, N을 곡면이라고 하자.

(1) $f : M \to N$가 다음 조건을 만족할 때, f를 미분가능함수라고 한다.

임의의 $p \in M$에 대하여, p와 $f(p)$의 좌표조각

$X : U \to M,\ Y : V \to M$이 존재하여 함수

$$Y^{-1} \circ f \circ X : U \subset R^2 \to V \subset R^2$$

이 미분가능이다. (여기서 두 좌표조각은 함수 $Y^{-1} \circ f \circ X : U \to V$ 이 정의되기 위한 조건 $f(X(U)) \subset Y(V)$ 을 당연히 만족하여야 한다.)

(2) $f : M \to N$ 가 다음 두 조건을 만족할 때, f를 **등거리사상(Isometry)**이라고 한다.

(i) f와 f^{-1}는 미분가능하다. 이런 함수를 **미분동형사상(Diffeomorphism)**이라 한다.

(ii) 임의의 곡선 $\gamma : [a,b] \to M$에 대하여, $l(f \circ \gamma) = l(\gamma)$이다.

(3) 두 곡면 M과 N사이에 등거리사상 f가 존재 할 때, M은 N과 **거리동형(Isometric)**이라고 한다.

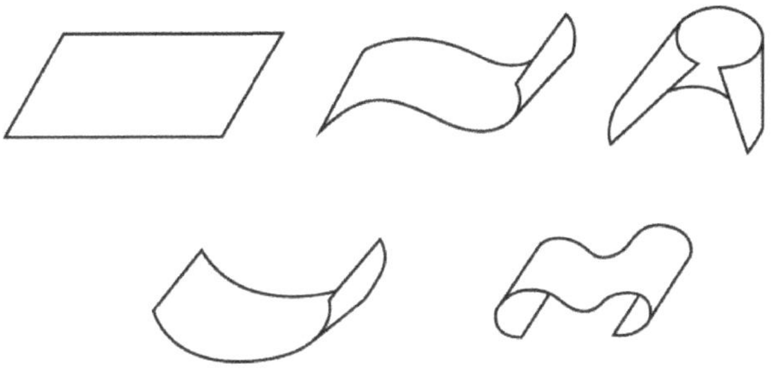

그림 4-4-1

예제 4.4.2

M을

$X(u, \theta) = (\cosh u \cos\theta, \cosh u \sin\theta, u),\ -\sinh^{-1}1 < u < \sinh^{-1}1, 0 < \theta < 2\pi$로 정의되는 회전면으로 두고(이 곡면을 **현수면(Catenoid)**이라고 한다), N을

$Y(v,\phi)=(v\cos\phi, v\sin\phi, \phi)$, $-1<v<1, 0<\phi<2\pi$로 정의되는 곡면(이 곡면을 **나선면(Helicoid)**이라고 한다)이라고 하자.

이 때, $f: M\to N$, $f(X(u,\theta))=Y(\sinh u,\theta)$로 정의된 함수 f는 등거리사상이다.

[풀이]

정의에 의하여 $(Y^{-1}\circ f\circ X)(u,\theta)=(\sinh u,\theta)$이다. 이로부터 f가 미분동형사상임을 알 수 있다. 임의의 곡선 $\gamma:[a,b]\to M$ 가 $\gamma(t)=X(u(t),\theta(t))$이면 $(f\circ\gamma)(t)=Y(\sinh u(t),\theta(t))$이다. 이제, $l(f\circ\gamma)=l(\gamma)$임을 보이자.

우선 $\left|\frac{d\gamma}{dt}\right|=\sqrt{\dot{u}^2 g_{11}+2\dot{u}\dot{\theta}g_{12}+\dot{\theta}^2 g_{22}}$이고, M의 거리계수행렬

$(g_{ij})=\begin{bmatrix}\cosh^2 u & 0\\ 0 & \cosh^2 u\end{bmatrix}$이므로 $\left|\frac{d\gamma}{dt}\right|=\cosh u(t)\sqrt{\dot{u}^2+\dot{\theta}^2}$이다.

같은 방법으로 N의 거리계수행렬은 $(h_{ij})=\begin{bmatrix}1 & 0\\ 0 & 1+v^2\end{bmatrix}$이므로

$$\left|\frac{d(f\circ\gamma)}{dt}\right|=\sqrt{h_{11}\dot{u}^2\cosh^2 u+2h_{12}\dot{u}\dot{\theta}\cosh u+h_{22}\dot{\theta}^2}=\cosh u\sqrt{\dot{u}^2+\dot{\theta}^2}$$

이다. 그러므로 $l(\gamma)=\int_a^b\left|\frac{d\gamma}{dt}\right|dt=\int_a^b\left|\frac{d(f\circ\gamma)}{dt}\right|dt=l(f\circ\gamma)$이다.

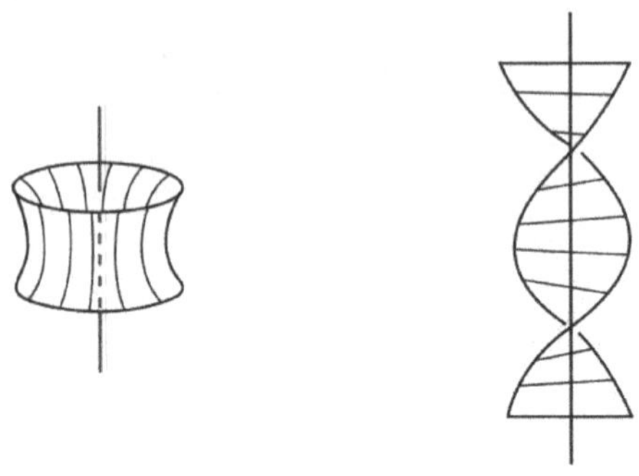

그림 4-4-2

위의 예에서는 특별한 등거리사상 f에 대하여 $\left|\frac{d\gamma}{dt}\right|=\left|\frac{d(f\circ\gamma)}{dt}\right|$임을 알

수 있었는데 다음 정리는 임의의 등거리사상에 대하여도 성립함을 말한다.

정리 4.4.3

$f: M \to N$가 등거리사상이고, $\gamma: [c,d] \to M$ 는 정칙곡선이라 하자. 이 때, 각 $t \in (c,d)$에 대하여

$$\left| \frac{d\gamma}{dt} \right| = \left| \frac{d(f \circ \gamma)}{dt} \right| \text{ 이다.}$$

증명

f가 등거리사상이므로 각 $t^* \in (c,d)$에 대하여

$$\int_c^{t^*} \left| \frac{d\gamma}{dt} \right| dt = \int_c^{t^*} \left| \frac{d(f \circ \gamma)}{dt} \right| dt$$

이다. 이 식을 t^*에 관하여 미분하고 $t^* = t$를 취하면

$$\left| \frac{d\gamma}{dt} \right| = \left| \frac{d(f \circ \gamma)}{dt} \right|$$

를 얻는다. ■

정리 4.4.4

$f: M \to N$를 미분동형사상이라 하자. f가 등거리사상일 필요충분조건은 M의 임의의 좌표조각 X에 대하여 X와 N의 좌표조각 $f \circ X$가 같은 거리계수를 갖는 것이다.

증명

곡면위의 곡선의 길이는 각 좌표조각위에 놓여있는 곡선의 길이의 합이므로 M과 N이 하나의 좌표조각으로 덮을 수 있다고 가정할 수 있다. M의 좌표조각을 $X: U \to M(\subset R^3)$라 하면 $Y=f \circ X : U \to N \subset R^3$는 N의 좌표조각이 된다. 왜냐하면 f가 미분가능 함수이므로 좌표조각 $Z: V \hookrightarrow Y(U) \subset N$에 대하여 $F=Z^{-1} \circ f \circ X : U \subset R^2 \to V \subset R^2$는 미분동형사상이다.

따라서 F는 좌표변환함수이므로 도움정리 3.1.7에 의하여 $Y=f \circ X=Z \circ F$이므로 좌표조각이다. 우선 X, Y가 같은 거리계수를 가진다고 가정하자.

만약 $t \mapsto (u_1(t), u_2(t))$가 U위의 임의의 곡선이고, $\gamma_1(t)=X(u_1(t), u_2(t))$ 그리고 $\gamma_2(t)=Y(u_1(t), u_2(t))$이면 $f(\gamma_1(t))=\gamma_2(t)$이다. 이 때, 좌표조각 Y의 거리계수를 h_{ij}라고 하면

$$\left|\frac{d\gamma_1}{dt}\right| = \sqrt{\sum g_{ij}\dot{u}_i\dot{u}_j} = \sqrt{\sum h_{ij}\dot{u}_i\dot{u}_j} = \left|\frac{d\gamma_2}{dt}\right|$$

이므로 f는 등거리사상이다. 역으로, f가 등거리사상이라 하자.

만약 $t \in (a,b) \mapsto (u_1(t), u_2(t))$가 U위의 임의의 곡선이고, 곡선 $\gamma_1(t)=X(u_1(t), u_2(t))$와 $\gamma_2(t)=Y(u_1(t), u_2(t))$가 같은 길이를 가진다면, 모든 $t_0, t_1 \in (a,b)$에 대하여

$$\int_{t_0}^{t_1}\sqrt{\sum_{i,j} g_{ij}\dot{u}_i\dot{u}_j}\,dt = \int_{t_0}^{t_1}\sqrt{\sum_{i,j} h_{ij}\dot{u}_i\dot{u}_j}\,dt$$

이다. 이로부터

$$(*) \qquad \sum_{i,j} g_{ij}\dot{u}_i\dot{u}_j = \sum_{i,j} h_{ij}\dot{u}_i\dot{u}_j$$

을 얻는다.

$t_0 \in (a,b)$를 고정하고, $u_1(t_0)=c,\ u_2(t_0)=d$라 두자. 이제 곡선 $t \in (a,b) \mapsto (u_1(t), u_2(t)) \in U$을 다음과 같이 3가지의 특별한 곡선을 고려하여 (*)식에 적용하여 본다.

(i) $u_1(t)=c+t-t_0,\ u_2(t)=d$ 인 경우 : $g_{11}=h_{11}$.

(ii) $u_1(t)=c,\ u_2(t)=d+t-t_0$ 인 경우 : $g_{22}=h_{22}$.

(iii) $u_1(t)=c+t-t_0,\ u_2(t)=d+t-t_0$ 인 경우 :

$$g_{11}+2g_{12}+g_{22}=h_{11}+2h_{12}+h_{22}.$$

그러므로 $g_{12}=h_{12}$ ((i)과 (ii)로부터)이다. ■

예 4.4.5

두 곡면 $M=\{(x,y)\in R^2 \mid 0<x<2\pi\}$,
$N=\{(x,y,z)\in R^3 \mid x^2+y^2=1\}-\{(1,0,z) \mid z\in R\}$
은 단일 좌표조각 $X(u,v)=(u,v,0)$와 $Y(u,v)=(\cos u, \sin u, v)$, $(0<u<2\pi)$에 의하여 각각 덮을 수 있다. 함수 $f: M\rightarrow N$을 $f(X(u,v))=Y(u,v)$와 같이 정의하면 f는 등거리사상이다. 실제로 M위의 곡선 $\gamma(t)=(u(t),v(t))$와 N위의 곡선 $f(\gamma(t))$의 속력이 같으므로 길이가 같다. 따라서 M과 N은 거리동형이다. M과 N의 거리계수행렬은 모두 단위행렬이다.

예제 4.4.6

예제 4.4.2의 현수면 M과 나선면 N 그리고 등거리사상

$$f: M\rightarrow N,\ f(X(u,\theta))=Y(\sinh u, \theta)$$

에 대해서 정리 4.4.4를 확인하여보자.

[풀이]

$(f\circ X)(u,\theta)=Y(\sinh u,\theta)=Z(u,\theta)$라 두자. $F(u,\theta)=(\sinh u,\theta)$의 야코비 행렬은 $J(F)=\begin{bmatrix}\frac{\partial v}{\partial u} & \frac{\partial v}{\partial \theta}\\ \frac{\partial \phi}{\partial u} & \frac{\partial \phi}{\partial \theta}\end{bmatrix}=\begin{bmatrix}\cosh u & 0\\ 0 & 1\end{bmatrix}$이므로 F는 좌표변환함수이다. 따라서 $Z=Y\circ F$는 N의 좌표조각이다. 이제 좌표조각 Z에 대한 거리계수 행렬 $[\overline{h_{ij}}]$를 계산하여 보자.

$$\begin{aligned}&v=\sinh u,\ \phi=\theta,\\ &Z_1=Y_1\frac{\partial v}{\partial u}+Y_2\frac{\partial \phi}{\partial u}=Y_1\cosh u,\\ &Z_2=Y_1\frac{\partial v}{\partial \theta}+Y_2\frac{\partial \phi}{\partial \theta}=Y_2\end{aligned}$$

이므로

$$[\overline{h_{ij}}]=\begin{bmatrix}h_{11}\cosh^2 u & 0\\ 0 & h_{22}\end{bmatrix}=\begin{bmatrix}\cosh^2 u & 0\\ 0 & 1+v^2\end{bmatrix}=\begin{bmatrix}\cosh^2 u & 0\\ 0 & \cosh^2 u\end{bmatrix}$$

즉, $[\overline{h_{ij}}]=[g_{ij}]$이다.

등거리사상 개념을 이용하여 가우스의 놀라운 정리는 다음과 같이 말할 수 있다.

가우스의 놀라운 정리

곡면 M과 N이 거리동형이면 대응하는 점에서 가우스곡률이 일치한다.

| 연습문제 4-4 |

1. 함수 $R_\theta : R^3 \to R^3,\ (x,y,z) \mapsto (x\cos\theta - y\sin\theta,\ x\sin\theta + y\cos\theta,\ z)$에 대하여 다음 물음에 답하여라.

   (1) R_θ는 어떤 함수 인지 설명하여라.

   (2) R_θ를 단위구면 S^2에 제한했을 때 등위원와 경선이 어떻게 사상되는지 설명하여라.

   (3) $R_\theta : S^2 \to S^2$는 등거리사상임을 보여라.

2. 두 곡면사이의 등거리사상은 측지선을 측지선으로 사상함을 증명하여라.

3. 다음을 증명하여라

   (1) $f : M \to N$가 등거리사상이면 그의 역사상 f^{-1}도 등거리사상이다.

   (2) $f : M \to N$와 $g : N \to P$가 등거리사상이면 합성함수 $g \circ f$도 등거리사상이다.

4. 곡면 M에서 M으로의 모든 등거리사상 전체집합은 군을 이룸을 보여라.

5. 다음 가우스의 놀라운 정리의 역은 성립하지 않음을 다음의 예를 통하여 확인하여라.

   가우스의 놀라운 정리 | 곡면 M과 N이 거리동형이면 대응하는 점에서 가우스 곡률이 일치한다.

   M은 회전면 $X(t,\theta) = (t\cos\theta, t\sin\theta, \ln t),\quad 0 < t,\ 0 < \theta < 2\pi$이고,

   N은 나선면 $Y(t,\theta) = (t\cos\theta,\ t\sin\theta,\ \theta),\quad 0 < t,\ 0 < \theta < 2\pi$ 이다.

(1) M 과 N의 거리계수행렬을 비교하여 거리동형이 아님을 보여라.

(2) 각 점(t,θ)에서 두 곡면 M과 N의 가우스곡률이 같음을 보여라.

제5절 등각사상(Conformal Map)

앞 절에서는 실린더와 평면은 서로 다른 곡면임에도 각각의 거리계수(제1기본형식)가 서로 같음을 알았다. 이것은 거리계수가 관여하는 대상, 예를 들면 길이, 각, 면적 등은 실린더나 평면에서 국소적으로는 같은 방법으로 작동한다는 것을 의미한다. 이 절에서는 곡선과 곡선이 만나서 이루는 각을 보존하는 사상에 대하여 알아보자.

곡면 M위의 두 곡선 $\alpha, \overline{\alpha}$가 점 $p\in X(U)$에서 만난다고 하자. 이 때,

$$\alpha(t)=X(u_1(t),u_2(t)),\ \overline{\alpha}(t)=X(\overline{u_1}(t),\overline{u_2}(t)),\ p=\alpha(t_0)=\overline{\alpha}(\bar{t}_0)$$

라 두자.

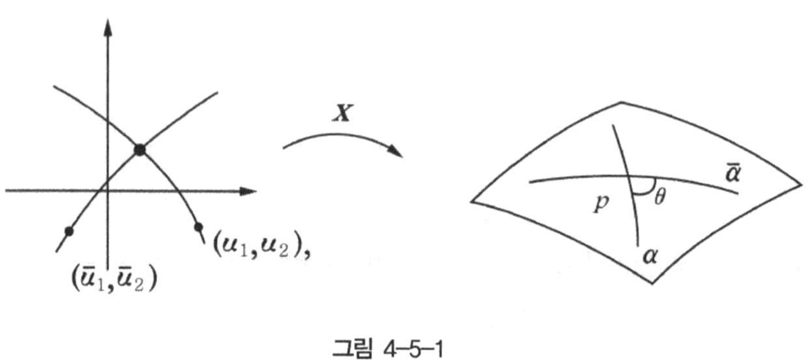

그림 4-5-1

점 p에서 $\alpha, \overline{\alpha}$가 이루는 각 θ는

$$\cos\theta = \frac{<\dot{\alpha}, \dot{\bar{\alpha}}>}{|\dot{\alpha}|\,|\dot{\bar{\alpha}}|}$$

이다. $\dot{\alpha}= \sum_i \dot{u}_i X_i$, $\quad \dot{\bar{\alpha}}= \sum_i \dot{\bar{u}}_i X_i$이므로

$$\cos\theta = \frac{\sum_{i,j} g_{ij}\dot{u}_i \dot{\bar{u}}_j}{\sqrt{\sum_{i,j} g_{ij}\dot{u}_i \dot{u}_j}\sqrt{\sum_{i,j} g_{ij}\dot{\bar{u}}_i \dot{\bar{u}}_j}}$$

이다.

예 4.5.1

좌표조각 $X(u_1,u_2)$의 u_1-곡선 $\alpha(t)=X(t,b)$와 u_2-곡선 $\beta(t)=X(a,t)$에 대해서는 $u_1(t)=t, u_2(t)=b, \bar{u}_1(t)=a, \bar{u}_2(t)=t$이고

$$\dot{u}_1=1, \dot{u}_2(t)=0, \dot{\bar{u}}_1(t)=0, \dot{\bar{u}}_2(t)=1$$

이므로 $\cos\theta = \ = \dfrac{g_{12}}{\sqrt{g_{11}}\sqrt{g_{22}}}$이다.

길이를 보존하는 등거리사상과 비슷하게 각을 보존하는 등각사상을 정의하자.

정의 4.5.2

M, N을 곡면이라고 하자. $f: M \to N$가 다음 두 조건을 만족할 때, f를 **등각사상(Conformal Map)**이라고 한다.

(1) f는 미분동형사상이다.

(2) 곡면 M위에서 만나는 임의의 두 곡선 α, $\bar{\alpha}$ 그리고 f에 의해서 보내진 N

위의 곡선을 $\beta, \bar{\beta}$ 라 할 때, 대응하는 각 교점에서 두 곡선이 이루는 각이 일치한다.

정리 4.5.3

$f : M \to N$가 등각사상일 필요충분조건은 임의의 M의 좌표조각 X에 대하여, X와 $f \circ X$ 의 제1기본형식이 비례하는 것이다.

증명

정리 4.4.4의 증명과 같이 곡면 M과 N이 하나의 좌표조각들

$$X: U \to M, \quad Y = f \circ X : U \to N$$

로 덮을 수 있다고 가정할 수 있다. 우선 X와 $f \circ X$의 제1기본형식이 비례한다고 하자. 그러면 미분가능인 함수 $\lambda : U \to R$존재하여

$$h_{ij} = \lambda g_{ij} \ (i,j = 1,2)$$

이다. 여기서 g_{ij}와 h_{ij}는 각 좌표조각 X, Y의 거리계수들이다. 또한 $g_{11} > 0, h_{11} > 0$ 이므로 $\lambda > 0$이다. $\alpha(t) = X(u_1(t), u_2(t))$, $\bar{\alpha}(t) = X(\bar{u}_1(t), \bar{u}_2(t))$가 좌표조각 X위의 두 곡선이면 f에 의해 보내진 좌표조각 Y위의 두 곡선을 각각 $\beta(t) = Y(u_1(t), u_2(t))$, $\bar{\beta}(t) = Y(\bar{u}_1(t), \bar{u}_2(t))$라 하자. 좌표조각 Y위의 두 곡선 $\beta, \bar{\beta}$가 이루는 각 θ의 코사인은 다음과 같이 주어진다.

$$\cos\theta = \frac{\sum_{i,j} h_{ij}\dot{u_i}\,\dot{\overline{u_j}}}{\sqrt{\sum_{i,j} h_{ij}\dot{u_i}\,\dot{u_j}}\sqrt{\sum_{i,j} h_{ij}\dot{\overline{u_i}}\,\dot{\overline{u_j}}}} = \frac{\lambda\sum_{i,j} g_{ij}\dot{u_i}\,\dot{\overline{u_j}}}{\lambda\sqrt{\sum_{i,j} g_{ij}\dot{u_i}\,\dot{u_j}}\sqrt{\sum_{i,j} g_{ij}\dot{\overline{u_i}}\,\dot{\overline{u_j}}}}$$

$$= \frac{\sum_{i,j} g_{ij}\dot{u_i}\,\dot{\overline{u_j}}}{\sqrt{\sum_{i,j} g_{ij}\dot{u_i}\,\dot{u_j}}\sqrt{\sum_{i,j} g_{ij}\dot{\overline{u_i}}\,\dot{\overline{u_j}}}}.$$

마지막 식은 좌표조각 X위에서 α, $\overline{\alpha}$가 이루는 각의 코사인이므로 f는 등각사상이다. 역으로, 좌표조각 X위에서 교차하는 임의의 두 곡선

$$\alpha(t) = X(u_1(t), u_2(t)),\ \overline{\alpha}(t) = X(\overline{u_1}(t), \overline{u_2}(t))$$

에 대하여

$$(*) \qquad \frac{\sum_{i,j} g_{ij}\dot{u_i}\,\dot{\overline{u_j}}}{\sqrt{\sum_{i,j} g_{ij}\dot{u_i}\,\dot{u_j}}\sqrt{\sum_{i,j} g_{ij}\dot{\overline{u_i}}\,\dot{\overline{u_j}}}} = \frac{\sum_{i,j} h_{ij}\dot{u_i}\,\dot{\overline{u_j}}}{\sqrt{\sum_{i,j} h_{ij}\dot{u_i}\,\dot{u_j}}\sqrt{\sum_{i,j} h_{ij}\dot{\overline{u_i}}\,\dot{\overline{u_j}}}}$$

이 성립할 때, $h_{ij} = \lambda g_{ij}\ (i,j = 1,2)$임을 보여주어야 한다. 우선 점 $(a,b) \in U$를 고정하고, 다음과 같은 특별한 곡선을 생각하자.

$$\alpha(t) = X(a+t, b),\ \ \overline{\alpha}(t) = X(a + t\cos\phi,\ b + t\sin\phi),$$

여기서 ϕ는 상수이다. 이 곡선에 대하여

$$\dot{u_1} = 1, \dot{u_2} = 0,\ \dot{\overline{u_1}} = \cos\phi,\ \dot{\overline{u_2}} = \sin\phi$$

이다. 이 식을 (*)에 대입하면

$$\frac{g_{11}\cos\phi + g_{12}\sin\phi}{\sqrt{g_{11}(g_{11}\cos^2\phi + 2g_{12}\cos\phi\sin\phi + g_{22}\sin^2\phi)}}$$
$$= \frac{h_{11}\cos\phi + h_{12}\sin\phi}{\sqrt{h_{11}(h_{11}\cos^2\phi + 2h_{12}\cos\phi\sin\phi + h_{22}\sin^2\phi}}$$

이다. 이 식의 양변을 제곱해서 다음 항등식

$$(g_{11}\cos\phi + g_{12}\sin\phi)^2 = g_{11}(g_{11}\cos^2\phi + 2g_{12}\cos\phi\sin\phi + g_{22}\sin^2\phi) - \det[g_{ij}]^2\sin^2\phi$$

를 이용하면

$$\det[g_{ij}]^2 h_{11}(h_{11}\cos^2\phi + 2h_{12}\cos\phi\sin\phi + h_{22}\sin^2\phi)$$
$$= \det[h_{ij}]^2 g_{11}(g_{11}\cos^2\phi + 2g_{12}\cos\phi\sin\phi + g_{22}\sin^2\phi)$$

이고, $\lambda = \dfrac{\det[h_{ij}]^2 g_{11}}{\det[g_{ij}]^2 g_{22}}$ 라고 두면 위 식은

$$(h_{11} - \lambda g_{11})\cos^2\phi + 2(h_{12} - \lambda g_{12})\cos\phi\sin\phi + (h_{22} - \lambda g_{22})\sin^2\phi = 0$$

이 된다. 여기서 $\phi = 0,\ \phi = \dfrac{\pi}{2}$ 를 차례로 대입하면 $h_{11} = \lambda g_{11}, h_{22} = \lambda g_{22}$ 이다. 이 식으로부터 $h_{12} = \lambda g_{12}$ 를 얻는다. ■

예제 4.5.4

입체사영은 등각사상임을 알아보자.

[풀이]

단위구면 S^2를 생각하자. $xy-$평면에 있는 점 $P=(u,v,0)$와 북극점 $N=(0,0,1)$을 잇는 선분과 구면과 만나는 점을 $X(u,v)$라고 두면

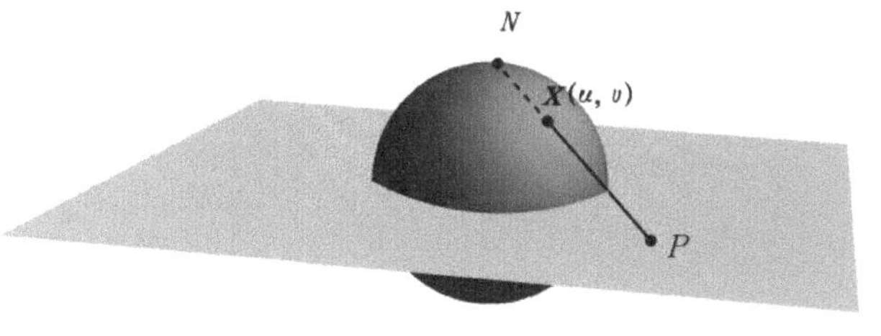

그림 4-5-2

$$X(u,v)=(\frac{2u}{u^2+v^2+1},\frac{2v}{u^2+v^2+1},\frac{u^2+v^2-1}{u^2+v^2+1})$$

로 주어진다. 평면의 좌표조각 $Y(u,v)=(u,v,0)$에 대하여 입체사영 $f:S^2-N\to(x,y)$-평면 즉, $f:X(u,v)\mapsto Y(u,v)$는 등각사상임을 알아보자.

$$X_1=\left(\frac{2(v^2-u^2+1)}{(u^2+v^2+1)^2},\frac{-4uv}{(u^2+v^2+1)^2},\frac{4u}{(u^2+v^2+1)^2}\right),$$
$$X_2=\left(\frac{-4uv}{(u^2+v^2+1)^2},\frac{2(u^2-v^2+1)}{(u^2+v^2+1)^2},\frac{4v}{(u^2+v^2+1)^2}\right)$$

이므로

$$g_{11}=\frac{4(v^2-u^2+1)^2+16u^2v^2+16u^2}{(u^2+v^2+1)^4}=\frac{4}{(u^2+v^2+1)^2}$$

이다. 같은 방법으로 $g_{12}=0,\ g_{22}=g_{11}$이다. 또한 $h_{11}=h_{22}=1, h_{12}=0$이다. 따라서 $\lambda=\frac{1}{4}(u^2+v^2+1)^2$라 두면 $h_{ij}=\lambda g_{ij}\ (i,j=1,2)$이다. 그러므로 입체사

영 f는 등각사상이다.

| 연습문제 4-5 |

1. 모든 등거리사상은 등각사상임을 밝히고 등거리사상이 아닌 등각사상의 예를 들어라.

2. 좌표조각 $X(u,v)=(u\cos v, u\sin v, u)$위의 곡선 γ가 $u=e^{\lambda t}, v=t$에 의해서 주어져 있을 때 다음 물음에 답하여라.

   (1) 구간 $0 \le t \le \pi$에서 곡선의 길이를 구하여라.

   (2) $u-$곡선과 곡선 γ가 만나는 모든 점에서 각이 일정함을 보여라.

3. 좌표조각 $X(u,v)=(f(u,v),g(u,v),0)$ (f,g는 $(u,v)-$평면에서 미분가능한 함수)이 등각사상일 필요충분조건은

$$f_u = g_v \text{ 그리고 } f_v = -g_u \text{ (Cauchy-Riemann 방정식)}$$

$$\text{혹은 } f_u = -g_v \text{ 그리고 } f_v = g_u \text{이다.}$$

4. 곡면 M, N에 대해서 미분동형사상 $f : M \to N$가 **면적보존(Area-Preserving)**이라는 것은 임의의 영역 $R \subset M$의 면적과 $f(R)$의 면적이 일치할 때를 말한다.
   $f : M \to N$가 면적보존사상일 필요충분조건은 곡면 M의 임의의 좌표조각 X에 대하여

$$g_{11}g_{22} - {g_{12}}^2 = h_{11}h_{22} - {h_{12}}^2$$

   이 성립함을 보여라. 여기서 g_{ij}, h_{ij}는 각각 좌표조각 X, $f \circ X$의 거리계수들이다.

5. 곡면 M, N에 대해서 $f : M \to N$가 등각사상이고 면적보존사상이면 f는 등거리 사상임을 보여라.

제6절 가우스곡률이 상수인 곡면 (Surfaces of Constant Gaussian Curvature)

4절에 있는 정리 4.2.11을 이용하여 반지름이 r인 구면의 Gauss 곡률은 $\frac{1}{r^2}$이고, 실린더와 평면의 Gauss 곡률은 0임을 알 수 있다(연습문제 4-2의 7번 참조). 이제 가우스곡률이 상수로서 음수인 곡면을 만들어 보자. 이를 위하여 다음의 회전면을 생각하여보자.

$$X(t,\theta) = (r(t)\cos\theta, r(t)\sin\theta, z(t)).$$

연습문제 4-1의 4번에서

$$[g_{ij}] = \begin{bmatrix} g_{11} \, g_{12} \\ g_{21} \, g_{22} \end{bmatrix} = \begin{bmatrix} \dot{r}(t)^2 + \dot{z}(t)^2 & 0 \\ 0 & r(t)^2 \end{bmatrix},$$

$$[L^i_j] = [L_{ij}][g^{ij}] = \begin{bmatrix} \dfrac{\dot{r}\ddot{z} - \dot{z}\ddot{r}}{\sqrt{(\dot{r}^2 + \dot{z}^2)^5}} & 0 \\ 0 & \dfrac{\dot{z}}{r\sqrt{\dot{r}^2 + \dot{z}^2}} \end{bmatrix}$$

임을 알 수 있다.

정리 4.6.1

곡면 M은 가우스곡률 K가 상수이고 생성곡선이 단위속력을 가지는 회전면

$$X(s,\theta)=(r(s)\cos\theta, r(s)\sin\theta, z(s))$$

이다. 이 때, 합동을 고려하면 다음 사실이 성립한다.

(1) r은 미분방정식 $r''+Kr=0$을 만족하고 $z(s)=\int\sqrt{1-(r')^2}\,ds$로 주어진다. $0<\theta<2\pi$, s의 범위는 위의 적분이 정의되는 어떤 구간이다.

(2) $K\equiv 1$인 모든 회전면은

$$\begin{cases} r(s)=C\cos s,\ C=r(0) \\ z(s)=\displaystyle\int_0^s\sqrt{1-C^2\sin^2 s}\,ds\,,\ \ |s|<\pi/2 \end{cases}$$

로 주어진다. $C=1$, $C>1$, $C<1$인 경우의 곡면의 모양이 그림 4.6.1과 같다. 특히 $C=1$인 경우는 구면이다.

(3) $K\equiv -1$인 모든 회전면은 다음 형태중의 어느 하나이다.

(i) $$\begin{cases} r(s)=C\cosh s \\ z(s)=\displaystyle\int_0^s\sqrt{1-C^2\sinh^2 s}\,ds \end{cases},\quad 0<C<1,\ 0<s<\sinh^{-1}(1/C)$$

(ii) $$\begin{cases} r(s)=C\sinh s \\ z(s)=\displaystyle\int_0^s\sqrt{1-C^2\cosh^2 s}\,ds \end{cases},\quad |s|<\cosh^{-1}(1/C)$$

(iii) $$\begin{cases} r(s)=e^s \\ z(s)=\displaystyle\int_0^s\sqrt{1-e^{2s}}\,ds \end{cases},\quad s<0\ .$$

특히 (iii)인 경우가 의구면(Pseudosphere)이다.

(4) $K\equiv 0$인 회전면은 직원기둥(Right Circular Cylinder), 직원뿔(Right Circular Cone) 혹은 평면의 일부분이다.

증명

(1) 생성곡선 $s \mapsto (r(s), z(s))$이 단위속력곡선이므로 $r'^2 + z'^2 = 1$로부터 $r'r'' + z'z'' = 0$이고, 가우스곡률 $K = \det(L^i_j) = \dfrac{r'z'' - z'r''}{r}$이다. 여기에 $z'z'' = -r'r''$을 대입하면

$$(*) \qquad K = -\frac{r''}{r}$$

을 얻는다. 또한 $z(s) = \pm \int \sqrt{1-(r')^2}\, ds + c$이다. $z-$축으로 평행이동하고 $x-$축으로 회전이동을 통해서 각각 $c=0$ 그리고 양의 부호를 가정할 수 있다.

(2) $K \equiv 1$인 경우는 (*)는 $r'' + r = 0$이 된다. 이 미분방정식의 일반해는 $r(s) = c_1 \cos s + c_2 \sin s$ 이고 $r(s) = C\cos(s+b)$로 쓸 수 있고 재매개화 $s' = s + b, \theta' = \theta$를 통하여 $b=0$으로 둘 수 있다. (1)에서와 같이 부호변경과 상수까지 감안하면 $z(s) = \int_0^s \sqrt{1 - C^2 \sin^2 s}\, ds$ 이다.

이 적분은 $C=0$ 혹은 $C=\pm 1$인 경우를 제외하면 소위 타원적분으로 초등함수로 표현할 수 없다. $C=0$이면 곡면이 되지 않는다. 따라서 $C=1$ ($C=-1$인 경우는 회전축($z-$축)으로 π만큼 회전하면 $C=1$인 경우로 귀착된다) 인 경우만 생각하여보면 $r(s) = \cos s$, $z(s) = \sin s$가 되어서 회전면은 단위구면이 된다. 만일 $C>1$인 경우 $z(s)$의 정의역은 $|s| < \sin^{-1}(1/C) < \pi/2$임을 유의해 두자. 나머지 경우도 그림 4-6-1과 같다.

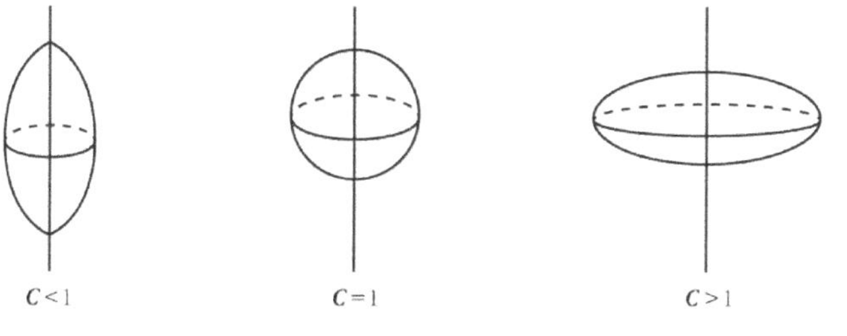

그림 4-6-1

(3) $K \equiv -1$인 경우는 (*)는 $r'' - r = 0$이 된다. 이 미분방정식의 일반해는

$$r(s) = c_1 \cosh s + c_2 \sinh s$$

이다. 이 식은 다음과 같이 다시 쓸 수 있다.

$$r(s) = \begin{cases} C\cosh(s+b)\,; c_1 > c_2 \\ C\sinh(s+b)\,; c_1 < c_2 \\ Ce^s \qquad\qquad ; c_1 = c_2 = C \end{cases}$$

다시 (2)에서와 같은 재매개화를 통하여 $b=0$이라고 둘 수 있다. 각 경우를 고려하면 원하는 식 (i),(ii),(iii)을 얻을 수 있다.

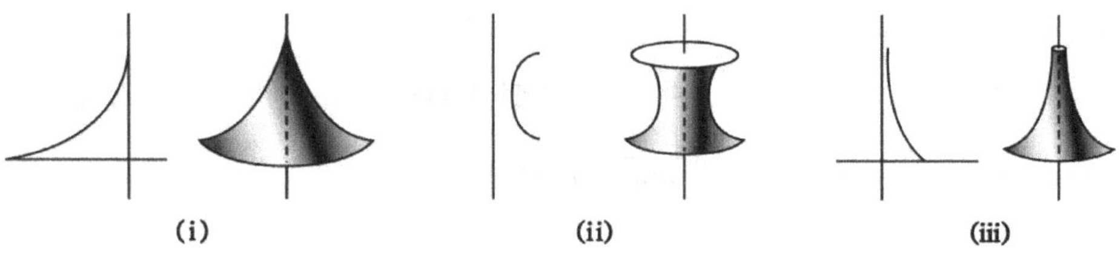

그림 4-6-2

(iii)의 경우를 관찰하여보자. $e^s = w$라고 두면

$$\int \sqrt{1-e^{2s}}\,ds = \int \frac{\sqrt{1-w^2}}{w}dw = \int (\frac{1}{w} - w)\frac{dw}{\sqrt{1-w^2}}$$
$$= \sqrt{1-w^2} + \int \frac{dw}{w\sqrt{1-w^2}}$$

이다. 마지막 적분에 $v = w^{-1}$라 두면

$$\int \frac{dw}{w\sqrt{1-w^2}} = -\int \frac{dv}{\sqrt{v^2-1}} = -\cosh^{-1}v$$

이므로

$$\int \sqrt{1-e^{2s}}\,ds = \sqrt{1-w^2} - \cosh^{-1}\frac{1}{w} = \sqrt{1-e^{2s}} - \cosh^{-1}(e^{-s})$$

이다. 따라서 생성곡선은

$$r(s) = e^s,\ z(s) = \sqrt{1-e^{2s}} - \cosh^{-1}(e^{-s})$$

이다. s를 소거하여 $xz-$평면에 나타내면

$$(**) \qquad z = \sqrt{1-x^2} - \cosh^{-1}\left(\frac{1}{x}\right), \quad (0 < x \le 1)$$

이고, 이 곡선을 $z-$축을 회전축으로 회전해서 얻어지는 곡면이 **의구면(Pseudosphere)** 이다. 이 곡면은 가우스곡률이 $K \equiv -1$이다.

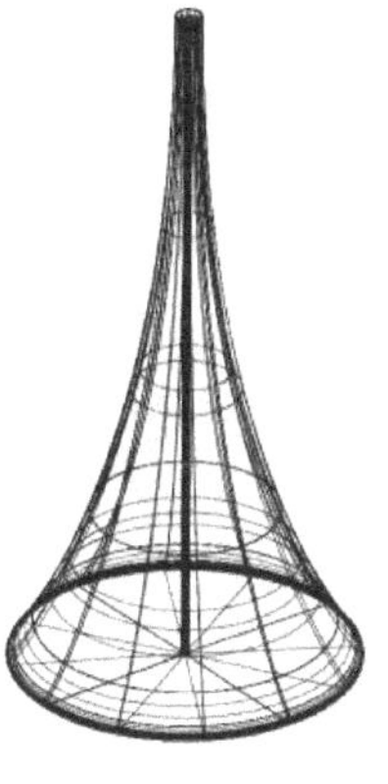

그림 4-6-3(의구면)

(4) $K \equiv 0$인 경우는 (*)는 $r''=0$이고 일반해는 $r(s)=Cs+b$ (C, s는 상수)이다. (1)에 의하여 $z(s)=\pm\sqrt{1-C^2}\,s+c$이다. z-축을 따라 평행이동해서 $c=0$이라 둘 수 있고 $x-$축으로 회전하여 양의 부호라고 가정할 수 있다. 그러면 생성곡선은

$$r(s)=Cs+b,\ z(s)=\sqrt{1-C^2}\,s$$

이다. 만약 $C=0$이면 M은 직원기둥의 일부분이 되고, $|C|=1$이면 평면의 일부분이다. 또한 $0<|C|<1$이면 M은 직원뿔의 일부분이 된다. ■

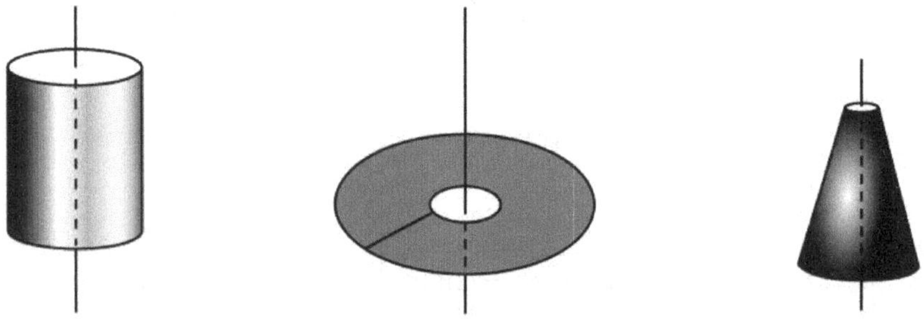

그림 4-6-4

곡선 (**)를 **추적선(Tractrix)**이라고 한다. 이 곡선위의 임의의 점과 그 점에서 그은 접선이 $z-$축과 만나는 점사이의 거리는 1로서 항상 일정하다(연습문제 4.6.1). 의구면위에서의 기하학은 비유클리드기하학의 일종으로 유클리드 기하학과는 다른 성질들을 가지고 있는데 예컨대, 의구면위의 측지삼각형의 내각의 합은 π보다 작음을 알 수 있다(예제 5.4.16).

회전면이 아니면서 가우스 곡률이 상수인 곡면도 존재함을 알 수 있다(연습문제 4-6-3).

| 연습문제 4-6 |

1. $(x,y)-$평면위에있는 추적선 $\alpha(t)=(t,\ \sqrt{1-t^2}-\cosh^{-1}(\frac{1}{t}),\ (0<t<1)$에 대하여 임의의 점과 그 점에서 그은 접선이 $y-$축과 만나는 점사이의 거리는 1로서 항상 일정함을 보여라.

   참고: 곡선 $\alpha:(0,\pi)\to R^2$, $\alpha(t)=(\sin t, \cos t+\ln\tan(t/2))$는 표현은 위의 곡선과 다르지만 적절히 치환하여 계산해보면 일치함을 알 수 있다.

2. 의구면에 대하여 다음 물음에 답하여라.
   (1) 위선의 길이를 구하여라.
   (2) 겉면적을 구하여라.
   (3) 주곡률을 구하여라.
   (4) 모든 점이 쌍곡점임을 보여라.

3. 단순곡면 $X(u,v)=(\cos u, 2\sin u, v)$의 가우스곡률이 상수임을 보여라.

05 대역 곡면이론(Global Surface Theory)

대역 곡면이론은 곡면의 국소적 및 대역적(주로 위상적인 성질)사이의 관계를 다룬다. 앞 장에서는 곡면 전체를 보기 보다는 곡면위의 한 점 근방에서 곡면의 형태를 조사하였다는 점에서 곡면의 대역이론과 성격이 다르다. 제1절에서는 몇 가지 대역적 결과들을 증명한다. 2절의 측지좌표조각과 3절의 방향성은 4절의 가우스-보네정리를 증명하는데 필요하다. 가우스-보네정리는 곡면이론 중에서 가장 아름답고 심오한 결과라고 말 할 수 있다. 그것은 곡면위에서 가우스곡률의 평균값이 순수한 위상적 성질인 오일러 표수와 관련이 있다는 것이다. 다시 말하면 곡면을 연속적으로 변형하여도 가우스곡률의 평균값이 변하지 않는다는 것이다. 이 정리는 일반적인 차원의 다양체에서 원형으로 응용되면서 20세기 수학의 가장 중요한 주제 중의 하나로 자리 잡았다.

제1절 간단한 대역적 성질들

R^3의 부분집합 Ω가 컴팩트라 함은 Ω가 유계이고 닫힌집합일 때를 말한다. 여기서 유계란 Ω가 적당한 열린 구에 포함되는 것이다. 다음 정리는 위상적 조건(컴팩트)이 어떻게 기하적인 성질을 주는지를 보여준다.

정리 5.1.1

M이 R^3의 컴팩트 곡면이면, $K(p) > 0$인 $p \in M$가 존재한다.

증명

$r > 0$에 대하여,

$\overline{B}(r) = \{(x,y,z) \in R^3 | x^2 + y^2 + z^2 \le r^2\}$, $S(r) = \{(x,y,z) \in R^3 | x^2 + y^2 + z^2 = r^2\}$

로 두자.

함수 $f : R^3 \to R$를 $f(\boldsymbol{v}) = <\boldsymbol{v}, \boldsymbol{v}>$라고 정의하면 f는 연속함수이므로 컴팩트 집합 M위에서 최대값을 가지는 점 $P \in M$ 존재한다. 점 P의 위치벡터를 $\boldsymbol{p}$, $\| \boldsymbol{p} \| = r$

라고 하자. 그러면 곡면 M은 $\overline{B}(r)$안에 있게 되고 점 P에서 $S(r)$과 만나게 된다. 여기서 곡면 M이 점 P에서 구면보다는 적어도 더 굽어 있어야 하고, 따라서 점 P에서 가우스곡률이 $\frac{1}{r^2}$보다는 커야 한다는 것이다.

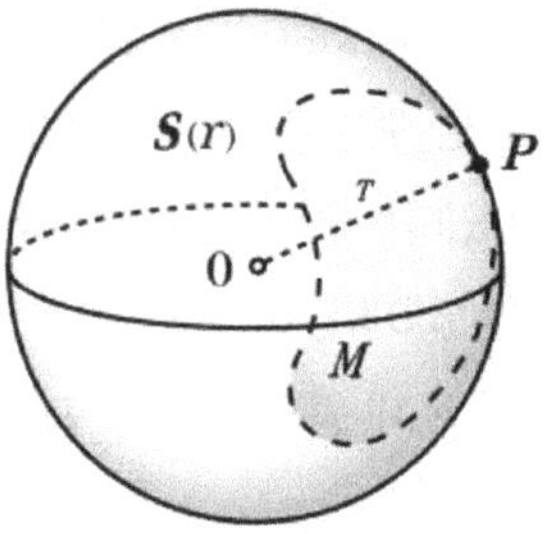

그림 5-1-1

이 아이디어를 구체화하여 보자. $\gamma(s)$를 점 $P=\gamma(0)$를 지나는 임의의 단위속력곡선이라 하자. $f(\gamma(s))$는 $s=0$에서 극댓값을 가지므로 $s=0$에서

$$\frac{d}{ds}f(\gamma(s))=0,\ \frac{d^2}{ds^2}f(\gamma(s))\le 0$$

$$(*)\qquad <\gamma(0),\gamma'(0)>=0,\ <\gamma(0),\gamma''(0)>+1\le 0$$

위의 첫 번째 식은 $\boldsymbol{p}=\gamma(0)$가 점 P에서 M의 접평면에 수직인 벡터임을 말하고 있다.

점 $P(\in M)$ 근방의 좌표조각 X를 선택해서 단위 법벡터 $\boldsymbol{n}$을 생각하면 $\boldsymbol{n}=\pm\frac{\boldsymbol{p}}{r}$인 관계식을 얻는다. $\boldsymbol{n}$의 부호에 따라서 점 P에서의 법곡률은 (*)의 두 번째 식으로부터

$$\kappa_n=<\gamma''(0),\boldsymbol{n}>\ \le -\frac{1}{r}\ \text{이거나}\ \ge \frac{1}{r}$$

이다. 따라서 점 P에서의 X의 주곡률은 $\kappa_1, \kappa_2 \le -1/r$ 이거나 $\kappa_1, \kappa_2 \ge 1/r$이다. 각 경우에 대해서 점 P에서 $K \ge 1/r^2 > 0$이다. ■

위의 정리로부터 가우스곡률 $K < 0$인 컴팩트 곡면은 존재하지 않음을 알 수 있다. 컴팩트 조건하에서 가우스곡률 K가 상수이면 $K > 0$이다. 아래 예제들은 위 정리에서 M이 컴팩트 집합(유계 닫힌집합)이라는 가정은 꼭 필요하다는 사실을 알려준다.

예 5.1.2

(1) $R^2 \times \{0\}$에서 $K \equiv 0$이다.

(2) $M = \{(x,y,z) \in R^3 | x^2 + y^2 - z^2 = 1\}$은 R^2의 닫힌집합이다. 그리고, M에서 $K < 0$이다(연습문제 5-1-4).

> **정리 5.1.3** | 무스니어(Meusnier, 1785)
>
> M을 연결곡면(Connected Surface)이라 하자. M의 점이 모두 배꼽점이면, M은 구면 또는 평면의 일부이다.

증명

(1) $X: U \to M$가 좌표조각이면 $X(U)$에서 주곡률 $\kappa = \kappa_1 = \kappa_2$는 상수임을 보이자. 모든 방향이 주곡률 방향이므로, $L_p(X_i) = \kappa(p) X_i$이다.

$\forall i = 1, 2,\ \boldsymbol{n}_i = -L(X_i) = -\kappa X_i$이고 $\boldsymbol{n}_{ij} = -\dfrac{\partial \kappa}{\partial u_j} X_i - \kappa X_{ij}$이므로

$0 = \boldsymbol{n}_{12} - \boldsymbol{n}_{21} = -\dfrac{\partial \kappa}{\partial u_2} X_1 - \dfrac{\partial \kappa}{\partial u_1} X_2$이다. 이 때, $\{X_1, X_2\}$가 일차독립이므로,

$\dfrac{\partial \kappa}{\partial u_2} = \dfrac{\partial \kappa}{\partial u_1} = 0$이 되어, κ가 U에서 상수임을 알 수 있다.

(2) 이제, M에서 κ가 상수임을 보이자. 함수 $f: M \to R, f(p) = \kappa(p)$라고 두고 $a \in Imf$ 로 두자. $f: M \to R$연속함수이므로 $f^{-1}(a)$은 M의 닫힌집합이다. (1)에 의해, $f^{-1}(a)$은 M의 열린집합이다. M이 연결집합이므로, $f^{-1}(a) = M$이 된다. 그러므로 κ는 M에서 상수이다.

(3) $\kappa \equiv 0$이면 M이 평면의 일부임을 보이자.

임의의 접벡터 v에 대해 $L(v) = -v[\boldsymbol{n}] = \kappa v = 0$이므로 $\boldsymbol{n}$은 상수벡터이다. $p \in M$에 대해 함수 $f: M \to R, f(q) = < q-p, \boldsymbol{n} >$라 두고 임의의 조각 $X: U \to M$에 대해 함수 $f \circ X: U \to R, (f \circ X)(u_1, u_2) = < X(u_1, u_2) - p, \boldsymbol{n} >$를 생각하면

$\dfrac{\partial f}{\partial u_i} = < X_i, n > + < X-p, \dfrac{\partial \boldsymbol{n}}{\partial u_i} > = 0 + 0 = 0,\ i = 1,2$가 된다. 그러므로 f는 $X(U)$에서 상수이고 M이 연결곡면이므로 M전체에서 상수이다. 그리고 $f(p) = 0$이므로 $f(q) = < q-p, \boldsymbol{n} > = 0$이므로 M은 평면의 일부이다.

(4) $\kappa \neq 0$이면 M이 구면의 일부임을 보이자.

좌표조각 $X: U \to M$에 대해 함수 $F: U \to R^3, F(u_1, u_2) = X(u_1, u_2) + \dfrac{1}{\kappa}\boldsymbol{n}$,

$\boldsymbol{n} = \dfrac{X_1 \times X_2}{|X_1 \times X_2|}$를 생각하자. $\dfrac{\partial F}{\partial u_i} = X_i + \dfrac{1}{\kappa}(-\kappa X_i) = 0, i = 1,2$이므로

$F(u_1, u_2) = \boldsymbol{c}$($\boldsymbol{c}$는 상수벡터)이다. 즉 $X + \dfrac{1}{\kappa}\boldsymbol{n} = \boldsymbol{c}$이다. 그러므로

$< X-\boldsymbol{c}, X-\boldsymbol{c} > = < -\dfrac{1}{\kappa}\boldsymbol{n}, -\dfrac{1}{\kappa}\boldsymbol{n} > = \dfrac{1}{\kappa^2}$이다. 즉 $X(U)$는 중심이 $\boldsymbol{c}$이고 반지름이 $\dfrac{1}{|\kappa|}$인 구면의 일부이다. 임의의 두 점 $p, q \in M$에 대해 M이 연결곡면이므로 곡선 $\alpha: [0,1] \to M,\ \alpha(0) = p,\ \alpha(1) = q$가 존재한다. $\alpha([0,1])$이 컴팩트이므로 유한개의 좌표조각 $X_k: U_k \to M,\ k = 1, \cdots, l$이 존재하여 $\alpha([0,1]) \subseteq \cup_{k=1}^{l} X(U_k)$를 만족한다. $X_k(U_k) \cap X_{k'}(U_{k'}) \neq \varnothing$이면 $X_k(U_k) \cup X_{k'}(U_{k'})$은 동일한 구면에 속한다. 그러므로 $\cup_{k=1}^{l} X(U_k)$는 하나의 구면에 속하고, p, q는 동일한 구면에 속한다. p, q는 M의 임

의의 두 점이므로 M은 구면의 일부이다. ■

구면은 가우스곡률이 상수인 컴팩트 곡면이다. 다음 리프만(Liebmann)정리는 가우스곡률이 상수인 컴팩트 곡면은 구면이 유일함을 보여주고 있다. 이를 위해 다음 도움정리를 소개한다.

도움정리 5.1.4 | 힐버트(Hilbert)

곡면 $M \subset R^3$ 위의 실함수 κ_1, κ_2에 대하여 한 점 $p \in M$에서 κ_1이 극댓값을, κ_2가 극솟값을 가진다. 이 때, $\kappa_1(p) > \kappa_2(p)$이면, $K(p) = \kappa_1(p)\kappa_2(p) \le 0$ 이다.

증명

곡면의 한 점 p가 배꼽점이 아니면 p의 적당한 근방을 좌표곡선들이 주곡률선들(Lines of Curvatures)(정의 4.2.6)인 좌표조각에 의해 덮을 수 있다는 것이 알려져 있다. (참고문헌 [4]을 참조하라.) 즉, $\kappa_1(p) \neq \kappa_2(p)$이므로 좌표조각 $X: U \to M$ $(p \in X(U))$이 존재하여 $X_i (i = 1, 2)$가 와이가르텐사상 L의 고유벡터들이 된다. 일반성을 잃지 않고 $L(X_i) = \kappa_i X_i, i = 1, 2$라고 할 수 있다. 이 좌표조각을 이용하여 정리를 증명하고자 한다.

주어진 조건에 의해 좌표조각 X의 거리계수 $g_{12} = 0$이고 또 제 2기본형식의 계수 $L_{12} = 0$이다. 그리고

$$(1)\ \kappa_1 = \frac{L_{11}}{g_{11}}, \quad \kappa_2 = \frac{L_{22}}{g_{22}}$$

이다. 코다찌-마인나르디방정식에 의해

$\dfrac{\partial L_{11}}{\partial u_2} - \dfrac{\partial L_{12}}{\partial u_1} = \sum_m (\Gamma_{12}^m L_{m1} - \Gamma_{11}^m L_{m2})$가 성립하는데 $L_{12} = 0$이므로

$\dfrac{\partial L_{11}}{\partial u_2} = (\Gamma_{12}^1 L_{11} - \Gamma_{11}^2 L_{22})$이다.

$\Gamma^1_{12} = \dfrac{g^{11}}{2}\dfrac{\partial g_{11}}{\partial u_2} = \dfrac{1}{2g_{11}}\dfrac{\partial g_{11}}{\partial u_2}$, $\Gamma^2_{11} = -\dfrac{1}{2g_{22}}\dfrac{\partial g_{11}}{\partial u_2}$를 위 식에 대입하고 식 (1)을 이용하면

(2) $\dfrac{\partial L_{11}}{\partial u_2} = \dfrac{1}{2}\dfrac{\partial g_{11}}{\partial u_2}(\kappa_1 + \kappa_2)$

가 되고 비슷한 계산에 의해

(3) $\dfrac{\partial L_{22}}{\partial u_1} = \dfrac{1}{2}\dfrac{\partial g_{22}}{\partial u_1}(\kappa_1 + \kappa_2)$

을 얻는다.

(1)의 첫 번째 식을 u_2에 대해 미분하고 식 (2)를 이용하면

(4) $g_{11}\dfrac{\partial \kappa_1}{\partial u_2} = \dfrac{1}{2}\dfrac{\partial g_{11}}{\partial u_2}(\kappa_2 - \kappa_1)$

을 얻고 비슷한 방법으로

(5) $g_{22}\dfrac{\partial \kappa_2}{\partial u_1} = \dfrac{1}{2}\dfrac{\partial g_{22}}{\partial u_1}(\kappa_1 - \kappa_2)$

를 얻을 수 있다. 한 편 $g_{12} = 0$인 경우 가우스곡률 K에 대한 공식이 (연습문제 5-1-5)

$$K = -\frac{1}{2\sqrt{g_{11}g_{22}}}\left\{\frac{\partial}{\partial u_2}\left(\frac{\partial g_{11}/\partial u_2}{\sqrt{g_{11}g_{22}}}\right) + \frac{\partial}{\partial u_1}\left(\frac{\partial g_{22}/\partial u_1}{\sqrt{g_{11}g_{22}}}\right)\right\}$$

되므로

(6) $-2Kg_{11}g_{22} = \dfrac{\partial^2 g_{11}}{\partial u_2^2} + \dfrac{\partial^2 g_{22}}{\partial u_1^2} + M\dfrac{\partial g_{11}}{\partial u_2} + N\dfrac{\partial g_{22}}{\partial u_1}$

이다. 여기서 M과 N은 u_1, u_2에 관한 함수들이다. 식 (4)와 (5)로부터 $\dfrac{\partial g_{11}}{\partial u_2}$와 $\dfrac{\partial g_{22}}{\partial u_1}$에 관한 식을 구한 뒤 미분하여 식 (6)에 대입하면

$$-2Kg_{11}g_{22} = -\frac{2g_{11}}{\kappa_1 - \kappa_2}\frac{\partial^2 \kappa_1}{\partial u_2^2} + \frac{2g_{22}}{\kappa_1 - \kappa_2}\frac{\partial^2 \kappa_2}{\partial u_1^2} + \widetilde{M}\frac{\partial \kappa_1}{\partial u_2} + \widetilde{N}\frac{\partial \kappa_2}{\partial u_1}$$

이다. 여기서 $\widetilde{M}, \widetilde{N}$는 u_1, u_2에 관한 함수들이다. 따라서

$$(7)\ -2Kg_{11}g_{22}(\kappa_1-\kappa_2)=-2g_{11}\frac{\partial^2\kappa_1}{\partial u_2^2}+2g_{22}\frac{\partial^2\kappa_2}{\partial u_1^2}+\overset{\approx}{M}\frac{\partial\kappa_1}{\partial u_2}+\overset{\approx}{N}\frac{\partial\kappa_2}{\partial u_1}$$

이다. 물론 여기서 $\overset{\approx}{M}, \overset{\approx}{N}$은 u_1, u_2에 관한 함수들이다. 점 p에서 κ_1이 극댓값을 갖고 κ_2는 극솟값을 가지므로

$$\frac{\partial\kappa_1}{\partial u_2}=\frac{\partial\kappa_2}{\partial u_1}=0,\ \ \frac{\partial^2\kappa_1}{\partial u_2^2}\le 0,\ \ \frac{\partial^2\kappa_2}{\partial u_1^2}\ge 0$$

가 성립하므로 이를 고려하면 식 (7)의 우측 항은 점 p에서 0보다 크거나 같다. 그러므로 좌측항의 가우스곡률 값은 $K(p)\le 0$이다. ■

토러스의 안쪽 원위의 모든 점은 위의 보조정리를 만족한다. 또한 현수면의 작은 원위의 모든 점도 위의 보조정리를 만족한다.

> **정리 5.1.5** | 리프만(Liebmann)
>
> $M\subset R^3$을 가우스곡률 K가 상수이고 컴팩트 연결곡면이라 하자. 이 때, M은 반지름이 $1/\sqrt{K}$인 구면이다.

증명

$M\subset R^3$은 컴팩트이므로 방향을 줄 수 있다(정리 5.3.4). 곡면 전체에서 정의되는 연속인 단위법벡터장이 존재한다. 그러므로 연속인 주곡률함수 $\kappa_1\ge\kappa_2\ge 0$가 곡면 전체에서 정의된다. M이 컴팩트이므로 κ_1가 최댓값을 갖는 점 p가 존재한다. 한편 $K=\kappa_1\kappa_2$가 상수인데 정리 5.1.1에 의해 $K>0$이므로 κ_2는 점 p에서 최솟값을 가져야한다. 이 때, $\kappa_1(p)>\kappa_2(p)$가 될 수는 없다. 왜야하면 위의 힐버트의 보조정리에 의하여 $K\le 0$이기 때문이다. 따라서 $\kappa_1(p)=\kappa_2(p)$이다. 점 p의 선택에 의하여 M

의 모든 점은 배꼽점이다. 그러므로 무스니어정리 5.1.3에 의하여 M은 반지름이 $1/\sqrt{K}$인 구면이다. ■

리프만정리는 컴팩트란 조건이 없으면 성립하지 않는다. 예를 들면, 일정한 가우스곡률을 갖는 구면이 아닌 회전면은 R^3내에 많이 존재하기 때문이다.

| 연습문제 5-1 |

1. 컴팩트 곡면 $M \subset R^3$의 가우스곡률 $K>0$이다. 이 때, 평균곡률 H가 상수이면 M은 반지름이 $1/|H|$인 구면임을 증명하여라.

2. 곡면 $M \subset R^3$의 가우스곡률 K와 H가 $K=0=H$이면 M은 평면의 일부임을 보여라.

3. 곡면 $M \subset R^3$의 모든 점이 배꼽점이면 M은 국소적으로 평면의 일부이거나 구면의 일부임을 보여라.

4. 예 5.1.2에서 곡면 $x^2+y^2-z^2=1$을 회전면으로 매개화하여 각 점에서 가우스 곡률이 $K<0$임을 보여라.

5. 곡면 M의 좌표조각 $X: U \to M$의 거리계수에 대해 $g_{12}=0$이면 가우스곡률이 다음과 같이 주어짐을 보여라.

$$K=-\frac{1}{2\sqrt{g_{11}g_{22}}}\left\{\frac{\partial}{\partial u_2}\left(\frac{\partial g_{11}/\partial u_2}{\sqrt{g_{11}g_{22}}}\right)+\frac{\partial}{\partial u_1}\left(\frac{\partial g_{22}/\partial u_1}{\sqrt{g_{11}g_{22}}}\right)\right\}$$

제2절 측지좌표조각 (Geodesic Coordinate Patches)

곡면의 임의 점에서 특별한 좌표조각 즉, 측지좌표조각을 사용하면 경우에 따라서 계산하는데 편리한데 이는 가우스-보네정리를 증명하는데도 필요하다.

$X(U)$가 곡면 M의 좌표조각으로 $g_{11}=1, g_{12}=0$을 만족하면, u_1-곡선은 측지선이 된다. 이유는 다음과 같다. 우선, $g_{11}=1$이므로 u_1-곡선은 단위속력곡선이다. u_1-곡선이 측지선임을 보이기 위해서는 X_{11} 이 곡면에 수직임을 보이면 된다. $< X_1, X_1 > =1$로부터, $< X_{11}, X_1 > =0$을 얻는다. 또한, $< X_1, X_2 > =0$와 $< X_1, X_1 > =1$로부터,

$$< X_{11}, X_2 > = -< X_1, X_{21} > = -< X_1, X_{12} > =0$$

이 되어 X_{11}은 곡면에 수직이다.

정의 5.2.1

곡면 M의 좌표조각 $X(U)$가 $g_{11}=1, g_{12}=0$을 만족 할 때, X를 **측지좌표조각(Geodesic Coordinate Patch)** 이라고 한다. 또한, 곡선 $\gamma:[a,b]\to X(U)$의 상(image)에 있는 한 점을 지나는 u_2-곡선이 γ자신일 때, X를 γ**를 따르는 측지좌표조각**이라고 한다.

정리 5.2.2

M이 곡면이고, $\alpha:[a,b]\to M$이 닫힌곡선이 아닌, 단순(Simple)정칙곡선이면, α를 따르는 측지좌표조각 $X:U\to M$가 존재한다.

증명

α가 $(c,d)(\supset [a,b])$에서 정의되었다고 하자. $c<e<a<b<f<d$ 인 e,f를 선택하자. $V(t)=-\boldsymbol{n}(t)\times\dfrac{\dot{\alpha}(t)}{|\dot{\alpha}(t))|}$ $(c<t<d)$로 두자. 여기서 $\boldsymbol{n}(t)$는 α를 따르는 M의 단위법벡터장이다.

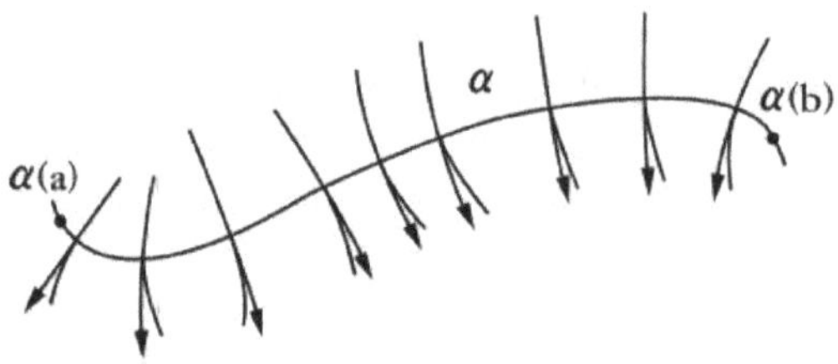

그림 5-2-1

(1) 각각의 $t\in[e,f]$에 대하여, $\alpha_t(0)=\alpha(t)$, $\dfrac{d\alpha_t}{ds}(0)=V(t)$인 유일한 측지선 $\alpha_t(s)$가 존재한다 (정리 3.5.8 참고). $X(s,t)=\alpha_t(s)$라 두면 X는 C^3- 급이다(측지선은 정리 3.5.2의 (측지)미분방정식을 만족한다). $[e,f]$는 폐구간이므로 적당한 $\delta>0$가 존재하여 $X:[-\delta,\delta]\times[e,f]\to M$가 단사이다. 이 때,

$$X_1(0,t)=V(t),\ X_2(0,t)=\frac{d\alpha}{dt}$$

이다. 또한 $V(t)$와 $\dfrac{d\alpha}{dt}$는 서로 수직이고 영벡터가 아니므로 $X_1(0,t)\times X_2(0,t)\neq 0$이다. 그러므로 $\epsilon>0(\epsilon\le\delta)$이 존재하여 $[-\epsilon,\epsilon]\times[e,f]$에서 $X_1\times X_2\neq 0$이다. 따라서 $X:(-\epsilon,\epsilon)\times(e,f)\to R^3$는 $\alpha([a,b])$를 포함하는 C^3급 좌표조각이고

$$g_{11}\equiv 1\quad (X_1=\partial\alpha_t/\partial s\text{이고 } \alpha_t(s)\text{가 측지선이므로}),$$

$$\frac{\partial g_{12}}{\partial s} = < X_{11}, X_2 > + < X_1, X_{12} >$$

이다. 여기서 두 번째 식 $\frac{\partial g_{12}}{\partial s} = 0$이다. 왜야하면 α_t는 측지선이므로 $X_{11} = \frac{\partial^2 \alpha_t}{\partial s^2}$는 M에 수직이어서 $< X_{11}, X_2 > = 0$이고, $< X_{12}, X_1 > = 0$은 $< X_1, X_1 > = 1$로부터 얻는다. 그러므로 g_{12}는 변수 s에 관하여 상수이다.

더욱이 $g_{12}(s,t) = g_{12}(0,t) = < V, \dot{\alpha} > = 0$이므로 $g_{12} \equiv 0$이며 X는 측지좌표조각이다. $u_1 = s, u_2 = t$라 두면 $\alpha(a) = \alpha_a(0) = X(0,a)$를 지나는 u_2-곡선은 $X(0,a+t) = \alpha_{a+t}(0) = \alpha(a+t)$이므로 α이다. 그러므로 X는 곡선 α를 따르는 측지좌표조각이다. ■

※ **주목할 사실** : 위의 정리에서 α가 단위속력을 갖는 측지선이면 다음이 성립한다.

(1) $g_{22}(0, u_2) = < X_2(0, u_2), X_2(0, u_2) > = |\alpha'(u_2)|^2 = 1,$

(2) $\frac{\partial g_{22}}{\partial u_1}|_{(0, u_2)} = 0$

이다. 이유는 다음과 같다. 우선 $\alpha''(u_2) = X_{22}(0, u_2)$이고 α가 측지선이므로

$$\frac{\partial g_{22}}{\partial u_1} = \frac{\partial}{\partial u_1} < X_2, X_2 > = 2 < X_{21}, X_2 > = 2 < X_{12}, X_2 > = -2 < X_1, X_{22} >$$

이고, 이로부터

$$\frac{\partial g_{22}}{\partial u_1}|_{(0, u_2)} = -2 < X_1(0, u_2), X_{22}(0, u_2) > = 0$$

임을 알 수 있다.

예 5.2.3

회전면의 표준매개화는 등위원을 따르는 측지좌표조각이다(연습문제 5.2.1).

| 연습문제 5-2 |

1. 회전면의 표준좌표조각(예제 5.2.3)은 등위원을 따르는 측지좌표조각임을 보여라.

2. 정리 5.2.2에 사용한 곡선 α가 측지선이라고 하자. 이 때 측지선 α를 따라서 $(g_{ij})=(\delta_{ij})$임을 보여라.

3. 측지좌표조각 X의 거리계수행렬이 다음과 같이 주어져 있다.

$$(g_{ij})=\begin{bmatrix}1 & 0\\ 0 & h^2\end{bmatrix},\ h>0.$$

이 때,

$$\Gamma_{12}^{\ 2}=\Gamma_{21}^{\ 2}=h_1/h,\ \Gamma_{22}^{1}=-hh_1,\ \Gamma_{22}^{\ 2}=h_2/h,\ (\partial h/\partial u_i=h_i)$$

$\Gamma_{ij}^{\ k}=0$ 그 외의 경우,

$$K=-h_{22}/h$$

임을 보여라.

제3절 방향성(Orientability)

평면에서는 기준 축을 $x-$축으로 하여 원점을 중심으로 반시계방향을 양의 방향으로 정하였다. 곡면에서도 기준이 되는 대상을 설정하여 평면에서의 반시계방향과 유사한 방향개념을 주어보자.

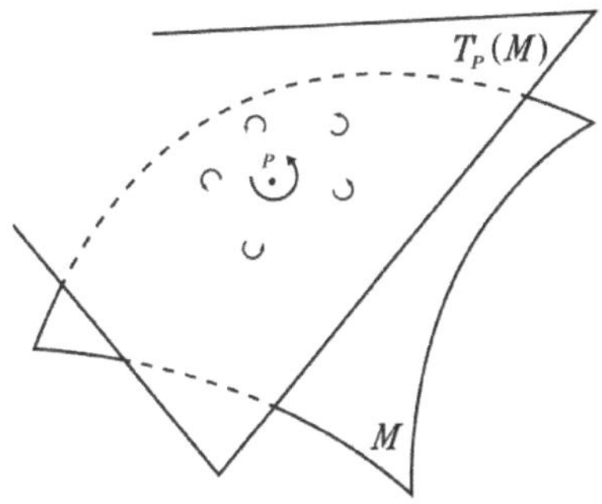

그림 5.3.1

> **정의 5.3.1**
>
> 다음 조건을 만족하면 곡면 M에 **방향을 줄 수 있다 (Orientable)**고 한다.
>
> $[\forall p \in M,\ \boldsymbol{n}(p) \perp T_p(M)]$ 인 연속함수 $\boldsymbol{n} : M \rightarrow S^2$이 존재한다.

예 5.3.2

(1) S^2에 방향을 줄 수 있다.

(2) 토러스 T^2에도 방향을 줄 수 있다.

(3) 뫼비우스 띠($M\ddot{o}bius$ Band)에는 방향을 줄 수 없다.

(4) 미분가능인 $f : R^3 \rightarrow R$에 대하여 $M = \{p \in R^3 \mid f(p) = 0\}$이라 두자. 모든 $p \in M$에 대해서 $(\nabla f)(p) = (f_x(p), f_y(p), f_z(p)) \neq 0$이면 M은 곡면(등위곡면이라함)이 된다(정리 3.2.5 상기). f의 능위곡면 M에 항상 방향을 줄 수 있다. 왜냐하면 $\boldsymbol{n}(p) = \dfrac{\nabla f(p)}{\nabla f(p)}$라 두면 $\boldsymbol{n} : M \rightarrow S^2$은 연속함수이기 때문이다.

좌표변환함수를 상기하여 보자.

곡면 M의 점 p의 근방에서 정의된 좌표조각을 $X: U \rightarrow M$과 $Y: V \rightarrow M$이라 두면 좌표변환함수 $f = (Y^{-1} \circ X)(u_1, u_2) = (v_1(u_1, u_2), v_2(u_1, u_2))$에 대해서

$$X_i = \sum_{k=1}^{2} \frac{\partial v_k}{\partial u_i} Y_k, \quad (X_i = \partial X / \partial u_i,\ Y_i = \partial Y / \partial v_i,\quad i = 1, 2)$$

이고

$$X_1 \times X_2 = \det(J(f))\, Y_1 \times Y_2$$

이다.

정리 5.3.3

곡면 M에 방향을 줄 수 있을 필요충분조건은 다음 두 조건을 만족하는 좌표조각모임 $\Gamma = \{X : U \subset R^2 \to M\}$이 존재하는 것이다.

(1) $\cup_{X \in \Gamma} X(U) = M$,

(2) $X, Y \in \Gamma$에 대하여 $p \in X(U) \cap Y(V)$이면

$$\det J(f)(a,b) > 0, \quad (a,b) = X^{-1}(p)$$

이다.

증명

조건 (1)과 (2)를 만족하는 좌표조각모임 $\Gamma = \{X : U \subset R^2 \to M\}$이 존재한다고 하자. 각 점 $p \in M$에 대하여 적당한 좌표조각 $X \in \Gamma$가 존재하여 $p \in X(U)$이다. 이때, $X(U)$위의 벡터장 $\boldsymbol{n}(p)$를

$$\boldsymbol{n}(p) = \frac{X_1 \times X_2}{|X_1 \times X_2|}(a,b), \quad X(a,b) = p$$

와 같이 정의하면 영 벡터가 아닌 $X(U)$위의 단위법벡터장이다. 이제 $\boldsymbol{n}$이 M전체에서 잘 정의되는 단위법벡터장이 됨을 보이자. 이를 위하여 점 p의 중첩좌표조각 X, Y 즉, $p \in X(U) \cap Y(V)$일 때,

$$\frac{X_1 \times X_2}{|X_1 \times X_2|} = \frac{Y_1 \times Y_2}{|Y_1 \times Y_2|}$$

임을 보이면 된다. 앞에서 상기한 내용으로부터

$$\frac{X_1 \times X_2}{|X_1 \times X_2|} = \frac{\det J(f)\, Y_1 \times Y_2}{|\det J(f)|\ |Y_1 \times Y_2|} = \frac{Y_1 \times Y_2}{|Y_1 \times Y_2|}$$

이다. 마지막 등식은 조건 (2)로부터 나온다. 역으로 $\boldsymbol{n} : M \rightarrow S^2$을 연속인 단위법벡터장이라 하자. 곡면 M은 유한개 혹은 무한개의 좌표조각모임
$\Gamma = \{X : U \subset R^2 \rightarrow M\}$로 덮을 수 있다. 그러므로 각 좌표조각 $X(U)$의 점
$p = X(u_1, u_2)$에서

$$\boldsymbol{n}(p) = \pm \frac{X_1 \times X_2}{|X_1 \times X_2|}(a,b),\ X(a,b) = p$$

이므로

$$< \boldsymbol{n}, \frac{X_1 \times X_2}{|X_1 \times X_2|} > = \pm 1$$

이다. 내적은 연결집합 $X(U)$위에서 연속함수이므로 부호가 일정해야 한다. 음수일 때는 매개변수 u_1, u_2를 바꾸어서 $X(U)$위에서

$$\boldsymbol{n} = \frac{X_1 \times X_2}{|X_1 \times X_2|}$$

라고 가정해도 된다. 이렇게 하여 새롭게 얻어진 좌표조각모임을 $\Gamma' = \{X : U \rightarrow M\}$라 두자. 이제 중첩하는 두 좌표조각의 교집합에서 야코비행렬식이 양수임을 보이자.

만약 음수이면 $p \in X(U) \cap Y(V)$에 대하여

$$\frac{X_1 \times X_2}{|X_1 \times X_2|} = \boldsymbol{n}(p) = \frac{\det J(f) Y_1 \times Y_2}{|\det J(f)| \, |Y_1 \times Y_2|} = - \frac{Y_1 \times Y_2}{|Y_1 \times Y_2|} = - \boldsymbol{n}(p)$$

이므로 모순이다. 그러므로 새롭게 얻어진 좌표조각모임 $\Gamma' = \{X : U \to M\}$은 조건 (1)과 (2)를 만족하므로 곡면 M에 방향을 줄 수 있다. ■

방향(orientation)이란 정리 5.3.3의 두 조건을 만족하는 하나의 좌표조각모임의 선택을 말한다. 즉, 연속적으로 정의된 하나의 단위법벡터의 선택이라고 말할 수 있다. 방향은 곡면의 국소적 성질이 아니다. 국소적으로는 곡면은 평면의 열린집합과 미분동형이므로 방향을 줄 수 있다. 방향은 전체곡면이 관련된다는 점에서 대역적 성질이다. 방향성에 관한 다음 대역적 정리를 증명 없이 소개한다(증명은 참고문헌 [3]을 참조하라.).

정리 5.3.4

모든 컴팩트 곡면 $M \subset R^3$에는 방향을 줄 수 있다.

곡면에 방향이 정해지면 각을 잴 수 있다. 두 접벡터 $V, W \in T_pM$에 대하여 V로부터 W로의 각 $\theta = \measuredangle(V, W)$는 부호까지 생각하여 $\cos\theta = \dfrac{\langle V, W \rangle}{|V| \, |W|}$ 같이 정의한다. 여기서 θ의 부호는 $[V, W, \boldsymbol{n}]$의 부호와 같고, 이것은 반시계방향 혹은 오른손 법칙에 해당하는 것이다.

| 연습문제 5-3 |

1. 회전면에 방향을 줄 수 있음을 보여라.(힌트 : 예제 5.3.2의 (4)를 생각하여라)

2. 곡면 N에 방향을 줄 수 있다고 하자. $f:\ M\to N$이 C^3-급 함수로서 각 점 $p\in M$에서 국소 미분동형함수이면 M에 방향을 줄 수 있음을 보여라.

3. 연결곡면 M위에서 정의된 미분가능인 함수 $f: M\to R$에 대하여 다음 물음에 답하여라.
   (1) $df=0$이면 f는 상수함수임을 보여라.
   (2) f가 M전체에서 0이 아니면 $f>0$ 이거나 $f<0$임을 보여라.

4. 방향을 줄 수 있는 곡면은 꼭 2개의 단위법벡터(서로 반대 방향)를 가짐을 보여라. (위의 문제를 이용하여라)

5. $f: M\to N$가 곡면 사이의 미분동형함수라 한다. 다음 명제를 증명하여라.
   (1) M에 방향을 줄 수 있을 필요충분조건은 N에 방향을 줄 수 있는 것이다.
   (2) 미분동형함수 f는 N에 방향을 유도하는데 N위에 원래 있던 방향과는 반드시 일치하지는 않는다. 따라서 방향성은 미분동형함수에 의하여 보존되나 방향은 일반적으로 보존되지 않는다(구면에서 대척점으로 보내는 함수를 생각해보라). 만약 M,N이 연결이라면 미분동형함수 f는 방향을 보존하거나 거스르거나 한다.

제4절 가우스-보네 정리(Gauss Bonnet Theorem)

가우스-보네 정리는 곡면의 미분기하학에서 가장 깊이 있는 정리라고 볼 수 있다. 이 정리의 첫 번째 형태는 가우스가 발표했는데 곡면위의 **측지삼각형**(세변이 측지선으로 이루어진 삼각형)인 경우에 대해 다루었다.

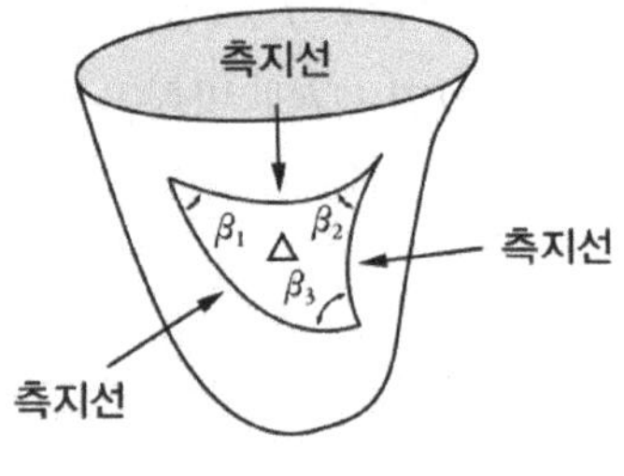

그림 5-4-1

측지삼각형 $\triangle$에서 내각 $\beta_1, \beta_2, \beta_3$의 합과 π와의 잉여값이 $\triangle$위에서 가우스곡률 K의 적분과 같다. 즉,

$$\sum_{k=1}^{3} \beta_k - \pi = \iint_{\triangle} K \, d\sigma$$

이다. $K \equiv 0$(평면, 실린더 등)이면 $\sum_{k=1}^{3} \beta_k = \pi$ 이다. $K \equiv 1$이면 $\sum_{k=1}^{3} \beta_k - \pi =$ 삼각형의 면적이다. 가령 단위구면상에서의 임의의 측지삼각형의 내각의 합이 π보다 크다. 나팔 모양의 의구면(pseudosphere)위에서는 임의의 측지삼각형의 내각의 합이 π보다 작다는 것을 확인할 수 있다.

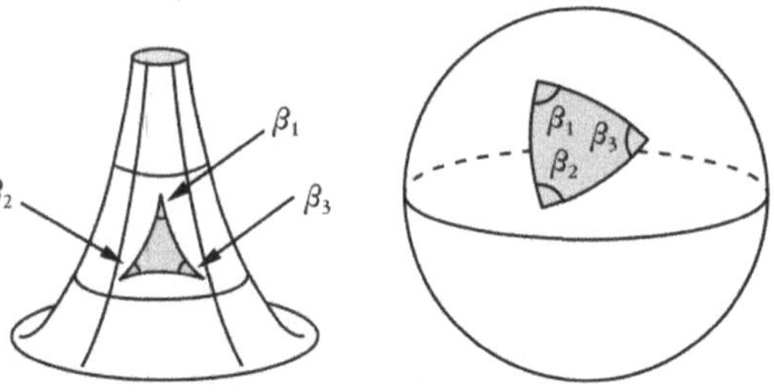

그림 5-4-2

위의 공식의 일반화된 공식을 증명하기위하여 다음 위상적 개념을 준비해 두자.

정의 5.4.1

곡면 M의 부분집합 S가 개집합이고 길 연결(Path Connected)일 때, S를 **영역(region)**이라고 한다. 영역 $S(\subset M)$의 임의의 단순폐곡선을 S 내에서 연속적으로 변형하여 한 점으로 줄어들게 할 수 있을 때, 영역 S를 **단순연결(Simply Connected)**이라고 한다.

예 5.4.2

(1) 좌표조각 $X : U \to M$에서, U가 열린 원판 또는 열린 직사각형이면 $X(U)$는 단순연결이다.

(2) S^2는 단순연결이다.

(3) 토러스 T는 단순연결이 아니다.

정리 5.4.3 | 국소적 가우스-보네 정리

M이 곡면이고, $X : U \to M$ 이 M의 좌표조각이고, $S(\subset X(U))$를 단순연결 영역이라고 하자. $\gamma = \partial S$은 단순폐곡선으로 조각별 정칙곡선(Piecewise Regular Curve)이라고 하고 $\alpha_1, \alpha_2, \cdots, \alpha_n$을 γ의 교차점에서의 외각이라고 두면, 다음 식이 성립한다.

$$\iint_S K\, d\sigma + \int_\gamma \kappa_g ds + \sum_{k=1}^{n} \alpha_k = 2\pi.$$

증명

(1) $X : U \to M$을 측지좌표조각이라고 해도 무방하다. 따라서 다음이 성립한다.

- 제1기본형식의 계수 : $\begin{bmatrix} 1 & 0 \\ 0 & h^2 \end{bmatrix}, h > 0.$

- 크리스토펠 기호들 : $\Gamma_{12}^2 = \Gamma_{21}^2 = \dfrac{h_1}{h}$, $\Gamma_{22}^1 = -hh_1$, $\Gamma_{22}^2 = \dfrac{h_2}{h}$, 나머지는 0.

• 가우스 곡률 : $K=\dfrac{-h_{11}}{h}$.

(2) γ가 거의(교차점을 제외하고) 호의 길이로 매개화되어 있다고 해도 무방하다. T 를 γ의 단위접벡터장으로, P는 어떤 교차점에서 출발하는 γ를 따르는 평행인 단위벡터장으로 두자. 그리고

$$\alpha = \measuredangle(X_1, T),\ \phi = \measuredangle(X_1, P),\ \theta = \measuredangle(P, T)$$

로 두면

$$\frac{d\alpha}{ds} = \frac{d\phi}{ds} + \frac{d\theta}{ds}$$

이다.

(3) $\displaystyle\int_\gamma \phi'\, ds = \iint_S K d\sigma$ 임을 보이자. $\gamma(s) = X(\gamma_1(s), \gamma_2(s))$로 두자.

$\cos\phi(s) = \langle X_1, P\rangle$ 이므로,

$$\begin{aligned}(-\sin\phi)\phi' &= \langle X_1', P\rangle = \langle X_{11}\frac{d\gamma_1}{ds} + X_{12}\frac{d\gamma_2}{ds}, P\rangle \\ &= \langle \frac{d\gamma_1}{ds}\sum_k \Gamma_{11}^k X_k + \frac{d\gamma_2}{ds}\sum_k \Gamma_{12}^k X_k, P\rangle \\ &= \frac{h_1}{h}\frac{d\gamma_2}{ds}\langle X_2, P\rangle\end{aligned}$$

이 된다. 이 때, 세 번째 등호는 가우스 방정식을 사용하였다. 한편 $\left\{X_1, \dfrac{X_2}{h}\right\}$가 정규직교기저이므로, $P = \langle P, X_1\rangle X_1 + \langle P, \dfrac{X_2}{h}\rangle \dfrac{X_2}{h} = (\cos\phi)X_1 + (\sin\phi)\dfrac{X_2}{h}$

이 되고, $(-\sin\phi)\phi' = \dfrac{h_1}{h}\dfrac{d\gamma_2}{ds}\langle X_2, P\rangle = (\sin\phi)h_1\dfrac{d\gamma_2}{ds}$가 되어,

$\phi' = -h_1\dfrac{d\gamma_2}{ds}$가 된다.

따라서, $\int_\gamma \phi' \, ds = -\int_\gamma h_1 \frac{d\gamma_2}{ds} ds = -\int_\gamma h_1 d\gamma_2 = -\int_\gamma h_1 du_2$ 이고, 그린(Green)의 정리에 의해, $\int_\gamma h_1 du_2 = \iint_{X^{-1}(S)} h_{11} du_1 du_2 = \iint_{X^{-1}(S)} \frac{h_{11}}{h} h du_1 du_2$ 이고, $\frac{h_{11}}{h} = -K$, $h\,du_1 du_2 = d\sigma$ 이므로, $\int_\gamma \phi' \, ds = \iint_S K d\sigma$ 이 된다.

(4) $\int_\gamma \theta' \, ds = \int_\gamma \kappa_g ds$ 임을 보이자. $\cos\theta = \langle T, P \rangle$ 이므로,

$(-\sin\theta)\theta' = \langle T', P \rangle$ 이다.

따라서,
$$
\begin{aligned}
\kappa_g &= \langle \boldsymbol{n} \times T, T' \rangle = \langle \boldsymbol{n}, T \times T' \rangle \\
&= \langle \frac{1}{\sin\theta} P \times T, T \times T' \rangle \\
&= \frac{1}{\sin\theta} \langle P, T \times (T \times T') \rangle \\
&= \frac{1}{\sin\theta} \langle P, \langle T, T' \rangle T - \langle T, T \rangle T' \rangle \\
&= \frac{-1}{\sin\theta} \langle P, T' \rangle \\
&= \theta'
\end{aligned}
$$

이 된다. 이 식에서 다섯 번째 등호는 공식 $\boldsymbol{a} \times (\boldsymbol{b} \times \boldsymbol{c}) = \langle \boldsymbol{a}, \boldsymbol{c} \rangle \boldsymbol{b} - \langle \boldsymbol{a}, \boldsymbol{b} \rangle \boldsymbol{c}$ 을 사용하였다.

(5) 다음 회전지표정리(Rotation Index Theorem)를 받아들이고

$$\int_\gamma \alpha' \, ds + \sum \alpha_i = 2\pi$$

식 (*)에 (3), (4), (5)를 대입하면 $\iint_S K \, d\sigma + \int_\gamma \kappa_g ds + \sum_{k=1}^{n} \alpha_k = 2\pi$ 이 된다. ■

예 5.4.4

(1) 구면 S^2의 세변이 측지선으로 이루어진 측지삼각형을 γ로 두고, S를 곡선 γ의 내부로 두자. 그리고 S의 세 내각을 $\beta_1, \beta_2, \beta_3$로 두면, γ의 외각은 $\alpha_1 = \pi - \beta_1, \alpha_2 = \pi - \beta_2, \alpha_3 = \pi - \beta_3$이다. 따라서

$$2\pi = \iint_S K\, d\sigma + \int_\gamma \kappa_g ds + \sum_{k=1}^{n} \alpha_k = A(S) + \sum_{k=1}^{3} (\pi - \beta_k)$$

이므로 S의 면적은 $A(S) = \beta_1 + \beta_2 + \beta_3 - \pi$이다.

정의 5.4.5

M을 R^3의 컴팩트 곡면이라고 하자.

(1) 다음을 만족하는 M의 조각별 정칙곡선 γ를 **다각형(Polygon)**이라고 한다.
γ는 단순폐곡선이고 M의 적당한 단순연결영역 S의 경계가 된다.
이 때, γ는 면(Face), 모서리(Edge), 꼭짓점(Vertex)을 갖는다.

(2) $\{\gamma_1, \gamma_2, \cdots, \gamma_n\}$이 다음을 만족하는 M의 유한개의 다각형이라고 하자.
M은 $\gamma_1, \gamma_2, \cdots, \gamma_n$들을 경계로 하는 단순연결영역의 합집합이다. 두 개의 서로 다른 다각형 γ_i, γ_j에 대하여, $\gamma_i \cap \gamma_j$는 $\varnothing$이든지, 공통 모서리이든지, 공통 꼭짓점이 된다. 이 때, v, f, e를 각각 꼭짓점의 수, 면의 수, 모서리의 수라고 할 때, $v + f - e$ 을 M 의 **오일러 표수(Euler Characteristic)**라고 하고, $\chi(M)$으로 표기한다.

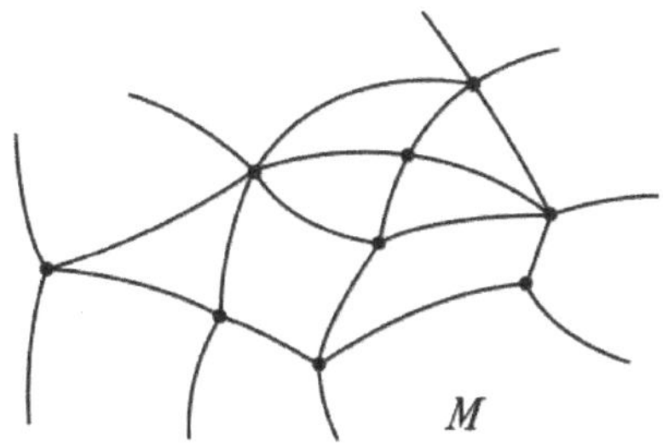

그림 5-4-3

정리 5.4.6

컴팩트 곡면의 오일러 표수는 다각형의 선택과는 무관하다.

증명

가우스-보네정리 $\chi(M)=\dfrac{1}{2\pi}\iint_M K\,d\sigma$ 로부터 다각형의 선택과는 무관함을 알 수 있다. ■

정리 5.4.7(가우스-보네 정리)

M이 컴팩트 곡면이면, $\iint_M K\,d\sigma = 2\pi\chi(M)$이 성립한다.

증명

(1) 우선 M을 임의의 다각형으로 다음과 같이 분할해 놓자. 각 S_i $(i=1,2,\cdots,f)$는 다각형 γ_i $(i=1,\ \cdots\ ,f)$를 경계로 하는 영역으로 단순연결인 측지좌표조각 내에 있다고 하자. 또한, γ_i $(i=1,\ \cdots\ ,f)$는 측지선이라 하자. $\{\beta_{ij}\}$을 γ_i의 내각들의 집합으로 두자.

(2) 국소적 가우스-보네 정리를 사용하면,

$$\iint_M K d\sigma = \sum_{i=1}^{f}\iint_{S_i} K\,d\sigma = \sum_{i=1}^{f}(2\pi - \sum_j(\pi - \beta_{ij}))$$
$$= 2\pi f - \sum_{i=1}^{f}\sum_j \pi + \sum_{i=1}^{f}\sum_j \beta_{ij}$$
$$= 2\pi f - 2\pi e + 2\pi v$$
$$= 2\pi\chi$$

이다. 위의 식에서 네 번째 등호가 성립하는 이유는 다음과 같다.

$$\sum_j \pi = \pi \times (\gamma_i \text{ 의 꼭지점의 수}) = \pi \times (\gamma_i \text{ 의 모서리의 수})$$

이다. 각 모서리는 두 개의 다각형에 중복해서 속해있으므로 $\sum_{i=1}^{f}\sum_j \pi = 2\pi e$ 이 된다.

또한, $\sum_{i=1}^{f}\sum_j \beta_{ij} =$ (모든 내각들의 합)이고, 각 꼭지점에서 내각의 합은 2π이므로,

$\sum_{i=1}^{f}\sum_j \beta_{ij} = 2\pi v$이다. ■

$\iint_M K d\sigma$를 M의 **가우스곡률의 총합(Total Gaussian Curvature)**이라고 한다.

위의 증명 중에서 다각형으로 분할 할 때, 하나의 단순연결인 측지좌표조각 안에 포함되지 않는다면 그 다각형의 영역 S의 내부에 점 p를 잡고 각 꼭짓점으로 측지선(컴팩트이므로 가능)을 그어서 세분된 다각형이 측지좌표조각에 들어가도록 하면 된다. 그래도 오일러 표수는 변화지 않음을 알 수 있다. 왜야하면 S가 원래 r개의 꼭짓점을 가지고 있었다면 모서리 수는 r, 꼭짓점 수는 1 그리고 면 수는 $r-1$개 늘어난다. 따라서 기존의 오일러 표수를 $\overline{\chi} = \overline{v} + \overline{f} - \overline{e}$라 하면 $f = \overline{f} + r - 1$, $e = \overline{e} + r$, $v = \overline{v} + 1$ 이므로 $\overline{\chi} = \chi$ 이다. 그러므로 충분히 작은 다각형으로 분할가능하다.

예 5.4.8

$\chi(S^2) = v + f - e = 2$ 이므로, $\iint_{S^2} K\,d\sigma = 2\pi\chi(S^2) = 4\pi$이다.

정의 5.4.9

R^3의 두 곡면 M_1, M_2의 **연결합 (Connected Sum)**을 다음과 같이 정의하고, M_1 # M_2 로 표기하자. R^2의 열린 원판과 위상동형인 $S_1(\subset M_1), S_2(\subset M_2)$를 잘라내고 남은 부분중 S_1의 경계와 S_2의 경계를 붙여서 만든 R^3의 곡면.

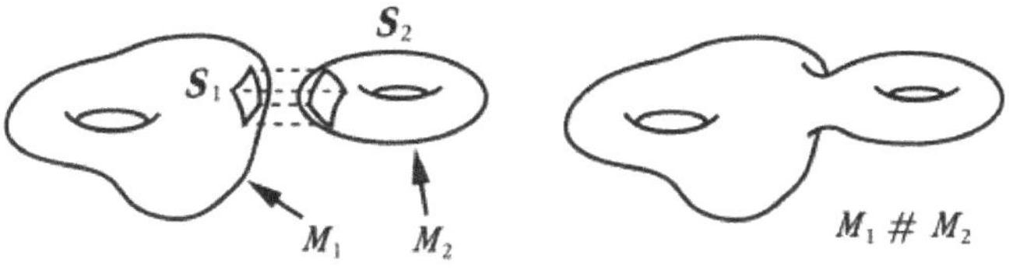

그림 5-4-4

정리 5.4.10

M이 R^3의 연결인 컴팩트 곡면(Connected Compact Surface)이면,

M은 $S^2 \# T \# T \# \cdots \# T$ 와 위상동형이다. 이 때, 연결된 토러스의 수를 M의 **종수(Genus)**라고 하고 $g(M)$으로 표시한다.

증명

참고문헌 [1]을 참소하라. ■

S^2와 T (토러스)의 종수는 각각 0과 1이다.

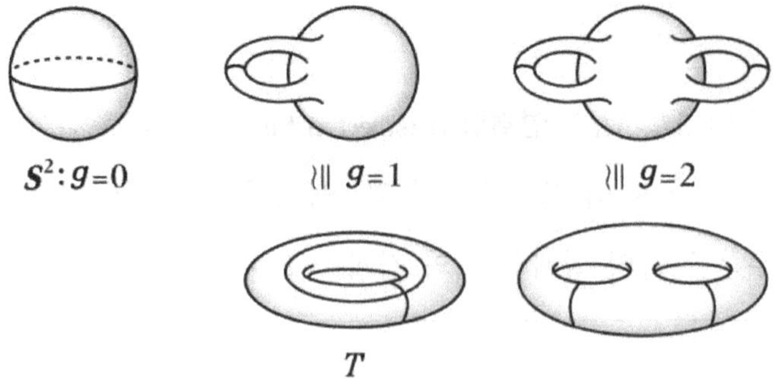

그림 5-4-5

정리 5.4.11

M이 R^3의 (연결인) 컴팩트 곡면이면, $\chi(M)=2(1-g(M))$이다.

증명

수학적 귀납법을 이용하자.

(1) $g=0$일 때는 M은 S^2와 위상동형이고, 따라서 $\chi=2$이므로 성립한다.

(2) $g=n\geq 1$ 일 때 $\chi(M)=2(1-n)$ 이라고 가정하자. 토러스를 하나 더 붙인 $M \# T$를 생각하면, 늘어나는 꼭지점의 수는 1, 모서리의 수는 6, 면의 수는 $4-1=3$이 된다.

따라서 $\chi(M \# T)=\chi(M)+1+3-6=2(1-n)-2=2(1-(n+1))$된다.

그러므로 수학적 귀납법에 의해 위의 결과가 성립한다. ■

위의 정리와 가우스-보네 정리로부터 다음 정리를 얻는다.

정리 5.4.12

M이 컴팩트 곡면이면, $\iint_M K\, d\sigma = 4\pi(1-g(M))$이 성립한다.

다음 정리는 국소적 가우스-보네 정리 및 가우스-보네정리(정리 5.4.7)의 확장이라고 할 수 있는 대역적 가우스-보네정리이다.

정리 5.4.13 (대역적 가우스-보네정리)

방향이 있는 곡면 M에서 조각별 정칙인 단순폐곡선들 $C_i(i=1,\cdots,n)$가 영역 $S\subset M$의 경계 $\partial S=\gamma$일 때,

$$\iint_S K\,dA+\int_\gamma \kappa_g ds+\sum_{l=1}^{m}\alpha_l=2\pi\chi(S)$$

이다. 여기서 α_i는 γ의 외각들이다.

증명

삼각형 분할 $\mathfrak{I}=\{T_j \mid j=1,2,\cdots,F\}$와 측지좌표조각들의 족 $\wp=\{(X_\alpha, U_\alpha) \mid \alpha\in A\}$이 다음 조건 (C)를 만족한다고 하자.

(C) 임의의 $T_j\in\mathfrak{I}$에 대하여 적당한 $(X_j, U_j)\in\wp$가 존재하여 $T_j\subset X_j(U_j)$이다.

각 $T\in\mathfrak{I}$의 경계 ∂T가 양의 방향으로 방향이 주어져 있다면 인접하는 삼각형의 공통변에서는 서로 반대의 방향이 주어진다. 이제 각 $T_j\in\mathfrak{I}$에 국소적 가우스-보네정리를 적용하여 더하면

$$(*)\qquad \iint_S K\,d\sigma+\sum_{i=1}^{n}\int_{C_i}\kappa_g ds+\sum_{j,k=1}^{F,3}\alpha_{jk}=2\pi F$$

이 성립한다.

여기서 $\alpha_{j1},\alpha_{j2},\alpha_{j3}$는 삼각형 T_j의 외각들이다. 삼각형 T_j의 내각을 $\beta_{j1},\beta_{j2},\beta_{j3}$라 두자. 즉, $\beta_{jk}=\pi-\alpha_{jk}$이면

(a) $$\sum_{j,k}^{F,3}\alpha_{jk}=\sum_{j,k}^{F,3}\pi-\sum_{j,k}^{F,3}\beta_{jk}=3\pi F-\sum_{j,k}^{F,3}\beta_{jk}$$

을 얻는다.

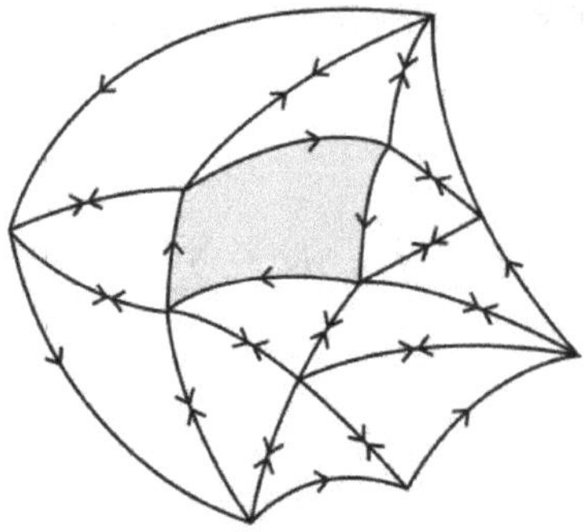

그림 5-4-6

E_e = $\mathfrak{T}$의 바깥 변의 개수, E_i = $\mathfrak{T}$의 안쪽 변의 개수

V_e = $\mathfrak{T}$의 바깥 꼭지점의 개수, V_i = $\mathfrak{T}$의 안쪽 꼭지점의 개수

V_{ec} = γ 의 모든 꼭지점의 개수,

V_{et} = γ의 꼭지점이아닌 $\mathfrak{T}$의 외부꼭지점의 개수(삼각형분할로 새로 만들어진 외부 꼭지점의 개수)

와 같이 놓으면

(b) $V_e = V_{ec} + V_{et}$

(c) $E_e = V_e$ (각 C_i는 폐곡선이므로) 이다.

삼각형 개수 F에 관한 수학적 귀납법으로부터

(d) $3F = 2E_i + E_e$

을 얻는다. 그러므로 식 (a)로부터 (d)를 고려하면

$$\begin{aligned}\sum_{j,k}^{F,3}\alpha_{jk} &= 3\pi F - \sum_{j,k}^{F,3}\beta_{jk} \\ &= 2\pi E_i + \pi E_e - \sum_{j,k}^{F,3}\beta_{jk} \\ &= 2\pi E_i + \pi E_e - \left\{2\pi V_i + \pi V_{et} + \sum_l (\pi - \alpha_l)\right\}\end{aligned}$$

을 얻는다. 여기서 $\sum_l (\pi - \alpha_l)$은 영역 S의 경계 γ의 교차점에서의 내각의 합이다. 따라서 (b)와 (c)를 이용하면

$$\sum_{j,k}^{F,3}\alpha_{jk} = 2\pi E_i + 2\pi E_e - 2\pi V_i - \pi V_e - \pi V_{et} - \pi V_{ec} + \sum_l \alpha_l$$

이다. 이 식으로부터

$$\sum_{j,k}^{F,3}\alpha_{jk} = 2\pi E - 2\pi V + \sum_l \alpha_l = 2\pi(E - V) + \sum_l \alpha_l$$

이다. 식 (*)로부터 다음과 같이 정리에서 주어진 식을 얻는다.

$$\iint_S K\,d\sigma + \int_\gamma \kappa_g ds + \sum_{l=1}^{m}\alpha_l = 2\pi(V - E + F) = 2\pi\chi(S).$$ ■

따름정리 5.4.14

방향이 있는 곡면 M의 단순연결영역 R에 대하여

$$\iint_R K\,d\sigma + \int_\gamma \kappa_g ds + \sum_l \alpha_l = 2\pi$$

이다.

증명

위의 정리와 $\chi(R)=1$로부터 성립한다. ■

따름정리 5.4.15

M이 컴팩트 곡면이면, $\iint_M K\,d\sigma = 2\pi\chi(M)$이 성립한다.

증명

$\partial(M)=\varnothing$이므로 $\int_\gamma \kappa_g ds = 0$이고 $\sum_l \alpha_l=0$로부터 성립함을 알 수 있다. ■

예 5.4.16

T는 방향이 주어진 곡면 M에서 측지삼각형이고, $\beta_1, \beta_2, \beta_3$는 측지삼각형 T의 외각들이라 하자. 그러면 $\alpha_1 = \pi - \beta_1$, $\alpha_2 = \pi - \beta_2$, $\alpha_3 = \pi - \beta_3$는 T의 외각이 된다.

따름정리 5.4.14로부터

$$\iint_R K\,d\sigma = 2\pi - \sum_{l=1}^{3}\alpha_l = -\pi + \sum_{l=1}^{3}\beta_l$$

이다. 이로부터 다음 사실을 알 수 있다.

(1) $K\equiv 0$이면 $\beta_1+\beta_2+\beta_3=\pi$,

(2) $K>0$이면 $\beta_1+\beta_2+\beta_3>\pi$,

(3) $K<0$이면 $\beta_1+\beta_2+\beta_3<\pi$.

| 연습문제 5.4 |

1. 원환면 T의 가우스곡률의 총합 $\iint_T K\,dA$를 구하여라.

2. 두 개의 원환면 T, T'의 연결합 $M = T\#T'$의 오일러 표수를 구하고 $\iint_M K\,dA$을 구하여라.

3. 다음 곡면의 오일러 표수를 구하여라.
   (1) 타원면
   (2) $M = \{(x,y,z) \in R^3 \mid x^2 + y^{10} + z^6 = 1\}$

4. 단위구면 S^2 위의 측지삼각형에 대하여 다음 물음에 답하여라.
   (1) 두 대원이 점 $A \in S^2$에서 만나서 이루는 각을 $\angle A$라 하고 A의 대칭점(중심에 관하여)에서 만난다고 하자. 이 때, 초승달 모양의 두 반원에 의하여 둘러싸인 영역은 면적이 $2\angle A$임을 보여라.

   (2) S^2 위에서 내각이 각각 $\angle A$, $\angle B$, $\angle C$ 인 측지삼각형 $\triangle ABC$를 생각하자. 각 점 A, B, C에서 만나는 측지선을 연장하여(문(1)과 같이) 나누어지는 모두 6개의 영역은 S^2를 덮으며, 특히 $\triangle ABC$와 점 A, B, C의 대칭점으로 만들어지는 삼각형은 3번 덮힘을 확인하여라.
   (3) 문(2)의 6개의 영역의 면적과 단위구면 S^2의 면적을 비교하여 $\angle A + \angle B + \angle C = \pi + \triangle ABC$의 면적임을 보이고 예제 5.4.4와 비교하여 보아라.

5. 다음 물음에 답하여라.

(1) 가우스 곡률 $K>0$인 컴팩트 곡면 M은 구면과 위상동형임을 보여라.

(2) 가우스 곡률이 음이거나 0이면서 방향을 줄 수 있는 곡면을 M이라 한다. 점 $p \in M$에서 출발하는 두 측지선 γ_1, γ_2가 점 $q \in M$에서 만나 단순연결영역의 경계가 되는경우는 일어나지 않음을 보여라.

(3) 가우스 곡률 $K>0$인 컴팩트 곡면 M에서는 임의의 단순 닫힌 측지선 γ_1, γ_2는 반드시 만남을 보여라.

연습문제 풀이 및 해답

| 연습문제1-1 |

1. (1), (3), (4)

2. 아니다.

3. $a_1(1,1,1,1)+(a_2-a_1)(0,1,1,1)+(a_3-a_2)(0,0,1,1)+(a_4-a_3)(0,0,0,1)$

4. (1) S가 n개 미만의 벡터 $v_1,v_2,\cdots,v_m$만 포함한다고 하자. 그러면 이중 극대일차독립인 벡터들의 모임을 생각하면 이 벡터들의 모임은 일차독립이고 V를 생성한다. 그러므로 극대일차독립인 벡터들의 모임은 V의 기저인데 V의 차원이 n이므로 모순이다. 따라서 S는 적어도 n개의 벡터를 포함한다.
(2) S의 극대일차독립인 벡터들의 모임을 생각하면 이 모임이 기저를 이룬다,

5. (1)과 (2)가 W가 벡터공간이 될 필요조건임은 분명하다. W가 (1) 과 (2)를 만족한다고 하자. 정의에 의해 $< W,+>$가 가환군이 되어야 하는데 결합법칙과 가환법칙은 V에서 성립하므로 W에서 성립한다, W가 공집합이 아니므로 $w\in W$라고 할 수 있고 (2)에 의해 $0\cdot w=0$벡터는 W에 속하므로 W는 항등원 영벡터를 포함하고 임의의 벡터 $w\in W$에 대해 $(-1)w\in W$이므로 역원인 $(-1)w$도 W에 포함되므로 $< W,+>$는 가환군이다. 또 임의의 스칼라 r,s와 $w\in W$에 대해 $(rs)w=r(sw)$이고 또 $(r+s)w=rw+sw$이다. 또한 $w_1,w_2\in W$와 임의의 스칼라 r에 대해 $r(w_1+w_2)=rw_1+rw_2$가 성립한다. 그러므로 W는 벡터공간을 이루므로 V의 부

분공간이다.

6. $w_1 = (a_1, a_2, a_3, a_4, a_5), w_2 = (b_1, b_2, b_3, b_4, b_5) \in W$라고 하자.

그러면 $w_1 + w_2 = (a_1 + b_1, a_2 + b_2, a_3 + b_3, a_4 + b_4, a_5 + b_5)$이고

$(a_1 + b_1) - (a_3 + b_3) - (a_4 + b_4) = (a_1 - a_3 - a_4) + (b_1 - b_3 - b_4) = 0 + 0 = 0$이므로

$w_1 + w_2 \in W$이고 또 임의의 스칼라 c에 대해 $cw_1 = (ca_1, ca_2, ca_3, ca_4, ca_5)$이고

$ca_1 - ca_3 - ca_4 = c(a_1 - a_3 - a_4) = c \cdot 0 = 0$이므로 $cw_1 \in W$임 로 W는 R^5의 부분 공간이고, $(1,0,1,0,0), (1,0,0,1,0), (0,1,0,0,0), (0,0,0,0,1)$은 W의 하나의 기저이다.

7. $A = [a_{ij}]_{n \times n}, B = [b_{ij}]_{n \times n} \in W$라고 하자. 그러면 $A + B = [a_{ij} + b_{ij}]_{n \times n}$인데

$\sum_{i=1}^{n} (a_{ii} + b_{ii}) = \sum_{i=1}^{n} a_{ii} + \sum_{i=1}^{n} b_{ii} = 0 + 0 = 0$이므로 $A + B \in W$이고 임의의 스칼라 c에

대해 $cA = [ca_{ij}]_{n \times n}$이고 $\sum_{i=1}^{n} ca_{ii} = c \sum_{i=1}^{n} a_{ii} = c \cdot 0 = 0$이므로 $cA \in W$이고 따라서

W는 $M_n(R)$의 부분공간이다.

$E_{lk} = [e_{ij}]_{n \times n} \in M_n(R), (l, k = 1, \cdots, n)$를 $e_{ij} = \begin{cases} 1, & i = l, j = k \\ 0, & \text{그외} \end{cases}$와 같이 정의하자.

그러면 $\{E_{lk} | l \neq k\} \cup \{E_{11} - E_{ll} | l = 2, \cdots, n\}$은 W의 하나의 기저이다. 그러므로 W의 차원은 $n^2 - 1$이다.

8. (1) $v = (a_1, a_2, a_3), w = (b_1, b_2, b_3) \in R^3$에 대해

$$T(v + w) = T(a_1 + b_1, a_2 + b_2, a_3 + b_3) = (a_1 + b_1 - a_2 - b_2, 2a_3 + 2b_3)$$
$$= (a_1 - a_2, 2a_3) + (b_1 - b_2, 2b_3) = T(v) + T(w)$$

이고 또 임의의 실수 c에 대해

$T(cv) = T(ca_1, ca_2, ca_3) = (ca_1 - ca_2, 2ca_3) = c(a_1 - a_2, 2a_3) = cT(v)$ 이므로

T는 선형사상이다.

(2) $A=\begin{bmatrix} a_{11} & a_{12} \\ a_{21} & a_{22} \end{bmatrix}, B=\begin{bmatrix} b_{11} & b_{12} \\ b_{21} & b_{22} \end{bmatrix} \in M_2(R)$에 대해

$$T(A+B)=T\begin{bmatrix} a_{11}+b_{11} & a_{12}+b_{12} \\ a_{21}+b_{21} & a_{22}+b_{22} \end{bmatrix}=\begin{bmatrix} 2a_{11}+2b_{11}-a_{12}-b_{12} & a_{21}+b_{21}-a_{22}-b_{22} \\ 0 & 0 \end{bmatrix}$$

$$=\begin{bmatrix} 2a_{11}-a_{12} & a_{21}-a_{22} \\ 0 & 0 \end{bmatrix}+\begin{bmatrix} 2b_{11}-b_{12} & b_{21}-b_{22} \\ 0 & 0 \end{bmatrix}=T(A)+T(B)$$

이고 임의의 실수 c에 대해

$$T(cA)=T\begin{bmatrix} ca_{11} & ca_{12} \\ ca_{21} & ca_{22} \end{bmatrix}=\begin{bmatrix} 2ca_{11}-ca_{12} & ca_{21}-ca_{22} \\ 0 & 0 \end{bmatrix}=c\begin{bmatrix} 2a_{11}-a_{12} & a_{21}-a_{22} \\ 0 & 0 \end{bmatrix}=cT(A)$$

이므로 T는 선형사상이다.

(3) $A=[a_{ij}]_{n\times n}, B=[b_{ij}]_{n\times n} \in M_n(R)$에 대해

$$T(A+B)=T[a_{ij}+b_{ij}]_{n\times n}=\sum_{i=1}^{n}(a_{ii}+b_{ii})=\sum_{i=1}^{n}a_{ii}+\sum_{i=1}^{n}b_{ii}=T(A)+T(B)$$

이고 임의의 실수 c에 대해 $T(cA)=T[ca_{ij}]_{n\times n}=\sum_{i=1}^{n}ca_{ii}=c\sum_{i=1}^{n}a_{ii}=cT(A)$

이므로 T는 선형사상이다.

9. $v_1, v_2 \in N(T)$에 대해 $T(v_1+v_2)=T(v_1)+T(v_2)=0+0=0$이므로 $v_1+v_2 \in N(T)$ 이고 또 임의의 스칼라 c에 대해 $T(cv_1)=cT(v_1)=c0=0$이므로 $cv_1 \in N(T)$이다. 따라서 $N(T)$는 V의 부분공간이다. 또 $w_1, w_2 \in R(T)$이면 적당한 $v_1, v_2 \in V$가 있어서 $T(v_i)=w_i, i=1,2$ 이다. 그러므로 $T(v_1+v_2)=T(v_1)+T(v_2)=w_1+w_2$이고 $w_1+w_2 \in R(T)$이다. 임의의 스칼라 c에 대해 $T(cv_1)=cT(v_1)=cw_1$이므로 $cw_1 \in R(T)$이다. 따라서 $R(T)$는 W의 부분공간이다.

10. $(x_1, y_1, z_1), (x_2, y_2, z_2) \in P$라고 하자.

그러면 $(x_1, y_1, z_1)+(x_2, y_2, z_2)=(x_1+y_1, x_2+y_2, x_3+y_3)$에 대해

$(x_1+y_1)-2(x_2+y_2)+(x_3+y_3)=(x_1-2y_1+z_1)+(x_2-2y_2+z_2)=0+0=0$

이므로 $(x_1, y_1, z_1)+(x_2, y_2, z_2) \in P$이고 임의의 실수 c에 대해

$c(x_1,y_1,z_1)=(cx_1,cy_1,cz_1)$에 대해서도

$cx_1-2cy_1+cz_1=c(x_1-2y_1+z_1)=c\cdot 0=0$ 이므로 $c(x_1,y_1,z_1)\in P$ 이어서

P는 R^3의 부분공간이고,

$P=\{(x,y,z)\in R^3 | x-2y+z=0\}=\{s(1,0,-1)+t(0,1,2) | s,t\in R\}$이므로

$(1,0,-1),(0,1,2)$가 P의 하나의 기저이고, 그램-슈미트 직교화방법을 통해 P의

하나의 정규직교기저 $\frac{\sqrt{2}}{2}(1,0,-1),\frac{\sqrt{3}}{3}(1,1,1)$를 얻을 수 있다.

11. $[id]_\alpha^\beta=\begin{bmatrix}1&2\\2&3\end{bmatrix}$ 이고 $T(1,2)=(-2)(1,0,0)+(-3)(1,1,0)+4(1,1,1)$,

$T(2,3)=(-3)(1,0,0)+(-5)(1,1,0)+7(1,1,1)$이므로 $[T]_\alpha^\gamma=\begin{bmatrix}-2&-3\\-3&-5\\4&7\end{bmatrix}$이다.

그리고 $T(1,0)=(-1)(1,1,0)+2(1,1,1)$,

$T(0,1)=(-1)(1,0,0)+(-1)(1,1,0)+2(1,1,1)$이므로 $[T]_\beta^\gamma=\begin{bmatrix}0&-1\\-1&-1\\2&1\end{bmatrix}$이다.

이를 통하여 $\begin{bmatrix}-2&-3\\-3&-5\\4&7\end{bmatrix}=[T]_\alpha^\gamma=[T]_\beta^\gamma[id]_\alpha^\beta=\begin{bmatrix}0&-1\\-1&-1\\2&1\end{bmatrix}\begin{bmatrix}1&2\\2&3\end{bmatrix}$를 확인 할 수 있다.

12. (1) R^2의 기저 $\alpha=\{(1,0),(0,1)\}$에 대한 T의 표현행렬 $[T]_\alpha^\alpha=\begin{bmatrix}1&2\\3&2\end{bmatrix}$이므로

$\det([T]_\alpha^\alpha-\lambda I)=\lambda^2-3\lambda-4=0$의 근이 $\lambda=-1,4$이므로 고유값은 -1과

4이고 각각의 고유값에 대한 고유벡터는 $t\begin{bmatrix}1\\-1\end{bmatrix},t\begin{bmatrix}2\\3\end{bmatrix}$(t는 임의의 실수)이다.

(2) R^3의 기저 $\alpha=\{(1,0,0),(0,1,0),(0,0,1)\}$에 대한 T의 표현행렬

$[T]_\alpha^\alpha=\begin{bmatrix}0&-2&-3\\-1&1&-1\\2&2&5\end{bmatrix}$이므로 $\det([T]_\alpha^\alpha-\lambda I)=-\lambda^3+6\lambda^2-11\lambda+6=0$의

근이 $\lambda=1,2,3$이므로 고유값은 1,2,3 이고 각각의 고유값에 대한 고유벡터는

$$t\begin{bmatrix}1\\1\\-1\end{bmatrix},t\begin{bmatrix}1\\-1\\0\end{bmatrix},t\begin{bmatrix}1\\0\\-1\end{bmatrix}$$ (t는 임의의 실수)이다.

| 연습문제1-2 |

1. (1) $v_{\boldsymbol{p}}[f]=\dfrac{d}{dt}f(\boldsymbol{p}+tv)|_{t=0}=\dfrac{d}{dt}(1+2t)^2t|_{t=0}=1$

(2) $v_{\boldsymbol{p}}[f]=\dfrac{d}{dt}f(\boldsymbol{p}+tv)|_{t=0}=\dfrac{d}{dt}(1+t)e^{1+2t}|_{t=0}=3e$

(3) $v_{\boldsymbol{p}}[f]=\dfrac{d}{dt}f(\boldsymbol{p}+tv)|_{t=0}=\dfrac{d}{dt}(1+t)\sin(1+2t)|_{t=0}=\sin1+2\cos1$

2. (1) $v_{\boldsymbol{p}}[f]=\sum_i v_i\dfrac{\partial f}{\partial x_i}(\boldsymbol{p})=1\cdot(0)+2\cdot(2\cdot0)+1\cdot1=1$

(2) $v_{\boldsymbol{p}}[f]=\sum_i v_i\dfrac{\partial f}{\partial x_i}(\boldsymbol{p})=1\cdot e+2\cdot e+1\cdot0=3e$

(3) $v_{\boldsymbol{p}}[f]=\sum_i v_i\dfrac{\partial f}{\partial x_i}(\boldsymbol{p})=1\cdot\sin1+2\cdot\cos1+1\cdot0=\sin1+2\cos1$

3. (1) x_2^3 (2) $-3x_1x_3^2$ (2) $x_2^3x_3^3-3x_1^2x_2x_3^2$ (3) 0

4. $V=v_1U_1+v_2U_2+v_3U_3, W=w_1U_1+w_2U_2+w_3U_3$라고 두자.

여기서 $v_i,w_i(i=1,2,3)$는 R^3에서 정의된 실함수들이다. $f_i=x_i(i=1,2,3)$라고 하면 $V[f_i]=\sum_j\delta_{ij}v_j,\ W[f_i]=\sum_j\delta_{ij}w_j$인데 가정에 의해 $V[f_i]=W[f_i], i=1,2,3$ 이므로 $v_i=w_i, i=1,2,3$이고 따라서 $V=W$이다.

| 연습문제 1-3 |

1. 임의의 $p \in R^3$에 대해 $T_aC(p) = C(p) + a$이고

$CT_{C^{-1}(a)}(p) = C(p + C^{-1}(a)) = C(p) + CC^{-1}(a) = C(p) + a$이므로

$T_aC = CT_{C^{-1}(a)}$이다.

2. $T_aA = T_bB \Rightarrow T_{-b}T_aA = B \Rightarrow T_{-b}T_a = BA^{-1}$이다. 그러므로

$T_{-b}T_a(0) = BA^{-1}(0)$이므로 $a - b = 0$이다. 그래서 $a = b$이므로

$I = T_{-b}T_a = B^{-1}A$이다. 여기서 I는 R^2의 항등사상이다. 그러므로 $A = B$이다.

3. $FG = (T_aA)(T_bB) = T_a(AT_b)B$이다. $AT_b = T_{A(b)}A$이므로

$FG = T_aT_{A(b)}AB = T_{a+A(b)}AB$이다. 그러므로 FG의 평행이동부분은 $T_{a+A(b)}$이고 직교행렬부분은 AB이다. 비슷하게 GF의 평행이동부분은 $T_{b+B(a)}$이고 직교행렬부분은 BA임을 보일 수 있다.

4. $F^{-1} = C^{-1}T_a^{-1} = C^{-1}T_{-a} = T_{-C^{-1}(a)}C^{-1}$이다.

5. 선분 AB와 AC의 길이는 1이고 선분 BC의 길이는 $\sqrt{2}$이다. 한 편 선분 EF와 EG의 길이는 1이고 선분 FG의 길이는 $\sqrt{2}$이므로 점 A를 E로 보내고 점 B는 F또는 G로 보내는 등거리사상을 구해야 한다. $F = TC$(T는 평행이동 C는 직교행렬변환)인데 $F(A) = F(0,0) = TC(0,0) = T(0,0) = (1,2)$이므로 $T = T_{(1,2)}$이다. $F(B) = E$라고 하자. 그러면 $F(C) = G$이다. $T^{-1}F(B) = C(B) = T^{-1}(E)$이므로 $C(1,0) = (\frac{1}{2}, \frac{\sqrt{3}}{2})$이고 비슷하게 $C(0,1) = (-\frac{\sqrt{3}}{2}, \frac{1}{2})$이다. 그러므로 C의

R^2의 표준기저 $\{(1,0),(0,1)\}$에 관한 표현행렬은 $\begin{bmatrix} \frac{1}{2} & -\frac{\sqrt{3}}{2} \\ \frac{\sqrt{3}}{2} & \frac{1}{2} \end{bmatrix}$이다. B를 G로 보내고 C를 F로 보내는 경우에는 평해이동이 $T_{(1,2)}$이고 직교행렬변환부분은 R^2의 표준기저에 대한 표현행렬이 $\begin{bmatrix} -\frac{\sqrt{3}}{2} & \frac{1}{2} \\ \frac{1}{2} & \frac{\sqrt{3}}{2} \end{bmatrix}$ 인 선형사상이다.

| 연습문제 2-1 |

1. $\alpha'(t) = (3, 6t, 6t^2)$이고 $x + z = 0$의 수직벡터는 $(1,0,1)$이므로 두 벡터가 이루는 각 θ에 대해 $\cos\theta = \frac{3+6t^2}{\sqrt{9+36t^2+36t^4}\sqrt{2}} = \frac{1}{\sqrt{2}}$이므로 $\theta = \frac{\pi}{4}$이고 $\alpha(t)$의 접선과 이 평면이 이루는 각은 $\frac{\pi}{2} - \frac{\pi}{4} = \frac{\pi}{4}$이다.

2. (1) $\alpha'(t) = (-\sin 2t, \cos t, -\sin t)$이므로 $0 \neq |\alpha'(t)| = \sqrt{1+\sin^2 2t}$ 이어서 이 곡선은 정칙곡선이다. 또 $\alpha(\frac{\pi}{6}) = (\frac{3}{4}, \frac{1}{2}, \frac{\sqrt{3}}{2})$이고 $\alpha'(\frac{\pi}{6}) - (\frac{\sqrt{3}}{2}, \frac{\sqrt{3}}{2}, -\frac{1}{2})$ 이므로 $t = \frac{\pi}{6}$ 에서 접선은 $(\frac{3}{4} - \frac{\sqrt{3}}{2}t, \frac{1}{2} + \frac{\sqrt{3}}{2}t, \frac{\sqrt{3}}{2} - \frac{1}{2}t)$로 주어진다.

(2) $\beta'(t) = \sin t(2\cos t\tan t + \sin t\sec^2 t, 2\cos t)$이므로 $\beta(t)$는 모든 t에 대해서는 정칙곡선이 아니다. $\beta(\frac{\pi}{6}) = (\frac{1}{4\sqrt{3}}, \frac{1}{4}, 0)$이고, $\beta'(\frac{\pi}{6}) = (\frac{5}{6}, \sqrt{3}, 0)$이므로 $t = \frac{\pi}{6}$ 에서 접선의 식은 $(\frac{1}{4\sqrt{3}} + \frac{5}{6}t, \frac{1}{4} + \sqrt{3}t, 0)$로 주어진다.

(3) $\gamma'(t) = (\sin t, \sin t - \cos t, \cos t)$이므로 $|\gamma'(t)| = \sqrt{2 - \sin 2t} \neq 0$이므로 정칙곡선이다.

$\gamma(\frac{\pi}{6})=(-\frac{3}{2},\frac{1-\sqrt{3}}{2},\frac{1}{2})$이고 $\gamma'(\frac{\pi}{6})=(\frac{1}{2},\frac{1-\sqrt{3}}{2},\frac{\sqrt{3}}{2})$이므로 $\gamma(\frac{\pi}{6})$에서 접선의 식은 $(-\frac{\sqrt{3}}{2}+\frac{1}{2}t,\frac{1-\sqrt{3}}{2}+\frac{1-\sqrt{3}}{2}t,\frac{1}{2}+\frac{\sqrt{3}}{2}t)$로 주어진다.

3. $\gamma'(t)=(e^t(\cos t-\sin t),e^t(\cos t+\sin t),0)$이므로 $\gamma(t)$ 와 $\gamma'(t)$ 가 이루는 각 θ에 대해 $\cos\theta=\frac{e^{2t}(\cos^2 t+\sin^2 t)}{e^{2t}\sqrt{2}}=\frac{1}{\sqrt{2}}$이므로 이 각은 일정하게 $\frac{\pi}{4}$이다.

4. $<\gamma(t)-v,\gamma'(t)>=0$이라고 하자. 그러면 $f(t)=<\gamma(t)-\boldsymbol{v},\gamma(t)-\boldsymbol{v}>$를 t에 관해 미분하면 $2<\gamma(t)-v,\gamma'(t)>=0$이므로 음이 아닌 상수 c에 대해 $f(t)=<\gamma(t)-\boldsymbol{v},\gamma(t)-\boldsymbol{v}>=c$이다. 만약에 $f(t)=0$이면 $\gamma(t)-v=0$ 또는$\gamma(t)=v$이다. $\gamma(t)$가 정칙곡선이라고 가정하였으니 $c\neq 0$이므로 $c=r^2$으로 두면 $\gamma(t)$는 중심이 $\boldsymbol{v}$이고 반지름이 r인 구면위에 존재한다.

| 연습문제 2-2 |

1. $\int_0^{2\pi}|\alpha'(t)|dt=\int_0^{2\pi}\sqrt{a^2(-\sin t)^2+a^2(\cos t)^2+b^2}\,dt=2\pi\sqrt{a^2+b^2}$

2. (1) $s(t)=\int_0^t|\alpha'(u)|du=\int_0^t\sqrt{\sinh^2 u+\cosh^2 u+1}\,du=\int_0^t\sqrt{2}\cosh u\,du$

$=\sqrt{2}\sinh t$ 이므로 $t=\sinh^{-1}\frac{s}{\sqrt{2}}$ 이다. 그러므로 호의 길이에 의한 재매개화는 $\alpha(t(s))=(\cosh(\sinh^{-1}\frac{s}{\sqrt{2}}),\frac{s}{\sqrt{2}},\sinh^{-1}\frac{s}{\sqrt{2}})$이다.

(2) $s(t)=\int_0^t|\beta'(t)|dt=\int_0^t\sqrt{4\cos^2 t+4\sin^2 t+9}\,dt=\sqrt{13}t$이므로 $t=\frac{s}{\sqrt{13}}$이

므로 호의 길이에 의한 재매개화는 $\beta(t(s))=(2\cos\frac{s}{\sqrt{13}}, 2\sin\frac{s}{\sqrt{13}}, \frac{3s}{\sqrt{13}})$ 이다.

3. 속력 $|\gamma'(t)|$가 일정하면 $<\gamma'(t), \gamma'(t)>$가 상수함수이므로 이 것을 t에 관해 미분하면 $2<\gamma'(t), \gamma''(t)>=0$이므로 γ'과 γ''은 서로 수직이다. 역으로 γ'과 γ''은 서로 수직이고 $<\gamma', \gamma''>=0$이므로 $<\gamma'(t), \gamma'(t)>$가 상수함수이고 따라서 속력 $|\gamma'(t)|$가 일정하다.

4. (1) $\alpha(t)=p+t(q-p)(0\le t\le 1)$은 p, q를 잇는 선분의 방정식이다. 이 선분의 길이는 $\int_0^1|\alpha'(t)|dt=\int_0^1|p-q|dt=|p-q|$이다.

(2) $l_a^b(\gamma)=\int_a^b|\gamma'(t)|dt$인데, 코시-쉬바르츠정리에 의해

$<\gamma'(t), u>\le|\gamma'(t)||u|=|\gamma'(t)|$이므로 $l_a^b(\gamma)\ge\int_a^b<\gamma'(t), u>dt$인데

$$\int_a^b<\gamma'(t), u>dt=[<\gamma(t), u>]_a^b=<\gamma(b), u>-<\gamma(a), u>$$

$$=<\gamma(b)-\gamma(a), u>=<q-p, \frac{q-p}{|q-p|}>=|q-p|$$

이므로 $l_a^b(\gamma)\ge\int_a^b<\gamma'(t), u>dt=|q-p|$이다.

| 연습문제 2-3 |

1. (1) $\alpha(t)$의 단위접선벡터

$T=(-\frac{4}{5}\sin t, \frac{1}{2}\cos t-\frac{3\sqrt{3}}{10}\sin t, -\frac{\sqrt{3}}{2}\cos t-\frac{3}{10}\sin t)$이고,

$\kappa N=(-\frac{4}{5}\cos t,-\frac{1}{2}\sin t-\frac{3\sqrt{3}}{10}\cos t,\frac{\sqrt{3}}{2}\sin t-\frac{3}{10}\cos t)$이므로 곡률

$\kappa=1$이고 $N=(-\frac{4}{5}\cos t,-\frac{1}{2}\sin t-\frac{3\sqrt{3}}{10}\cos t,\frac{\sqrt{3}}{2}\sin t-\frac{3}{10}\cos t)$이다.

$B=T\times N=(-\frac{3}{5},\frac{2\sqrt{3}}{5},\frac{2}{5})$이므로 $B'=0$이고 비틀림률 $\tau=0$이다.

(2) 위의 곡선은 원이고 중심은 $(0,-\frac{1}{2},\frac{\sqrt{3}}{2})$이며 반지름은 1이다.

2. (1) $\alpha'(t)=(\sinh t,\cosh t,1)$이므로

$s(t)=\int_0^t|\alpha'(u)|du=\int_0^t\sqrt{\sinh^2u+\cosh^2u+1}\,du=\sqrt{2}\sinh t$이고 따라서

$\alpha(t(s))=(\cosh(\sinh^{-1}\frac{s}{\sqrt{2}}),\frac{s}{\sqrt{2}},\sinh^{-1}\frac{s}{\sqrt{2}})$는 단위속력곡선이고

$T=(\frac{s}{\sqrt{4+2s^2}},\frac{1}{\sqrt{2}},\frac{1}{\sqrt{2+s^2}})$이고 따라서

$\kappa N=(\frac{\sqrt{2}}{(2+s^2)^{3/2}},0,-\frac{s}{(2+s^2)^{3/2}})$이므로 $\kappa=\frac{1}{(2+s^2)}$이고

$N=(\frac{\sqrt{2}}{\sqrt{2+s^2}},0,-\frac{s}{\sqrt{2+s^2}})$이다.

$B=T\times N=(-\frac{s}{\sqrt{4+2s^2}},\frac{1}{\sqrt{2}},-\frac{1}{\sqrt{2+s^2}})$이다.

$B'=(-\frac{\sqrt{2}}{(2+s^2)^{3/2}},0,\frac{s}{(2+s^2)^{3/2}})$이므로 $\tau=1$이다.

(2) $\beta'(t)=(2\cos t,-2\sin t,3)$이므로 $s(t)=\int_0^t|\beta'(u)|du=\sqrt{13}t$이므로 호의

길이에 의한 재매개화는 $\beta(t(s))=(2\sin\frac{s}{\sqrt{13}},2\cos\frac{s}{\sqrt{13}},\frac{3s}{\sqrt{13}})$이다.

따라서 $T=(\frac{2}{\sqrt{13}}\cos\frac{s}{\sqrt{13}},-\frac{2}{\sqrt{13}}\sin\frac{s}{\sqrt{13}},\frac{3}{\sqrt{13}})$이며

$\kappa N=(-\frac{2}{13}\sin\frac{s}{\sqrt{13}}-\frac{2}{\sqrt{13}}\cos\frac{s}{\sqrt{13}},0)$이며

$\kappa=\frac{2}{\sqrt{13}}, N=(-\sin\frac{s}{\sqrt{13}},-\cos\frac{s}{\sqrt{13}},0)$이다.

$B=T\times N=(\frac{3}{\sqrt{13}}\cos\frac{s}{\sqrt{13}},-\frac{3}{\sqrt{13}}\sin\frac{s}{\sqrt{13}},-\frac{2}{\sqrt{13}})$이므로

$B'=(-\frac{3}{\sqrt{13}}\sin\frac{s}{\sqrt{13}},-\frac{3}{\sqrt{13}}\cos\frac{s}{\sqrt{13}},0)$이므로 $\tau=-\frac{3}{\sqrt{13}}$이다.

(3) $\gamma(t)=(-\cos t, 1-\cos t-\sin t, \sin t)$.

3. 단위속력곡선 $\alpha(s)$가 평면곡선이면 적당한 상수단위벡터 U에 대해 $<\alpha(s)-\alpha(s_0), U>=0$를 만족한다. 이 식을 미분하면 $<T, U>=0$이며 한 번 더 미분하면 $<\kappa N, U>=0$이고 $\kappa\neq 0$이므로 $<N, U>=0$이며 따라서 $B=\pm U$이므로 $B'=0$이고 비틀림률 $\tau=0$이다.

4. $T=(x'(s),y'(s),0)$이며, $\kappa N=(x''(s),y''(s),0)$이다. 만약에 α가 직선이면 $x''=y''=0$이므로 $\kappa=|x'y''-x''y'|=0$이다. α가 직선이 아니면 $\kappa\neq 0$이면 $<T,N>=0$이므로 적당한 스칼라 함수 $f(s)$에 대해 $\kappa N=f(-y',x',0)$이다. 그러므로 $\kappa=|\kappa N|=|<\kappa N,(-y',x',0)>|=|x'y''-x''y'|$이다.

| 연습문제 2-4 |

2. $-<T',B'>=-<\kappa N,-\tau N>=\kappa\tau$

3. $<\alpha'\times\alpha'',\alpha'''>=<T\times\kappa N,\kappa' N+\kappa(-\kappa T+\tau B)>=$
$<\kappa B,\kappa' N-\kappa^2 T+\kappa\tau B>=\kappa^2\tau$

4. $p-\alpha(0)=aT(0)+bN(0)+cB(0)$라고 둘 수 있다.

$<(p-\alpha(0))\times\alpha'(0),\alpha''(0)>=0$에 윗 식을 대입하면

$<(aT(0)+bN(0)+cB(0)\times T(0),\kappa N(0)>=0$이다.

윗 식을 정리하면 $<-bB+cN,\kappa N>=\kappa c=0$이다. $\kappa\neq0$이므로 $c=0$이고 따라서 $p-\alpha(0)=aT(0)+bN(0)$ 또는 $p=\alpha(0)+aT(0)+bN(0)$이므로 p는 $\alpha(0)$에서의 접촉평면위의 점이다. 또 $\alpha(0)$에서의 접촉평면위의 점 p를 생각하면 $p=\alpha(0)+aT(0)+bN(0)$꼴이므로 위의 식을 만족하다.

결론적으로 $\{p\in R^3|<(p-\alpha(0))\times\alpha'(0),\alpha''(0)> \ =0\}$ 이 $\alpha(0)$에서 접촉평면이다.

5. 곡선 $\alpha(t)$의 접촉평면에 수직인 단위벡터는 종법선벡터 $B(t)$이므로 $B(t)$와 $xy-$평면에 수직인 단위벡터 $(0,0,1)$가 이루는 각이 $\frac{\pi}{4}$ 또는 $\frac{3\pi}{4}$인 t를 구하면 된다.

$B(t)=\frac{\alpha'\times\alpha''}{|\alpha'\times\alpha''|}=\frac{(-1,3t,1-3t^2)}{\sqrt{9t^4+3t^2+2}}$이므로 구하는 값 t는

$<B(t),(0,0,1)>=\pm\cos\frac{\pi}{4}=\pm\frac{\sqrt{2}}{2}$ 또는 $\frac{1-3t^2}{\sqrt{9t^4+3t^2+2}}=\pm\frac{\sqrt{2}}{2}$를 만족한다,

그러므로 $t=0,\frac{\sqrt{5}}{\sqrt{3}},-\frac{\sqrt{5}}{\sqrt{3}}$이다.

6. 나선의 경우 $\frac{\tau}{\kappa}=\cot\theta$를 만족하는 상수 $\theta(0<\theta<\pi)$에 대해 $u=\cos\theta T+\sin\theta B$로 표현되는데 접촉평면에 수직인 벡터는 종법선벡터 B와 평행인데 $<B,u>=\sin\theta$이므로 B와 u가 이루는 각이 일정하고 따라서 나선의 접촉평면에 수직인 벡터는 u와 일정한 각을 이룬다.

7. α가 직선이면 $T'=0$이므로 단위접선벡터 T가 평행하고 따라서 α의 접선들이 평

행하다. 역으로 접선들이 평행하면 단위접선벡터 T가 평행하므로 $T' = \kappa N = 0$이고 따라서 곡률 $\kappa = 0$이고 α는 직선이다.

8. α가 평면곡선이면 상수벡터 u가 존재하여 모든 s에 대해 $< \alpha(s) - \alpha(0), u >= 0$를 만족한다. 이 식을 미분하면 $< T, u >= 0$이고 $< \kappa N, u >= \kappa < N, u >= 0$인데 $\kappa \neq 0$이므로 $< N, u >= 0$이므로 $\{\mathrm{p} \in \mathbb{R}^3 | < \mathrm{p} - \alpha(0), \mathrm{u} >= 0\}$가 모든 점에서의 접촉평면이므로 모든 접촉평면이 지나는 점이 평면 전체상의 점들이다. 역으로 모든 접촉평면이 지나는 점을 p라고 하자. 그러면 주어진 점 $\alpha(s)$에서의 접촉평면의 방정식은 $< q - p, B >= 0$로 주어질 것이다. 여기서 B는 종법선벡터이다.
그러므로 $< \alpha(s) - p, B >= 0$를 만족한다. 이 식을 미분하면
$< T, B > - \tau < \alpha(s) - p, N >= 0$ 또는 $\tau < \alpha(s) - p, N >= 0$이다. $\tau \neq 0$이면
$< \alpha(s) - p, N >= 0$이므로 $\alpha(s) - p = aT + bB$인데 또 $< \alpha(s) - p, B >= 0$이므로 $\alpha(s) - p = aT$인데 이 식을 미분하면 $T = a' T + a\kappa N$이므로 $\kappa = 0$이므로 가정에 모순이다. 그러므로 $\tau = 0$이고 따라서 α는 평면곡선이다.

9. $\alpha(s) + \dfrac{1}{\kappa(s)} N(s) = c$라고 하자. 여기서 c는 고정된 점이다. 양 변을 미분하면
$T - \dfrac{\kappa'}{\kappa^2} N + \dfrac{1}{\kappa}(-\kappa T + \tau B) = 0$이므로 $-\dfrac{\kappa'}{\kappa^2} N + \dfrac{\tau}{\kappa} B = 0$이므로 κ는 상수이고 $\tau = 0$이므로 $\alpha(s)$는 원의 일부이다.

| 연습문제 2-5 |

1. (1) $\alpha(s)$가 평면곡선이면 종법선벡터 B가 상수벡터이고 또 $< T, B >= 0$이므로 평면곡선은 나선이다.

   (2) $\alpha(s)$가 양의 상수 κ를 곡률로 갖는 나선이라고 하자. 그러면 $\dfrac{\tau}{\kappa}$가 상수이므

로 비틀림률 τ도 상수이다. $\tau=0$이면 원이고 τ가 영이 아닌 상수이면 α는 원나선이다.

2. $\tau=0$이므로 $\gamma(s)$는 평면곡선이므로 $\gamma(s)=(a(s),b(s))$로 둘 수 있다.
$T=(a'(s),b'(s))$가 단위속력곡선이므로 $T=(\cos\theta(s),\sin\theta(s))$로 둘 수 있다.
$\kappa N=(-\theta'(s)\sin\theta(s),\theta'(s)\cos\theta(s))$이므로
$\kappa=\theta'(s), N=(-\sin\theta(s),\cos\theta(s))$이다. 그러므로 $\theta'(s)=\dfrac{1}{1+s^2}$이므로
$\theta(s)=\tan^{-1}s$이므로 $T=(\cos(\tan^{-1}s),\sin(\tan^{-1}(s))$이고
$\gamma(s)=(\int_0^s\cos(\tan^{-1}t)dt,\int_0^s\sin(\tan^{-1}t)dt)$가 $\kappa=\dfrac{1}{1+s^2}$을 갖는 하나의 평면곡선이다.

3. $\alpha(s)$가 중심이 원점이고 반지름이 r인 구면위에 있고 곡률 κ가 상수 $c(>0)$ 인 단위속력곡선이라고 하자. 그러면 $<\alpha(s),\alpha(s)>=r^2$이므로 양변을 미분하면
$2<\alpha(s),T>=0$이므로 $\alpha(s)=a(s)N+b(s)B$를 만족하는 스칼라 함수 $a(s),b(s)$가 존재한다. 또 $<\alpha(s),T>=0$를 미분하면
$<T,T>+<\alpha(s),\kappa N>=1+c<\alpha(s),N>=0$를 얻는다. 그러므로
$<\alpha(s),N>=-\dfrac{1}{c}$이므로 $a(s)=-\dfrac{1}{c}$이다. 이제 $\alpha(s)=-\dfrac{1}{c}N+b(s)B$의 양변을 미분하면 $T=-\dfrac{1}{c}(-cT+\tau B)+b'B-b\tau N=T-b\tau N+(b'-\dfrac{\tau}{c})B$ 이므로
$b\tau=0,b'-\dfrac{\tau}{c}=0$를 얻는다. 이 식들로부터 $\tau=0$를 얻을 수 있고 따라서 $\alpha(s)$는 원의 일부이다.

4. 곡선 $\alpha(s)$가 $\kappa=c>0,\tau=d\neq 0$ 인 단위속력곡선이라고 하자. 프레네-세레의

공식에 의해 $T' = cN, N' =- cT + dB,\ B' =- dN$이므로

$N'' =- c^2N - d^2N =- (c^2 + d^2)N =- w^2N(w = \sqrt{c^2 + d^2})$ 이로부터,

$N = \boldsymbol{a}\cos\omega s + \boldsymbol{b}\sin\omega s$이 된다. 이 때 $\{\boldsymbol{a}, \boldsymbol{b}\}$ 는 R^3 의 정규직교집합이다.

$T' = cN$ 으로부터 $T = \frac{c}{\omega}(\boldsymbol{a}\sin\omega s - \boldsymbol{b}\cos\omega s + \boldsymbol{c})$ 임을 알 수 있다. 이 때,

$\boldsymbol{c} = \frac{d}{c}(\boldsymbol{a}\times\boldsymbol{b})$이다. 그러므로,

$$\begin{aligned}\alpha(s) - \alpha(0) &= \int_0^s T\,ds \\ &= \frac{c}{\omega}\left(\boldsymbol{a}\int_0^s \sin\omega t\,dt - \boldsymbol{b}\int_0^s \cos\omega t\,dt + \frac{d}{c}s(\boldsymbol{a}\times\boldsymbol{b})\right) \\ &=- \frac{c}{\omega^2}\boldsymbol{a}\cos\omega s - \frac{c}{\omega^2}\boldsymbol{b}\sin\omega s + \frac{d}{\omega}s(\boldsymbol{a}\times\boldsymbol{b}) + \frac{c}{\omega^2}\boldsymbol{a}\end{aligned}$$

가 되고 $\alpha(s)$는 원나선이다.

| 연습문제 2-6 |

1\. (1) $T = \frac{\beta'}{|\beta'|} = \frac{1}{\sqrt{1 + 4t^2 + 9t^4}}(1, 2t, 3t^2)$,

$B = \frac{\beta'\times\beta''}{|\beta'\times\beta''|} = \frac{1}{\sqrt{1 + 9t^2 + 9t^4}}(3t^2, -3t, 1)$

$N = B\times T = \frac{1}{\sqrt{(9t^4 + 9t^2 + 1)(9t^4 + 4t^2 + 1)}}(-9t^3 - 2t, -9t^3 + 1, 6t^2 + 3t)$

$\kappa = \frac{|\beta'\times\beta''|}{|\beta'|^3} = \frac{2\sqrt{9t^4 + 9t^2 + 1}}{(9t^4 + 4t^2 + 1)^{3/2}},\ \tau = \frac{<\beta'\times\beta'', \beta'''>}{|\beta'\times\beta''|^2} = \frac{3}{9t^4 + 9t^2 + 1}.$

(2) $T = \frac{\beta'}{|\beta'|} = \frac{1}{\sqrt{2}\cosh t}(\sinh t, \cosh t, 1)$,

$B = \frac{\beta'\times\beta''}{|\beta'\times\beta''|} = \frac{1}{\sqrt{2}\cosh t}(-\sinh t, \cosh t, -1)$

$N = B\times T = \frac{1}{\cosh t}(-1, 0, \sinh t)$

$\kappa = \frac{|\beta'\times\beta''|}{|\beta'|^3} = \frac{\sqrt{2}\cosh t}{2\sqrt{2}\cosh^3 t} = \frac{1}{2}\mathrm{sech}^2 t,$

$\tau = \frac{<\beta'\times\beta'', \beta'''>}{|\beta'\times\beta''|^2} =- \frac{1}{2\cosh^2 t} =- \frac{1}{2}\mathrm{sech}^2 t$

(3) $T=\dfrac{1}{\sqrt{3+2\sin t}}(1,\cos t,1+\sin t)$,

$B=\dfrac{1}{\sqrt{2+2\sin t+\sin^2 t}}(1+\sin t,-\cos t,-\sin t)$

$N=\dfrac{1}{\sqrt{2\sin^3 t+7\sin^2 t+10\sin t+6}}(-\cos t,1+3\sin t+\sin^2 t,2\cos t+\sin t\cos t)$

$\kappa=\dfrac{\sqrt{2+2\sin t+\sin^2 t}}{\sqrt{3+2\sin t}\,(3+2\sin t)},\tau=\dfrac{1}{2+2\sin t+\sin^2 t}$

(4) $T=\dfrac{1}{\sqrt{3}}(\cos t-\sin t,\cos t+\sin t,1)$,

$B=\dfrac{1}{\sqrt{6}}(\sin t-\cos t,-\cos t-\sin t,2),N=\dfrac{1}{\sqrt{2}}(-\cos t-\sin t,\cos t-\sin t,0)$

$\kappa=\dfrac{\sqrt{2}}{3e^t},\tau=\dfrac{1}{3e^t}$

2. (1)$\kappa=\dfrac{1}{\sqrt{2}},\tau=0$

(2) 원이고 중심은 $(-2,2,0)$이며 반지름은 $\sqrt{2}$ 이다.

3. $\beta'(t)=-4\alpha'(-2t),\beta''(t)=8\alpha''(-2t),\beta'''(t)=-16\alpha'''(-2t)$이므로 $t=0$에서 α 의 비틀림률은 $\dfrac{<\alpha'(0)\times\alpha''(0),\alpha'''(0)>}{|\alpha'(0)\times\alpha''(0)|^2}=2$이다. $t=0$에서 β의 비틀림률은

$\dfrac{<\beta'(0)\times\beta''(0),\beta'''(0)>}{|\beta'(0)\times\beta''(0)|^2}=\dfrac{<(-4\alpha'(0))\times(8\alpha''(0)),-16\alpha'''(0)>}{|(-4\alpha'(0))\times(8\alpha''(0))|^2}$ 이다.

$=\dfrac{1}{2}\dfrac{<\alpha'(0)\times\alpha''(0),\alpha'''(0)>}{|\alpha'(0)\times\alpha''(0)|^2}=\dfrac{1}{2}\cdot 2=1$

4. $\kappa=\dfrac{|\beta'\times\beta''|}{|\beta'|^3}=\dfrac{|\beta'||\beta''|\sin\theta}{|\beta'|^3}=|\beta'|^{-2}|\beta''|\sin\theta$ (θ는 β'과 β''의 사잇각)인데

$\cos\theta = \dfrac{<\beta',\beta''>}{|\beta'||\beta''|}$ 을 이용하면 $\sin\theta = \sqrt{1-\cos^2\theta} = \sqrt{1-\dfrac{<\beta',\beta''>^2}{|\beta'|^2|\beta''|^2}}$ 이므로

이를 첫 번째 식에 대입하면 $\kappa = |\beta'|^{-2}\sqrt{<\beta'',\beta''> - \dfrac{<\beta',\beta''>^2}{|\beta'|^2}}$ 를 얻는다.

5. $\beta(t)$가 직선일 필요충분조건은 곡률 $\kappa = \dfrac{|\beta'\times\beta''|}{|\beta'|^3} = 0$이다. 그러므로 $\beta(t)$각 직선일 필요충분조건은 $|\beta'\times\beta''| = |\beta'||\beta''|\sin\theta = 0$이다. $|\beta'| \neq 0$이므로 $\beta''=0$또는 $\sin\theta = 0$가 직선일 필요충분조건인데 여기서 θ는 β'과 β''과의 사이각이다. 두 경우 다 $\beta'' = c\beta'$ 이므로 β'과 β''은 일차종속이다.

6. $\beta' = (a,2bt,3t^2), \beta'' = (0,2b,6t), \beta''' = (0,0,6)$, $\beta'\times\beta'' = (6bt^2,6at,2ab)$이므로

$\kappa = \dfrac{|\beta'\times\beta''|}{|\beta'|^3} = \dfrac{2\sqrt{9b^2t^4+9a^2t^2+a^2b^2}}{\sqrt{a^2+4b^2t^2+9t^4}\,(a^2+4b^2t^2+9t^4)}$ 이고

$\tau = \dfrac{<\beta'\times\beta'',\beta'''>}{|\beta'\times\beta''|^2} = \dfrac{6ab}{9b^2t^4+9a^2t^2+a^2b^2}$ 이다. 나선일 필요충분조건은 적당한 상수 c에 대해 $\tau = c\kappa$이므로

$3ab\sqrt{a^2+4b^2t^2+9t^4}\,(a^2+4b^2t^2+9t^4) = c\sqrt{9b^2t^4+9a^2t^2+a^2b^2}\,(9b^2t^4+9a^2t^2+a^2b^2)$

를 만족해야 한다. 그러므로 양변을 제곱해서 최고차항의 계수를 비교하면

$c^2 = \dfrac{9a^2}{b^4}$ 를 얻는다. 양변을 제곱해서 t^{10}의 계수를 비교하면

$9^3\cdot 4\cdot a^2b^4 = c^2(9^3a^2b^4) = 9^4a^4$이므로 $9a^2 = 4b^4$을 얻는다.

$T = \dfrac{1}{\sqrt{a^2+4b^2t^2+9t^4}}(a,2bt,3t^2) = \dfrac{1}{3t^2+\dfrac{2}{3}b^2}(a,2bt,3t^2)$이므로 $u = (\alpha,\beta,\gamma)$로

두고 $<T,u> = m$(m은 상수)를 생각하면

$a\alpha + 2b\beta t + 3\gamma t^2 = 3mt^2 + \dfrac{2m}{3}b^2$이므로 $m = \gamma, \beta = 0, a\alpha = \dfrac{2m}{3}b^2$ 이므로

$a\alpha=\frac{2\gamma}{3}b^2$이므로 제곱하면 $a^2\alpha^2=\frac{4\gamma^2}{9}b^4$이고 $b^4=\frac{9}{4}a^2$을 대입하면

$\alpha^2=\gamma^2$이고 $a>0$이면 $\alpha=\gamma$이고 구하는 단위벡터는 $(\pm\frac{1}{\sqrt{2}},0,\pm\frac{1}{\sqrt{2}})$이고

$a<0$이면 $\alpha=-\gamma$이고 구하는 단위벡터는 $(\pm\frac{1}{\sqrt{2}},0,\mp\frac{1}{\sqrt{2}})$이다.

7. $\alpha'(t)=(1+2t,1-2t,3\sqrt{2}t^2),\alpha''(t)=(2,-2,6\sqrt{2}t)$이므로

$\alpha'(t)\times\alpha''(t)=(6\sqrt{2}t-6\sqrt{2}t^2,-6\sqrt{2}t-6\sqrt{2}t^2,-4)$이다. 또

$\alpha'''(t)=(0,0,6\sqrt{2})$이다. $\kappa_\alpha=\frac{|\alpha'\times\alpha''|}{|\alpha'|^3}=\frac{\sqrt{144t^4+144t^2+16}}{(18t^4+8t^2+2)^{3/2}}$,

$\tau_\alpha=\frac{<\alpha'\times\alpha'',\alpha'''>}{|\alpha'\times\alpha''|^2}=\frac{-24\sqrt{2}}{(144t^4+144t^2+16)}$임을 얻는다. 또

$\beta'(t)=(2t+3t^2,-\sqrt{2},2t-3t^2),\beta''(t)=(2+6t,0,2-6t)$이므로

$\beta'(t)\times\beta''(t)=(6\sqrt{2}t-2\sqrt{2},12t^2,6\sqrt{2}t+2\sqrt{2})$이다. 또

$\beta'''(t)=(6,0,-6)$이다.

그러므로

$$\kappa_\beta=\frac{|\beta'\times\beta''|}{|\beta'|^3}=\frac{\sqrt{144t^4+144t^2+16}}{(18t^4+8t^2+2)^{3/2}},\tau_\beta=\frac{<\beta'\times\beta'',\beta'''>}{|\beta'\times\beta''|^2}=\frac{-24\sqrt{2}}{(144t^4+144t^2+16)}$$

이다. 그래서 $\kappa_\alpha=\kappa_\beta,\tau_\alpha=\tau_\beta$이므로 α와 β는 합동이다. 이제 $F: R^3\to R^3$를 $F(\alpha)=F(\beta)$인 등거리사상이라고 하자. F의 직교행렬변환의 표준기저에 관한 표현행렬을 A라고 하면 $A[T_\alpha(0)N_\alpha(0)B_\alpha(0)]=[T_\beta(0)N_\beta(0)B_\beta(0)]$ 또는

$$A\begin{bmatrix}\frac{1}{\sqrt{2}} & \frac{1}{\sqrt{2}} & 0\\ \frac{1}{\sqrt{2}} & -\frac{1}{\sqrt{2}} & 0\\ 0 & 0 & -1\end{bmatrix}=\begin{bmatrix}0 & \frac{1}{\sqrt{2}} & -\frac{1}{\sqrt{2}}\\ -1 & 0 & 0\\ 0 & \frac{1}{\sqrt{2}} & \frac{1}{\sqrt{2}}\end{bmatrix}$$이므로

$$A=\begin{bmatrix} \frac{1}{2} & -\frac{1}{2} & \frac{1}{\sqrt{2}} \\ -\frac{1}{\sqrt{2}} & -\frac{1}{\sqrt{2}} & 0 \\ \frac{1}{2} & -\frac{1}{2} & -\frac{1}{\sqrt{2}} \end{bmatrix}$$ 이다.

F의 평행이동부분을 T_b(R^3의 벡터 b만큼의 평행이동)이라고 하면

$F(\alpha)=A\alpha+b=\beta$이므로 $\alpha(t)=(t+t^2,t-t^2,1+\sqrt{2}t^3)$와

$\beta(t)=(t^2+t^3,1-\sqrt{2}t,t^2-t^3)$ $A\begin{bmatrix} t+t^2 \\ t-t^2 \\ 1+\sqrt{2}t^3 \end{bmatrix}+b=\begin{bmatrix} t^2+t^3 \\ 1-\sqrt{2}t \\ t^2-t^3 \end{bmatrix}$ 또는

$$\begin{bmatrix} t^2+t^3+\frac{1}{\sqrt{2}} \\ -\sqrt{2}t \\ t^2-t^3-\frac{1}{\sqrt{2}} \end{bmatrix}+b=\begin{bmatrix} t^2+t^3 \\ 1-\sqrt{2}t \\ t^2-t^3 \end{bmatrix}$$ 이다.

그러므로 $b=\begin{bmatrix} -\frac{1}{\sqrt{2}} \\ 1 \\ \frac{1}{\sqrt{2}} \end{bmatrix}$ 이다.

8. $f(s)=a\sec(s+s_0)$로 두자. 먼저 $y,y',y\times y'$이 각 점에서 정규직교기저을 이룸을 알 수 있다. $\beta'=f'y+fy'$, $\beta''=f''y+2f'y'+fy''$ 그리고 $\beta'''=f'''y+3f''y'+3f'y''+fy'''$이다. $<y,y'>=0$이므로 $<y',y'>+<y,y''>=0$이고 $<y',y'>=1$이므로$<y',y''>=0$이다.
그러므로 스칼라함수 $g(s)$가 존재하여 $y''=-y+g(s)(y\times y')$이고
$\kappa_y=|y''|=\sqrt{1+g(s)^2}$ 이므로 $|g(s)|=\sqrt{\kappa_y^2-1}$ 이다.
$y''=-y+g(s)(y\times y')$를 $\beta''=f''y+2f'y'+fy''$에 대입하면
$\beta''=(f''-f)y+2f'y'+fg(y\times y')$를 얻고

$\beta' \times \beta'' = (f'y + fy') \times ((f'' - f)y + 2f'y' + fg(y \times y')$를 얻는다.
$= g(s)f^2 y - g(s)ff'y'$

$$\kappa_\beta = \frac{|\beta' \times \beta''|}{|\beta'|^3} = \frac{|g(s)|f\sqrt{f^2 + f'^2}}{(f^2 + f'^2)^{3/2}} = \frac{|g(s)|f}{f^2 + f'^2} = \frac{1}{a}\cos^3(s + s_0)\sqrt{k_y^2 - 1}$$ 이다.

$y'' = -y + g(s)(y \times y')$의 양변을 미분하면 $y''' = -\kappa_y^2 y' + g'y \times y'$를 얻는다.

이것들을 $\beta''' = f'''y + 3f''y' + 3f'y'' + fy'''$에 대입하여 정리하면

$\beta''' = (f''' - 3f')y + (3f'' - \kappa_y^2 f)y' + (3f'g + fg')(y \times y')$를 얻는다.

$$\tau_\beta = \frac{<\beta' \times \beta', \beta'''>}{|\beta' \times \beta''|^2} = \frac{gf(ff''' - 3ff' - 3f'f'' + f'f\kappa_y^2)}{g^2 f^2 (f^2 + f'^2)}$$ 인데

$f^2 + 2f'^2 - ff'' = 0$를 미분하면 $2ff' + 3f'f'' - ff''' = 0$를 얻고

$ff''' = 2ff' + 3f'f''$을 위식에 대입하면

$$\tau_\beta = \frac{g^3 f^2 f'}{g^2 f^2 (f^2 + f'^2)} = \frac{1}{a}\cos^2(s + s_0)\sin(s + s_0)\sqrt{\kappa_y^2 - 1}$$ 을 얻는다.

| 연습문제 3-1 |

1. (1) X는 무한번 미분이 가능한 함수이고, 또 단사함수이다.

그리고 $\frac{\partial X}{\partial u_1} \times \frac{\partial X}{\partial u_2} = (4(u_1 + u_2), 4(u_2 - u_1), -2) \neq (0,0,0)$ 이므로 주어진 X는 단순곡면이다.

(2) X는 무한번 미분이 가능한 함수이고, 또 단사함수이다.

그리고 $\frac{\partial X}{\partial u_1} \times \frac{\partial X}{\partial u_2} = (-2u_1^2 \cosh u_2, 2u_1^2 \sinh u_2, u_1) \neq (0,0,0)$ 이므로 주어진 X는 단순곡면이다.

(3) X는 무한번 미분이 가능한 함수이지만 $X(1,-1) = X(-1,1) = (1,1,0)$ 이므로 단사함수가 아니다. 그러므로 주어진 X는 단순곡면이 아니다.

(4) X는 $(0, u_2)$에서 u_1에 대해 미분이 불가능하므로 단순곡면이 아니다.

2. (1) X가 무한 번 미분가능하고 또 단사임은 쉽게 보일 수 있다.

$\frac{\partial X}{\partial u_1}(\frac{\pi}{2},\frac{\pi}{2})=(0,0,-2), \frac{\partial X}{\partial u_2}(\frac{\pi}{2},\frac{\pi}{2})=(-1,0,0)$이므로

$\frac{\partial X}{\partial u_1}(\frac{\pi}{2},\frac{\pi}{2})\times\frac{\partial X}{\partial u_2}(\frac{\pi}{2},\frac{\pi}{2})=(0,2,0)$이고 따라서 접평면

$T(0,1,0)=\{(x,y,z)\in R^3|y=1\}$이며 접공간

$T_{(0,1,0)}(X(U))=\{(a,0,b)_{(0,1,0)|a,b\in R\}}$이다.

(2) X가 무한 번 미분가능하고 또 단사임은 쉽게 보일 수 있다.

$\frac{\partial X}{\partial u_1}(1,1)=(1,0,2), \frac{\partial X}{\partial u_2}(1,1)=(0,1,2)$이고

$\frac{\partial X}{\partial u_1}(1,1)\times\frac{\partial X}{\partial u_2}(1,1)=(-2,-2,1)$이므로 접평면

$T(1,1,2)=\{(x,y,z)\in R^3|2x+2y-z=2\}$이며 접공간

$T_{(1,1,2)}(X(U))=\{(a,b,2(a+b)_{(1,1,2)}|a,b\in R\}$이다.

3. (1) $\frac{\partial X}{\partial u_1}(p_1,p_2)=(1,0,\frac{\partial f}{\partial u_1}(p_1,p_2)), \frac{\partial X}{\partial u_2}(p_1,p_2)=(0,1,\frac{\partial f}{\partial u_2}(p_1,p_2))$ 이므로

$p=(p_1,p_2,f(p_1,p_2))$에서의 접벡터는

$a\frac{\partial X}{\partial u_1}+b\frac{\partial X}{\partial u_2}=(a,b,a\frac{\partial f}{\partial u_1}(p_1,p_2)+b\frac{\partial f}{\partial u_2}(p_1,p_2)$이므로 벡터 $v=(v_1,v_2,v_3)$가

점 $p=(p_1,p_2,f(p_1,p_2))$에서 접벡터가 될 필요충분조건은

$v_3=\frac{\partial f}{\partial u_1}(p_1,p_2)v_1+\frac{\partial f}{\partial u_2}(p_1,p_2)v_2$이다.

4. (1) $\alpha(t)=(e^t\cos(\sqrt{2}t),e^t\sin(\sqrt{2}t),e^t)$이므로

$\alpha'(t)=e^t(\cos\sqrt{2}t,\sin\sqrt{2}t,1)+\sqrt{2}(-e^t\sin\sqrt{2}t,e^t\cos\sqrt{2}t,0)$이고

$\frac{\partial X}{\partial u_1}(\sqrt{2}t, e^t) = (-e^t \sin\sqrt{2}t, e^t\cos\sqrt{2}t, 0)$이므로

$\frac{\partial X}{\partial u_2}(\sqrt{2}t, e^t) = (\cos\sqrt{2}t, \sin\sqrt{2}t, 1)$

$\alpha'(t) = \sqrt{2}\frac{\partial X}{\partial u_1}(\sqrt{2}t, e^t) + e^t\frac{\partial X}{\partial u_2}(\sqrt{2}t, e^t)$이다.

(2) $\frac{\partial X}{\partial u_1}(\sqrt{2}t, e^t), \frac{\partial X}{\partial u_2}(\sqrt{2}t, e^t)$의 사잇각을 θ_1그리고 $\frac{\partial X}{\partial u_1}(\sqrt{2}t, e^t)$와 $\alpha'(t)$의 사잇각을 θ_2라고 하면

$$\cos\theta_1 = \frac{<\frac{\partial X}{\partial u_1}(\sqrt{2}t, e^t), \frac{\partial X}{\partial u_2}(\sqrt{2}t, e^t)>}{|\frac{\partial X}{\partial u_1}(\sqrt{2}t, e^t)||\frac{\partial X}{\partial u_2}(\sqrt{2}t, e^t)|} = 0$$

$$\cos\theta_2 = \frac{<\frac{\partial X}{\partial u_1}(\sqrt{2}t, e^t), \alpha'(t)>}{|\frac{\partial X}{\partial u_1}(\sqrt{2}t, e^t)||\alpha'(t)|} = \frac{\sqrt{2}e^t}{e^t \cdot 2e^t} = \frac{\sqrt{2}}{2}$$

이므로 $\theta_1 = \frac{\pi}{2}, \theta_2 = \frac{\pi}{4}$이므로 $\alpha'(t)$가 $\frac{\partial X}{\partial u_1}(\sqrt{2}t, e^t), \frac{\partial X}{\partial u_2}(\sqrt{2}t, e^t)$의 사잇각을 이등분한다.

| 연습문제 3-2 |

1. $f : R^3 \to R, f(x,y,z) = (x^2+y^2)^2 + 3z^2$라고 두자.

$(\frac{\partial f}{\partial x}, \frac{\partial f}{\partial y}, \frac{\partial f}{\partial z}) = (4x(x^2+y^2), 4y(x^2+y^2), 6z)$이므로

$(\frac{\partial f}{\partial x}, \frac{\partial f}{\partial y}, \frac{\partial f}{\partial z}) = (0,0,0) \Leftrightarrow x = y = z = 0$이다. 그러므로 $M = f^{-1}(1)$는 정리3.2.5에 의해 곡면이다.

2. $f: R^3 \to R, f(x,y,z) = z(z-2)+xy$라고 하자. $(\frac{\partial f}{\partial x}, \frac{\partial f}{\partial y}, \frac{\partial f}{\partial z}) = (y, x, 2(z-1))$이므로 $(\frac{\partial f}{\partial x}, \frac{\partial f}{\partial y}, \frac{\partial f}{\partial z}) = (0,0,0) \Leftrightarrow x = y = 0, z = 1$이다. 그러므로 $c \neq -1$이면 모든 $p \in M = f^{-1}(c), c \neq -1$에 대해 $(\frac{\partial f}{\partial x}(p), \frac{\partial f}{\partial y}(p), \frac{\partial f}{\partial z}(p)) \neq (0,0,0)$이므로 $c \neq -1$이면 M은 정리3.2.5에 의해 곡면이다.

3. $X: V \to M(\subset R^3)$를 점 p를 포함하는 M의 좌표조각이라고 하고 $X(u_1, u_2) = (x(u_1,u_2), y(u_1,u_2), z(u_1,u_2))$라고 두면 $f(x(u_1,u_2), y(u_1,u_2), z(u_1,u_2)) = a$이다 양변을 $u_i (i = 1,2)$에 대해 편미분하면 연쇄율에 의해 $\frac{\partial f}{\partial x}\frac{\partial x}{\partial u_i} + \frac{\partial f}{\partial y}\frac{\partial y}{\partial u_i} + \frac{\partial f}{\partial z}\frac{\partial z}{\partial u_i} = 0$ 또는 $< (\frac{\partial f}{\partial x}, \frac{\partial f}{\partial y}, \frac{\partial f}{\partial z}), (\frac{\partial x}{\partial u_i}, \frac{\partial y}{\partial u_i}, \frac{\partial z}{\partial u_i}) > = < (\frac{\partial f}{\partial x}, \frac{\partial f}{\partial y}, \frac{\partial f}{\partial z}), \frac{\partial X}{\partial u_i} > = 0$를 얻는다.
그러므로 벡터$(\frac{\partial f}{\partial x}(p), \frac{\partial f}{\partial y}(p), \frac{\partial f}{\partial z}(p))$는 p에서 곡면 M에 법선벡터이다.

4. $f: R^3 \to R, f(x,y,z) = x^2 + y^2 - z^2$라고 두자.
$(\frac{\partial f}{\partial x}, \frac{\partial f}{\partial y}, \frac{\partial f}{\partial z}) = (2x, 2y, -2z)$이므로
$(\frac{\partial f}{\partial x}, \frac{\partial f}{\partial y}, \frac{\partial f}{\partial z}) = (0,0,0) \Leftrightarrow x = y = z = 0$이다.
그러므로 $M = \{(x,y,z) \in R^3 | x^2 + y^2 - z^2 = 1\} = f^{-1}(1)$은 곡면이다. $(a,b,0) \in M$이면 문제 3에 의해 $\frac{1}{2}(\frac{\partial f}{\partial x}, \frac{\partial f}{\partial y}, \frac{\partial f}{\partial z}) = (a,b,0)$가 법선벡터이므로 접평면 $T(a,b,0) = \{(x,y,z) \in R^3 | ax + by = a^2 + b^2\}$ 이다. 이 평면은 $ax + by = 0$와 평행하고 $ax + by = 0$는 z축을 포함하므로 $T(a,b,0)$는 z축에 평행하다.

5. 단위법선벡터 $\boldsymbol{n}=\dfrac{1}{\sqrt{g'^2+f'^2}}(-g'\cos u_2, -g'\sin u_2, f')$이므로 법선은

$\alpha(t)=(f\cos u_2-tg'\cos u_2, f\sin u_2-tg'\sin u_2, g+tf')$으로 주어진다.

$\alpha(\dfrac{f}{g'})=(0,0,\dfrac{gg'+ff'}{g'})$이므로 법선은 항상 z축을 지난다.

6. $X: U\to M(\subset R^3)$를 M의 좌표조각이라고 하자. $\boldsymbol{n}(u_1,u_2)$를 점 $X(u_1,u_2)$에서의 단위법선벡터라고 하고 모든 법선이 일정한 점 $q\in R^3$를 지난다고 하자. 법선은 $\alpha(t)=q+t\boldsymbol{n}(u_1,u_2)$로 주어진다. $X(u_1,u_2)=q+t(u_1,u_2)\boldsymbol{n}(u_1,u_2)$를 만족하는 실수 $t(u_1,u_2)$를 생각할 수 있는데 $<X(u_1,u_2)-q, X(u_1,u_2)-q>$를 $u_i(i=1,2)$에 대해 미분하면 $2<\dfrac{\partial X}{\partial u_i}, X(u_1,u_2)-q>=2<\dfrac{\partial X}{\partial u_i}, t(u_1,u_2)\boldsymbol{n}(u_1,u_2)>=0$이므로 적당한 양의 상수 r에 대해 $<X(u_1,u_2)-q, X(u_1,u_2)-q>=r^2$ 이고 연속성에 의해 M위의 모든 점 p에 대해 $<p-q, p-q>=r^2$를 얻고 M은 중심이 q이고 반지름이 r인 구면에 포함된다.

7. $X: U\to R^3$를 $p(=X(p_1,p_2))\in X(U)$인 M의 좌표조각이라고 하자. u를 평면 P의 단위법선벡터라고 하자. 그러면$X(u_1,u_2)((u_1,u_2)\in U)$과 평면 P사이의 거리 d는 $d=|<X(u_1,u_2)-X(p_1,p_2), u>|$이다. 가정에 의해 $<X(u_1,u_2)-X(p_1,p_2), u>$는 항상 0이상이거나 0이하이며 (p_1,p_2)에서 극값을 갖는다.

그러므로 $\dfrac{\partial}{\partial u_i}<X(u_1,u_2)-X(p_1,p_2), u>=<\dfrac{\partial X}{\partial u_i}(p_1,p_2), u>=0,\ i=1,2$이며 점 $p=X(p_1,p_2)$에서의 M의 접평면의 하나의 단위법선벡터는 u이며 따라서 이 접평면은 P이다.

8. $p \in M \cap P$에 대해 $X: U \to R^3$를 $p(=X(p_1,p_2)) \in X(U)$인 M의 좌표조각이라고 하자. u를 평면 P의 단위법선벡터라고 하자. 그러면$X(u_1,u_2)((u_1,u_2) \in U)$과 평면 P사이의 거리 d는 $d = |< X(u_1,u_2) - X(p_1,p_2), u >|$이다.

가정에 의해 $< X(u_1,u_2) - X(p_1,p_2), u >$는 항상 0이상이거나 0이하이며 (p_1,p_2)에서 극값을 갖는다.

그러므로 $\frac{\partial}{\partial u_i} < X(u_1,u_2) - X(p_1,p_2), u > = < \frac{\partial X}{\partial u_i}(p_1,p_2), u > = 0,\ i = 1,2$이며 점 $p = X(p_1,p_2)$에서의 M의 접평면의 하나의 단위법선벡터는 u이며 따라서 이 접평면은 P이다.

| 연습문제 3-3 |

1. (1) $X_1 = \frac{\partial X}{\partial u_1} = (a\cos u_1 \cos u_2, b\cos u_1 \sin u_2, -c\cos u_1)$

$X_2 = \frac{\partial X}{\partial u_2} = (-a\sin u_1 \sin u_2, b\sin u_1 \cos u_2, 0)$

이므로 $g_{11} = < X_1, X_1 > = a^2\cos^2 u_1 \cos^2 u_2 + b^2 \cos^2 u_1 \sin^2 u_2 + c^2\cos^2 u_1$

$g_{22} = < X_2, X_2 > = a^2 \sin^2 u_1 \sin^2 u_2 + b^2 \sin^2 u_1 \cos^2 u_2$

$g_{12} = < X_1, X_2 > = (b^2 - a^2)\cos u_1 \cos u_2 \sin u_1 \sin u_2$ 이다.

(2) $X(u_1,u_2) = (\frac{4u_1}{u_1^2+u_2^2+4}, \frac{4u_2}{u_1^2+u_2^2+4}, \frac{2(u_1^2+u_2^2)}{u_1^2+u_2^2+4})$

$X_1 = (\frac{4(u_2^2-u_1^2+4)}{(u_1^2+u_2^2+4)^2}, \frac{-8u_1u_2}{(u_1^2+u_2^2+4)^2}, \frac{16u_1}{(u_1^2+u_2^2+4)^2})$

$X_2 = (\frac{-8u_1u_2}{(u_1^2+u_2^2+4)^2}, \frac{4(u_1^2-u_2^2+4)}{(u_1^2+u_2^2+4)^2}, \frac{16u_2}{(u_1^2+u_2^2+4)^2})$ 이므로

$g_{11} = g_{22} = \frac{16}{(u_1^2+u_2^2+4)^2}, g_{12} = 0$이다.

(3) $X(u,v) = (au_1\cosh u_2, bu_1 \sinh u_2, u_1^2)$ (a,b는 양의 상수들)

$X_1 = (a\cosh u_2, b\sinh u_2, 2u_1), X_2 = (au_1\sinh u_2, bu_1\cosh u_2, 0)$이므로

$g_{11} = a^2\cosh^2 u_2 + b^2\sinh^2 u_2 + 4u_1^2,\ \ g_{22} = a^2u_1^2\sinh^2 u_2 + b^2u_1^2\cosh^2 u_2$

$g_{12} = (a^2 + b^2)u_1\cosh u_2\sinh u_2$ 이다.

2. (1) 주어진 면적은

$$\iint_{X^{-1}(A)} \sqrt{g_{11}g_{22} - g_{12}^2}\,du_1du_2 = \iint_{X^{-1}(A)} \sqrt{1 + 4u_1^2 + 4u_2^2}\,du_1du_{2_2}$$ 인데

극좌표에 관한 이중적분으로 변환하여 계산하면

$$\int_0^{2\pi}\int_0^1 \sqrt{1+4r^2}\,rdrd\theta = \int_0^{2\pi}\int_1^5 \sqrt{u}\,\frac{1}{8}dud\theta = \frac{\pi}{6}(5\sqrt{5}-1)$$ 이다.

(2) $$\iint_{X^{-1}(B)} \sqrt{g_{11}g_{22} - g_{12}^2}\,dtd\theta = \iint_{X^{-1}(B)} r(R + r\cos t)dtd\theta$$

$$\int_{-\pi/2}^{\pi/2}\int_{-\pi/2}^{\pi/2} r(R + r\cos t)dtd\theta = \pi(\pi rR + 2r^2)$$ 이다.

(3) $$\iint_{X^{-1}(C)} \sqrt{g_{11}g_{22} - g_{12}^2}\,d\theta d\phi = \iint_{X^{-1}(C)} \sin\theta d\theta d\phi$$

$$= \int_0^{\pi}\int_{\pi/4}^{3\pi/4} \sin\theta d\theta d\phi = \sqrt{2}\pi$$

| 연습문제 3-4 |

1. 곡면 S위의 단위속력곡선 γ에 대해 $\kappa_n = <\gamma'', \boldsymbol{n}>$, $\kappa_g = <\gamma'', \boldsymbol{n} \times T>$이다. 여기서 $\boldsymbol{n}$은 단위법선벡터이고 그리고 T는 단위접선벡터이다. $\boldsymbol{n}, T, \boldsymbol{n}\times T$가 γ위의 각 점에서 정규직교기저를 이룸으로

$\gamma'' = <\gamma'', \boldsymbol{n}>\boldsymbol{n} + <\gamma'', T>T + <\gamma'', \boldsymbol{n}\times T>\boldsymbol{n}\times T$인데 $<\gamma'', T> = <\gamma'', \gamma'> = 0$

이므로 $\gamma'' = <\gamma'', \boldsymbol{n}> \boldsymbol{n} + <\gamma'', \boldsymbol{n}\times T> \boldsymbol{n}\times T$이다.

따라서 $|\gamma''|^2 = \kappa^2 = <\gamma'', \boldsymbol{n}>^2 + <\gamma'', \boldsymbol{n}\times T>^2 = \kappa_{\boldsymbol{n}}^2 + \kappa_g^2$이다.

2. 문제 1에 의해 $\kappa^2 = \kappa_n^2 + \kappa_g^2$인데 $\kappa_n = \kappa_g = 0 \Rightarrow \kappa = 0$이므로 법곡률과 측지곡률이 모두 영이면 곡선의 곡률이 0이므로 주어진 곡선은 직선의 일부이다.

3. 곡면 $M(\subset R^3)$가 한 평면 P에 대해 대칭이라고 하자. 일반성을 잃지 않고 P를 $x=0$라고 둘 수 있다. M과 P의 교선을 단위속력곡선 $\gamma(s) = (0, y(s), z(s))$라고 하자.

$\gamma(s)$위의 임의의 한 점 $\gamma(s_0) = (0, y(s_0), z(s_0))$에서 평면 $y = y(s_0)$와 M과의 교선을 단위속력곡선 $c(s) = (a(s), y(s_0), b(s))$ ($c(0) = (0, y(s_0), z(s_0))$라고 하자.) 라고 하면 가정에 의해 $c(s)$는 $x=0$에 대해 대칭이므로 $a(-s) = -a(s), b(-s) = b(s)$이다. $d(s) = c(-s)$라고 두면 $d'(s) = -c'(-s)$이고 따라서 $d'(0) = -c'(0)$이다. $d(s) = (-a(s), y(s_0), b(s))$이므로

$d'(0) = (-a'(0), 0, b'(0)) = -c'(0) = (-a'(0), 0, -b'(0))$ 이다. 그러므로

$-b'(0) = b'(0)$이고 따라서 $b'(0) = 0$이다. $c'(0) = (a'(0), 0, 0) = a'(0)(1,0,0)$이어서 $(1,0,0)$가 주어진 점 $(0, y(s_0), z(s_0))$에서 접벡터이다. $\gamma''(s_0) = (0, x''(s_0), y''(s_0))$는 일차독립인 두 접벡터 $\gamma'(s_0), (1,0,0)$ 에 대해 수직이므로 곡면의 단위법선벡터 $\boldsymbol{n}$과 평행하다. 그러므로 $\gamma(s_0)$에서 측지곡률 $\kappa_g = <\gamma'', \boldsymbol{n}\times\gamma'> = 0$인데 임의의 점에서 측지곡률이 0이므로 γ는 측지선이다.

4. (1) 경선 $\gamma(t) = X(t, \theta_0) = (r(t)\cos\theta_0, r(t)\sin\theta_0, h(t))$의 접선벡터는

$T = (r'(t)\cos\theta_0, r'(t)\sin\theta_0, h'(t))$와 단위법선벡터는

$\boldsymbol{n} = (-h'\cos\theta_0, -h'\sin\theta_0, r')$이므로 $\boldsymbol{n}\times T = (-\sin\theta_0, \cos\theta_0, 0)$이다. 그러므로

측지곡률 $\kappa_g = <\gamma'', \boldsymbol{n}\times T> = 0$이다.

(2) 등위원 $c(\theta) = X(t_0, \theta) = (r(t_0)\cos\theta, r(t_0)\sin\theta_0, h(t_0))$의 단위접선벡터

$T = (-\sin\theta, \cos\theta, 0)$이고 단위법선벡터는

$\boldsymbol{n} = (-h'(t_0)\cos\theta, -h'(t_0)\sin\theta_0, r'(t_0))$ 이므로

$\boldsymbol{n}\times T = (-r'(t_0)\cos\theta, -r'(t_0)\sin\theta, -h'(t_0))$이므로 측지곡률

$\kappa_g = <\dfrac{dc^2}{ds^2}, \boldsymbol{n}\times T> = \dfrac{r'(t_0)}{r(t_0)}$이다.

5. $X_{11} = X_{tt} = (r''(t)\cos\theta, r''(t)\sin\theta, h''(t))$
$X_{12} = X_{t\theta} = (-r'(t)\sin\theta, r'(t)\cos\theta, 0)$
$X_{22} = X_{\theta\theta} = (-r(t)\cos\theta, -r(t)\sin\theta, 0)$

이며 단위법선 벡터 $\boldsymbol{n} = (-h'(t)\cos\theta, -h'(t)\sin\theta, r'(t))$이므로

$L_{11} = <X_{11}, \boldsymbol{n}> = h''(t)r'(t) - r''(t)h'(t)$,

$L_{12} = <X_{12}, \boldsymbol{n}> = 0, L_{22} = <X_{22}, \boldsymbol{n}> = r(t)h'(t)$이다.

6. (1) γ를 중심이 원점이고 반지름이 r인 구면 $S_0(r)$위의 단위속력곡선이라고하자.

이 구면의 단위법선벡터는 $\boldsymbol{n} = \dfrac{\gamma}{r}$이다. $<\gamma, \gamma> = r^2 \Rightarrow 2<\gamma, \gamma'> = 0$

$\Rightarrow <\gamma, \gamma'> = 0$인데 한 번 더 미분을 하면 $<\gamma', \gamma'> + <\gamma, \gamma''> = 0$이고

따라서 $\kappa_n = <\gamma'', \boldsymbol{n}> = <\gamma'', \dfrac{\gamma}{r}> = \dfrac{1}{r}<\gamma'', \gamma> = -\dfrac{1}{r}<\gamma', \gamma'> = -\dfrac{1}{r}$이다.

(2) $\kappa_g = <\gamma'', \boldsymbol{n}\times T> = <\gamma'', \dfrac{\gamma}{r}\times\gamma'> = \dfrac{1}{r}<\gamma\times\gamma', \gamma''>$이다.

(3) κ_g가 상수이면 γ의 곡률 κ에 대해 $\kappa^2 = \kappa_n^2 + \kappa_g^2$이므로 κ^2가 상수이고 또 κ가 상수이다. γ의 프레네-세레틀장을 T, N, B라고 하면 $<\gamma, T> = <\gamma, \gamma'> = 0$이므로 적당한 스칼라함수 a, b에 대해 $\gamma = aN + bB$이다. 양변을 미분하면 $T = a'N + a(-\kappa T + \tau B) + b'B - b\tau N$ 이므로 $1 + a\kappa = 0, a' - b\tau = 0, a\tau + b' = 0$

를 얻는다. κ가 상수이므로 첫 번째 식으로부터 $a=\dfrac{-1}{\kappa}$ 상수임을 알 수 있고 두 번째 식으로부터 $b\tau=0$를 얻고 따라서 $b=0$ 또는 $\tau=0$를 얻는다. $b=0$이면 $a\neq 0$이므로 세 번째 식으로부터 $\tau=0$를 얻는다. 그러므로 $\tau=0$임을 알 수 있고 따라서 γ는 원이다.

7. 임의의 곡선 γ에 대해 $T=\dfrac{\dot{\gamma}(t)}{|\dot{\gamma}(t)|}$이고 호의 길이 s에 대해

$$\frac{dT}{ds}=\frac{dT}{dt}\frac{dt}{ds}=\dot{T}\frac{dt}{ds}=\frac{\ddot{\gamma}(t)|\dot{\gamma}(t)|-\dot{\gamma}(t)\dfrac{<\ddot{\gamma}(t),\dot{\gamma}(t)>}{|\dot{\gamma}(t)|}}{|\dot{\gamma}(t)|^3}$$ 이므로

$$=\frac{\ddot{\gamma}(t)|\dot{\gamma}(t)|^2-\dot{\gamma}(t)<\ddot{\gamma}(t),\dot{\gamma}(t)>}{|\dot{\gamma}(t)|^4}$$

$$\kappa_g(t)=<\frac{dT}{ds},\boldsymbol{n}(t)\times T>=\frac{\det(\boldsymbol{n}(t),\dot{\gamma}(t),\ddot{\gamma}(t))}{|\dot{\gamma}(t)|^3}$$ 이다.

8. $\boldsymbol{n}(t)=\gamma(t),\dot{\gamma}(t)=(-\cos\theta\sin t,\cos\theta\cos t,0),\ddot{\gamma}(t)=(-\cos\theta\cos t,-\cos\theta\sin t,0)$ 이므로 7번에 의해

$$\kappa_g(t)=\frac{\det(\boldsymbol{n}(t),\dot{\gamma}(t),\ddot{\gamma}(t))}{|\dot{\gamma}(t)|^3}=\tan\theta$$ 이다.

9. (1) $<\gamma(s),\gamma(s)>=1$이므로 미분하면 $2<\gamma(s),\gamma(s)'>=0$이므로 $<\gamma(s),\gamma'(s)>=0$이고 한 번 더 미분하여 $<\gamma(s),\gamma''(s)>+<\gamma'(s),\gamma'(s)>=0$를 얻는데 $<\gamma'(s),\gamma'(s)>=1$이므로 $<\gamma''(s),\gamma(s)>=-1$인데 $\boldsymbol{n}(t)=\gamma(t)$이므로 $\kappa_n=-1$이다. $\kappa^2=\kappa_n^2+\kappa_g^2=1+\kappa_g^2$이므로 $|\kappa_g|=\sqrt{\kappa^2-1}$을 얻는다.

(2) T,N,B를 $\gamma(s)$의 프레네-세레틀장이라고 하자. $<\gamma,T>=<\gamma,\gamma'>=0$이므로 적당한 스칼라함수 a,b에 대해 $\gamma=aN+bB$이다. 양변을 미분하면

$T = a'N + a(-\kappa T + \tau B) + b'B - b\tau N$ 이므로

$1 + a\kappa = 0, a' - b\tau = 0, a\tau + b' = 0$를 얻는다. 첫 번째 식으로부터 $a = -\dfrac{1}{\kappa}$를

얻고 미분하여 두 번째 식에 대입하면 $\dfrac{\kappa'}{\kappa^2} - b\tau = 0$이다.

$\kappa_g = < \gamma'', \boldsymbol{n} \times T >$인데 $\gamma'' = \kappa N, \boldsymbol{n} = \gamma = aN + bB$를 식에 대입하면

$\kappa_g = < \kappa N, (aN + bB) \times T > = \kappa < N, -aB + bN > = \kappa b$를 얻는다. 그러므로

$b = \dfrac{\kappa_g}{\kappa}$인데 이를 $\dfrac{\kappa'}{\kappa^2} - b\tau = 0$에 대입하면 $\dfrac{\kappa'}{\kappa^2} - \dfrac{\kappa_g \tau}{\kappa} = 0$ 또는 $\kappa' = \kappa_g \kappa \tau$가

주어진다. $\kappa^2 = \kappa_g^2 + 1$로부터 $\kappa\kappa' = \kappa_g \kappa_{g'}$을 얻고 $\kappa' = \dfrac{\kappa_g \kappa_{g'}}{\kappa}$를 $\kappa' = \kappa_g \kappa \tau$에

대입하면 $\kappa_g(\kappa_g{}' - \kappa^2 \tau) = 0$이다. $\kappa_g \neq 0$이면 $\kappa_g{}' = \kappa^2 \tau$를 얻고 κ_g가 어떤 구간에서 0이면 그 구간에서 $b = 0$이고 따라서 $\tau = 0$이므로 이 구간에서 $\kappa_g{}' = \kappa^2 \tau$이다. 연속성에 의해 $\kappa_g{}' = \kappa^2 \tau$이다.

| 연습문제 3-5 |

1. 직선의 곡률 $\kappa = 0$이므로 $0 = \kappa^2 = \kappa_n^2 + \kappa_g^2$으로부터 측지곡률과 법곡률이 모두 0이므로 직선은 측지선이다.

2. 반지름이 r이고 중심이 원점인 구면 $S_0(r)$위의 단위속력 측지선 $\gamma(s)$를 생각하면 법곡률 $\kappa_n = -\dfrac{1}{r}$이고 측지선이므로 측지곡률 $\kappa_g = 0$이다. $\kappa^2 = \kappa_n^2 + \kappa_g^2 = \dfrac{1}{r^2}$이고 따라서 $\gamma(s)$의 곡률 $\kappa = \dfrac{1}{r}$인데 곡률이 상수인 구면위의 곡선은 원임이 알려져 있다. 따라서 $\gamma(s)$는 반지름이 r인 원의 일부이므로 대원의 일부이다.

3. $\gamma(t)$를 단위속력곡선이라고 하자. $\boldsymbol{n}(t)\times\gamma'(t)=\boldsymbol{n}(t)\times T$는 평면에 수직인 단위법벡터이므로 상수벡터이다. $<\gamma'(t),\boldsymbol{n}\times T>=<T,\boldsymbol{n}\times T>=0$를 미분하면 $\kappa_g=<\gamma''(t),\boldsymbol{n}(t)\times T>=0$를 얻을 수 있으므로 $\gamma(t)$는 측지선이다.

4. 평면 $z=0$와 M의 교선은 이 평면위의 타원 $\frac{x^2}{a^2}+\frac{y^2}{b^2}=1$인데 이를 매개화하면 $\gamma(t)=(a\cos t,b\sin t,0)$로 나타날 수 있고 $\gamma'(t)=(-a\sin t,b\cos t,0)$이며 또 법벡터는 $(\frac{x}{a^2},\frac{y}{b^2},-\frac{z}{c^2})$인데 $\gamma(t)$에서의 법벡터는 $(\frac{\cos t}{a},\frac{\sin t}{b},0)$이다. 그러므로 $z=0$는 이 두 벡터에 의해 생성됨으로 3번에 의해 이 교선은 측지선이다.

또 $y=0$와 M의 교선은 이 평면위의 쌍곡선 $\frac{x^2}{a^2}-\frac{z^2}{c^2}=1$인데 이 중 $(a,0,0)$를 지나는 곡선을 매개화하면 $\gamma(t)=(a\cosh t,0,a\sinh t)$ 이며 $\gamma'(t)$와 $\gamma(t)$에서의 법벡터$(\frac{\cosh t}{a},0,\frac{\sinh t}{b})$가 평면 $y=0$를 생성하므로 3번에 의해 이 교선은 측지선이다. 두 직선 (a,bt,ct)와 $(a,bt,-ct)$는 $(a,0,0)$를 지나고 M위에 놓여져 있다. 1번에 의해 이 두 직선은 측지선이다.

5. 원주면 $X(t,\theta)=(r\cos\theta,r\sin\theta,t)$를 생각하자. 정리4.5.5에 의해 $\Gamma_{ij}^k=0,(i,j,k=1,2)$이다. 그러므로 $\gamma(s)$가 측지선이기 위한 조건은 $X^{-1}(\gamma(s))=(\gamma_1(s),\gamma_2(s))$일 때 $\forall k\in\{1,2\}$, $\frac{d^2\gamma_k}{ds^2}+\sum_{i,j}\Gamma_{ij}^k\frac{d\gamma_i}{ds}\frac{d\gamma_j}{ds}=0$를 만족해야 하는데 $\Gamma_{ij}^k=0,(i,j,k=1,2)$이므로 $\frac{d^2\gamma_k}{ds^2}=0$를 만족한다.

그러므로 $\gamma_1(s)=as+b,\gamma_2(s)=cs+d$를 만족한다. 여기서 a,b,c,d는 상수들인데 a,c가 동시에 영일 수는 없다. 즉 $\gamma(s)=(r\cos(cs+d),r\sin(cs+d),as+b)$이다.

| 연습문제 3-6 |

1. $\boldsymbol{n}\times T$가 평행한 벡터장이라고 하자. 그러면 $\frac{d}{ds}(\boldsymbol{n}\times T)$는 $\boldsymbol{n}$과 평행하다.

$<\gamma',\boldsymbol{n}\times T>=<T,\boldsymbol{n}\times T>=0$를 미분하면

$<\gamma'',\boldsymbol{n}\times T>+<\gamma',\frac{d}{ds}(\boldsymbol{n}\times T)>=0$ 이고 $<\gamma',\frac{d}{ds}(\boldsymbol{n}\times T)>=0$이므로

$\kappa_g=<\gamma'',\boldsymbol{n}\times T>=0$이므로 γ는 측지선이다.

역으로 γ를 측지선이라고 하자. $<\gamma',\boldsymbol{n}\times T>=<T,\boldsymbol{n}\times T>=0$를 미분하여

$<\gamma'',\boldsymbol{n}\times T>+<\gamma',\frac{d}{ds}(\boldsymbol{n}\times T)>=0$를 얻고 γ가 측지선이므로

$\kappa_g=<\gamma'',\boldsymbol{n}\times T>=0$이고 따라서 $<\gamma',\frac{d}{ds}(\boldsymbol{n}\times T)>=0$를 얻는데

$<\frac{d}{ds}(\boldsymbol{n}\times T),\boldsymbol{n}\times T>=0$이므로 $\frac{d}{ds}(\boldsymbol{n}\times T)$는 $\boldsymbol{n}$과 평행하므로 $\boldsymbol{n}\times T$는 평행벡터장이다.

2. (1)⟹(2) $\gamma''=\kappa N=\kappa<N,\boldsymbol{n}>n$이므로 $\kappa_g=<\gamma'',\boldsymbol{n}\times T>=0$이고 따라서 γ는 측지선이다.

(2)⟹(3) γ가 측지선이므로 $\gamma''=\kappa N$은 $\boldsymbol{n}$과 평행하다. 그러므로 $N=\pm\boldsymbol{n}$인데 $V=N\mp(\pm N)=0$이므로 V는 γ를 따라서 평행벡터장이다.

(3)⟹(1) $V=<V,T>T+<V,\boldsymbol{n}\times T>(\boldsymbol{n}\times T)+<V,\boldsymbol{n}>\boldsymbol{n}$인데 조건에 의해 $<V,T>=<V,\boldsymbol{n}>=0$이므로 $V=<V,\boldsymbol{n}\times T>(\boldsymbol{n}\times T)$이다. 조건에 의해 $\frac{dV}{ds}=\frac{d}{ds}<V,\boldsymbol{n}\times T>(\boldsymbol{n}\times T)+<V,\boldsymbol{n}\times T>\frac{d}{ds}(\boldsymbol{n}\times T)$가 $\boldsymbol{n}$과 평행하므로 $\frac{d}{ds}<V,\boldsymbol{n}\times T>=0$이고 $\frac{d}{ds}(\boldsymbol{n}\times T)$가 $\boldsymbol{n}$과 평행하다.

$<T,\boldsymbol{n}\times T>=0$를 미분하면 $<\kappa N,\boldsymbol{n}\times T>+<T,\frac{d}{ds}(\boldsymbol{n}\times T)>=0$인데

$<T,\frac{d}{ds}(\boldsymbol{n}\times T)>=0$ 이므로 $<\kappa N,\boldsymbol{n}\times T>=0$이고 $\kappa\neq 0$이므로

$< N, \boldsymbol{n} \times T > = 0$이고 따라서 $< V, \boldsymbol{n} \times T > = 0$를 얻고 결론적으로 $V = 0$ 이다.

| 연습문제 4-1 |

1. $V = \sum_i v_i \boldsymbol{e_i}$, $W = \sum_i w_i \boldsymbol{e_i}$라 두자. x_1, x_2, x_3를 좌표함수라고 두면

$V[x_j] = \sum_i v_i \boldsymbol{e_i}[x_j] = \sum_i v_i \delta_{ij} = v_j$ 이다. 조건 $V[f] = W[f]$ 에 $f = x_j$를 대입하면

$v_j = w_j$ $(j = 1,2,3)$이다. 따라서 $V = W$이다.

2. 타원 포물면의 단위 법벡터는 $\boldsymbol{n} = \dfrac{(-2u_1, -2u_2, 1)}{\sqrt{1+4u_1^2+4u_2^2}}$이다.

$$X_1 = (1,0,2u_1),\ X_2 = (0,1,2u_2),$$
$$X_{11} = (0,0,2),\ X_{12} = X_{21} = (0,0,0),\ X_{22} = (0,0,2).$$

따라서 $[L_{ij}] = \dfrac{2}{\sqrt{1+4u_1^2+4u_2^2}} \begin{bmatrix} 1 & 0 \\ 0 & 1 \end{bmatrix}$ 이다.

3. $L(X_i) = L^1{}_i X_1 + L^2{}_i X_2$, $i = 1,2$

$$\begin{aligned} L(X_1) &= -\frac{\partial \boldsymbol{n}}{\partial t} = -\boldsymbol{n_1} = (-s(t)c(\theta), -s(t)s(\theta), -s(t)) \\ &= -X_1 \end{aligned}$$

$$\begin{aligned} L(X_2) &= -\frac{\partial \boldsymbol{n}}{\partial \theta} = -\boldsymbol{n_2} = (-c(t)s(\theta), c(t)c(\theta), 0) \\ &= \frac{c(t)}{2+c(t)} X_2 \end{aligned}$$

이므로 $[L^i{}_j] = \begin{bmatrix} 1 & 0 \\ 0 & \dfrac{\cos t}{2+\cos t} \end{bmatrix}$.

4. 회전면 $X(t,\theta)=(r(t)\cos\theta, r(t)\sin\theta, z(t))$라고 두자.

$X_1(t,\theta)=(\dot{r}(t)\cos\theta, \dot{r}(t)\sin\theta, \dot{z}(t))$, $X_2(t,\theta)=(-r(t)\sin\theta, r(t)\cos\theta, 0)$,

$g_{11}=\dot{r}^2+\dot{z}^2$, $g_{12}=0$, $g_{22}=r^2$, $X_1\times X_2=(-r\dot{z}\cos\theta, r\dot{z}\sin\theta, r\dot{r})$. 따라서

$$\boldsymbol{n}=\frac{X_1\times X_2}{\| X_1\times X_2 \|}=\frac{1}{\sqrt{\dot{r}^2+\dot{z}^2}}(-\dot{z}\cos\theta, -\dot{z}\sin\theta, \dot{r})$$ 이다.

$X_{11}(t,\theta)=(\ddot{r}(t)\cos\theta, \ddot{r}(t)\sin\theta, \ddot{z}(t))$, $X_{12}(t,\theta)=(-\dot{r}(t)\sin\theta, \dot{r}(t)\cos\theta, 0)$

$X_{22}(t,\theta)=(-r(t)\cos\theta, -r(t)\sin\theta, 0)$. 그러므로 $L_{11}=X_{11}\cdot\boldsymbol{n}=\dfrac{\dot{r}\ddot{z}-\ddot{r}\dot{z}}{\sqrt{\dot{r}^2+\dot{z}^2}}$,

$L_{12}=X_{12}\cdot\boldsymbol{n}=0$, $\quad L_{22}=X_{22}\cdot\boldsymbol{n}=\dfrac{r\dot{z}}{\sqrt{\dot{r}^2+\dot{z}^2}}$ 또한 제2기본형식의

계수행렬$[L_{ij}]$와 와인가르텐사상의 계수행렬 $[L^i_{\ j}]$사이의 관계식은

$L^i_{\ j}=\sum_k L_{ik}g^{kj}$이다. 즉, $\begin{bmatrix} L^1_{\ 1} & L^1_{\ 2} \\ L^2_{\ 1} & L^2_{\ 2}\end{bmatrix}=\begin{bmatrix} L_{11} & L_{12} \\ L_{21} & L_{22}\end{bmatrix}\begin{bmatrix} g^{11} & g^{12} \\ g^{21} & g^{22}\end{bmatrix}$이다. 이로부터

$$[L^i_{\ j}]=[L_{ij}][g^{ij}]=\begin{bmatrix} \dfrac{\dot{r}\ddot{z}-\dot{z}\ddot{r}}{\sqrt{(\dot{r}^2+\dot{z}^2)^5}} & 0 \\ 0 & \dfrac{\dot{z}}{r\sqrt{\dot{r}^2+\dot{z}^2}}\end{bmatrix}$$ 이다.

위의 문제에서 $r(t)=2+\cos t$, $z(t)=\sin t$ 이므로 위의 식에 대입하면 같은 결과를 얻는다.

5. $$\boldsymbol{n}=\frac{X_1\times X_2}{| X_1\times X_2 |}=\frac{\dfrac{\partial(v_1,v_2)}{\partial(u_1,u_2)}Y_1\times Y_2}{\left|\dfrac{\partial(v_1,v_2)}{\partial(u_1,u_2)}\right| \, | Y_1\times Y_2 |}=\pm\frac{Y_1\times Y_2}{| Y_1\times Y_2 |}=\pm\bar{\boldsymbol{n}},$$

여기서 좌표변환함수 f가 방향을 보존하느냐 거스르느냐에 따라 야코비행렬

$J(f)=\left[\dfrac{\partial v_\alpha}{\partial u_j}\right]$의 행렬식 $\dfrac{\partial(v_1,v_2)}{\partial(u_1,u_2)}$의 값이 양수 혹은 음수가 됨을 주의한다.

$L_{ij}=<X_{ij},\boldsymbol{n}>$, $Y_\alpha=\sum_i \dfrac{\partial u_k}{\partial v_\alpha}X_k$ $\left(X_i=\sum_\alpha \dfrac{\partial v_\alpha}{\partial u_i}Y_\alpha\right)$ 이고

$Y_{\alpha\beta}=\dfrac{\partial^2 u_k}{\partial v_\alpha \partial v_\beta}X_k+\dfrac{\partial u_k}{\partial v_\alpha}\dfrac{\partial u_l}{\partial v_\beta}X_{kl}$ 이다.

$$\begin{aligned}\overline{L_{\alpha\beta}} &= <Y_{\alpha\beta},\bar{\boldsymbol{n}}> = <\sum_k \frac{\partial^2 u_k}{\partial v_\alpha \partial v_\beta}X_k+\sum_{k,l}\frac{\partial u_k}{\partial v_\alpha}\frac{\partial u_l}{\partial v_\beta}X_{kl},\ \pm\boldsymbol{n}> \\ &= \pm\sum_{k,l}\frac{\partial u_k}{\partial v_\alpha}\frac{\partial u_l}{\partial v_\beta}<X_{kl},\boldsymbol{n}> = \pm\sum_{k,l}\frac{\partial u_k}{\partial v_\alpha}\frac{\partial u_l}{\partial v_\beta}L_{kl}\end{aligned}$$

따라서 $[\overline{L_{\alpha\beta}}]=\pm J(f)^T[L_{ij}]J(f)$이다.

| 연습문제 4-2 |

1. 주곡률 κ_2에 대응하는 주곡률 방향을 $\bar{v}$라 두면 $L(v)=\kappa_1 v, L(\bar{v})=\kappa_2\bar{v}$ 그리고 $<v,\bar{v}>=0$이다. $w=\cos\theta v+\sin\theta\bar{v}$라고 쓸 수 있어서

$$\begin{aligned}\kappa_n(w_p) &= II(w,w)=<L(w),w> \\ &= \kappa_1\cos^2\theta+\kappa_2\sin^2\theta\end{aligned}$$

이다.

2. 곡면 M의 좌표조각 $X: U\to M$에 대해 $\boldsymbol{n}=\dfrac{X_1\times X_2}{|X_1\times X_2|}$이고 $X(U)$에 속하는 임의의 점 p에서의 와인가르텐 사상 $L_p: T_pM\to T_pM$에 대해 $L_p(X_1)=-X_1[\boldsymbol{n}]=-\boldsymbol{n_1}=aX_1+bX_2$, $L_p(X_2)=-X_2[\boldsymbol{n}]=-\boldsymbol{n_2}=cX_1+dX_2$ 라고 두자. 여기서 a,b,c,d는 실수들이다. p점에서의 가우스곡률 $K(p)$는 L_p의 $\{X_1,X_2\}$에 대한 표현행렬 $\begin{bmatrix}a & b\\ c & d\end{bmatrix}$의 행렬식의 값 $ad-bc$이다.

그러므로 $\boldsymbol{n_1}\times\boldsymbol{n_2}=(ad-bc)X_1\times X_2=K(X_1\times X_2)$이다.

3. 유계인 닫힌 영역을 연결집합이라고 가정할 수 있다. 그러므로 조각 X는 국소적으로 위상동형사상이므로 $X^{-1}(S)$도 유계인 닫힌 영역이면서 연결집합이다. 가우스 곡률함수 K는 $X^{-1}(S)$에서 연속이므로 최솟값 m과 최댓값 R을 갖는다. 그러므로 $X^{-1}(S)$의 모든 점에서 다음 부등식이 성립한다. $m\le K\le R$ 그리고 함수 $<X_1\times X_2,\boldsymbol{n}>=|X_1\times X_2|>0$이므로 다음이 성립한다.

$m<X_1\times X_2,\boldsymbol{n}>\le K<X_1\times X_2,\boldsymbol{n}>\le R<X_1\times X_2,\boldsymbol{n}>$ 적분은 부등호를 보존하므로 $\iint_{X^{-1}(S)} m<X_1\times X_2,\boldsymbol{n}>du_1du_2\le\iint_{X^{-1}(S)}K<X_1\times X_2,\boldsymbol{n}>du_1du_2$ 또 $\le\iint_{X^{-1}(S)}R<X_1\times X_2,\boldsymbol{n}>du_1du_2$

는 $m\iint_{X^{-1}(S)}<X_1\times X_2,\boldsymbol{n}>du_1du_2\le\iint_{X^{-1}(S)}K<X_1\times X_2,\boldsymbol{n}>du_1du_2$ 가 성립 $\le R\iint_{X^{-1}(S)}<X_1\times X_2,\boldsymbol{n}>du_1du_2$

한다. 그러므로 $m\le\dfrac{\iint_{X^{-1}(S)}K<X_1\times X_2,\boldsymbol{n}>du_1du_2}{\iint_{X^{-1}(S)}<X_1\times X_2,\boldsymbol{n}>du_1du_2}\le R$ 이다. $X^{-1}(S)$가 연결집합이므로 $K(X^{-1}(S))=[m,R]$이다. 그러므로 적당한 점 $(u,v)\in X^{-1}(S)$가 존재하여 $K(u,v)=K(q)=\dfrac{\iint_{X^{-1}(S)}K<X_1\times X_2,\boldsymbol{n}>du_1du_2}{\iint_{X^{-1}(S)}<X_1\times X_2,\boldsymbol{n}>du_1du_2}$를 만족한다. 여기서 $q=X(u,v)(\in S)$이다.

4. $X(u,v)=(u\cos v,u\sin v,bv),b\ne0,$

$X_1=(\cos v,\sin v,0),X_2=(-u\sin v,u\cos v,b)$ 따라서

$g_{11}=1,\ g_{12}=0,\ g_{22}=u^2+b^2$이다. $X_1\times X_2=(b\sin u,-b\cos v,u),$

$$\boldsymbol{n}=\frac{(b\sin v,-b\cos v,u)}{\sqrt{b^2+u^2}},$$

$X_{11}=0, X_{12}=(-\sin v, \cos v, 0), X_{22}=(-u\cos v,-u\sin v,0),$

$L_{11}=\langle X_{11},\boldsymbol{n}\rangle=0, L_{12}=\langle X_{12},\boldsymbol{n}\rangle=-\dfrac{b}{\sqrt{b^2+u^2}}, L_{22}=\langle X_{22},\boldsymbol{n}\rangle=0$

이다. 따라서 $K=\dfrac{L_{11}L_{22}-L_{12}^{\ 2}}{g_{11}g_{22}-g_{12}^{\ 2}}=-\dfrac{b^2}{(b^2+u^2)^2}$, $H=\dfrac{1}{2}trL=L_1^1+L_2^2=0$

$(L_j^i=\sum_k L_{kj}g^{ki})$ $-1\le K<0$이다. 최솟값 $K=-1$은 중심축($u=0$ 즉,

$X(0,v)=(0,0,bv)$)에서 일어난다. 또한 중심축에서 무한히 멀어지면 $K\to 0$이다.

5. $X(u,v)=(u,v,uv),$

$X_1=(1,0,v),\ X_2(0,1,u), \boldsymbol{n}=\dfrac{(-u,-v,1)}{\sqrt{1+u^2+v^2}}.$

$X_{11}=(0,0,0),\ X_{12}=(0,0,1)\ X_{22}=(0,0,0)$로부터

$g_{11}=1+v^2,\ g_{12}=uv,\ g_{22}=1+u^2, L_{11}=0,\ L_{12}=\dfrac{1}{\sqrt{1+u^2+v^2}}, L_{22}=0$ 이다.

그러므로 $K=-\dfrac{1}{(1+u^2+v^2)^2}$, $H=-\dfrac{uv}{(1+u^2+v^2)^{3/2}}$.

6. 우선 $K<0$이고 적어도 배꼽점($\kappa_1=\kappa_2=\kappa$) 하나 존재한다면 $K=\kappa^2\ge 0$이 되어 모순이다. 따라서 $K<0$인 곡면에는 배꼽점이 존재하지 않는다. 다음으로 $K\le 0$일 때, 배꼽점은 $0\ge K=\kappa^2\ge 0$ 으로부터 $\kappa=0$ $\therefore \kappa_1=0, \kappa_2=0$ 따라서 모든 점이 평면 점이다.

7. (1) $M=S^2(r)$인 경우

$p\in M$를 포함하는 유계이고 닫힌 영역을 S라 하자.

가우스 사상 $\nu: S^2(r) \to S^2(1)$은 $A(\nu(S)) = \frac{1}{r^2} A(S)$이다. 따라서

$$K(p) = \lim_{S \to p} \frac{A(\boldsymbol{\nu}(S))}{A(S)} = \lim_{S \to p} \frac{\frac{1}{r^2} A(S)}{A(S)} = \frac{1}{r^2} \qquad (K \equiv \frac{1}{r^2})$$

(2) M=평면인 경우

평면에서 단위 법벡터가 모두 평행이므로 $\nu : M \to S^2$의 상집합은 S^2위의 한 점으로 이루어진다. 따라서 $A(\nu(S)) = 0$, 여기서 $(p \in) S$는 유계이고 닫힌 영역이다. 그러므로

$$K(p) = \lim_{S \to p} \frac{A(\boldsymbol{\nu}(S))}{A(S)} = 0 \qquad (K \equiv 0)$$

(3) M=실린더인 경우는 $\nu : M \to S^2$의 상집합은 S^2의 적도(equator)이므로 $A(\nu(S)) = 0$이다. 따라서 $K \equiv 0$.

| 연습문제 4-3 |

1. $X(u,v) = (u,v,0)$, $X_1 = (1,0,0)$, $X_2 = (0,1,0)$
$g_{11} = 1, g_{12} = g_{21} = 0, g_{22} = 0$
이므로 $\Gamma_{ij}^{\ k} \equiv 0 \quad \therefore R^l_{\ ijk} \equiv 0.$

2. 가우스 공식($R^l_{\ ijk} = L_{ik} L^l_{\ j} - L_{ij} L^l_{\ k}$)을 이용하여 계산하여 보자. $u_1 = u$, $u_2 = v$라 두고 $\cos u = c(u), \sin(u) = s(u), \ldots$라 두자.

$X_1 = (-s(u)c(v), -s(u)s(v), c(u))$, $\quad X_2 = (2 + c(u))(-s(v), c(v), 0)$,

$$[g^{ij}] = [g_{ij}]^{-1} = \begin{bmatrix} 1 & 0 \\ 0 & (2+c(u))^2 \end{bmatrix} = \begin{bmatrix} 1 & 0 \\ 0 & \dfrac{1}{(2+c(u))^2} \end{bmatrix} \text{이다.}$$

$$L_{11} = \langle X_{11}, \boldsymbol{n} \rangle = 0, L_{12} = \langle X_{12}, \boldsymbol{n} \rangle = -\frac{b}{\sqrt{b^2 + u^2}}, L_{22} = \langle X_{22}, \boldsymbol{n} \rangle = 0.$$

$$(L^i_{\ j} = \sum_k L_{kj} g^{ki})$$

$$[L^i_{\ j}] = \begin{bmatrix} 1 & 0 \\ 0 & u^2+b^2 \end{bmatrix} \begin{bmatrix} 0 & -\dfrac{b}{\sqrt{u^2+b^2}} \\ -\dfrac{b}{\sqrt{u^2+b^2}} & 0 \end{bmatrix} = \begin{bmatrix} 0 & -\dfrac{b}{\sqrt{u^2+b^2}} \\ -b\sqrt{u^2+b^2} & 0 \end{bmatrix}$$

모든 경우의 수를 생각하자.

$$\begin{aligned}
&[l=1];\, R^1_{i\ jk} = L_{ik} L^1_{\ j} - L_{ij} L^1_{\ k} \\
&i=1;\ (j,k) = (1,1),\ (1,2),(2,1),(2,2) \\
&\quad R^1_{1\ jk} = L_{1k} L^1_{\ j} - L_{1j} L^1_{\ k} = 0 \\
&i=2;\ (j,k) = (1,1),\ (1,2),(2,1),(2,2) \\
&\quad R^1_{2\ 12} = - L_{21} L^1_{\ 2} = b^2 (= - R^1_{2\,21})
\end{aligned}$$

$$\begin{aligned}
&[l=2];\ R^2_{i\ jk} = L_{ik} L^2_{\ j} - L_{ij} L^2_{\ k} \\
&i=1;\ (j,k) = (1,1),\ (1,2),(2,1),(2,2) \\
&\quad R^2_{1\,12} = L_{12} L^2_{\ 1} = b^2 \\
&i=2;\ (j,k) = (1,1),\ (1,2),(2,1),(2,2) \\
&\quad R^2_{2\ jk} = L_{2k} L^2_{\ j} - L_{2j} L^2_{\ k} = 0
\end{aligned}$$

따라서 $R^1_{2\,12} = - R^1_{2\,21} = b^2,\ R^2_{1\,12} = - R^2_{1\,21} = b^2$이고, 그 외의 경우는

$R^1_{\ 1jk} = 0 = R^2_{\ 2jk}$이다.

3. 리만 곡률텐서의 정의를 이용하자.

$X_1 = (-\sin u_1, \cos u_1, 0),\ X_2 = (0,0,1),\ [g_{ij}] = \begin{bmatrix} 1 & 0 \\ 0 & 1 \end{bmatrix}$, 이므로 $\Gamma_{ij}^{\ k} \equiv 0$이다. 따라서

리만 곡률텐서의 정의에 의하여 $R^{\ l}_{i\ jk} = 0$이다.

| 연습문제 4-4 |

1. (1) R_θ는 $z-$축을 회전축으로 해서 시계반대방향으로 θ만큼 회전하는 사상이다.

(2) R_θ 는 등위원은 등위원 자신으로, 경도는 θ만큼 회전한 경도로 사상한다.

(3) $R_\theta : R^3 \to R^3$는 $SO(3)$의 원소로서 등거리사상(rigid motion)이다. 따라서 R_θ를 S^2에 제한하면 등거리사상이 된다. 다른 방법으로는 정리 4.4.4를 이용하자. 임의의 좌표조각 $X(u,v)=(x(u,v),y(u,v),z(u,v))$라 두면 $Y(u,v)=(R_\theta \circ X)(u,v)=(x\cos\theta - y\sin\theta, x\sin\theta + y\cos\theta, z)$는 좌표조각이 되고 각 좌표조각의 거리계수 행렬이 같기 때문에 R_θ는 등거리사상이 된다.

2. $f : M \to N$를 두 곡면사이의 등거리 사상이라 하자. γ를 M위의 측지선이라 둘 때, $f \circ \gamma$가 N에서 측지선이 됨을 보이자. γ의 한 부분이 M의 좌표조각 $X(u,v)$에 놓여 있다고하면 $\gamma(t)=X(\gamma_1(t),\gamma_2(t))$로 주어진다. 이 때, $\gamma_1(t),\gamma_2(t)$는 측지 방정식

$$\frac{d^2\gamma_k}{ds^2}+\sum_{i,j}\Gamma_{ij}^k\frac{d\gamma_i}{ds}\frac{d\gamma_j}{ds}=0 \quad (k=1,2)$$

을 만족한다. 한편 $Y=f \circ X$은 N의 좌표조각으로서 X의 거리계수와 같다. 따라서 $\Gamma_{ij}{}^k=\overline{\Gamma}_{ij}{}^k$(여기서 $\overline{\Gamma}_{ij}{}^k$ Y의 크리스토펠 기호).
그러므로 곡선 $(f \circ \gamma)(t)=f(X(\gamma_1(t),\gamma_2(t))=Y(\gamma_1(t),\gamma_2(t))$는 위의 측지방정식을 만족한다. 즉, $f \circ \gamma$가 N에서 측지선이다.

3. (1) $f : M \to N$가 등거리 사상이라고 하자. 우선 f^{-1}의 미분가능성을 조사하여 보자. 임의의 점 $q \in N$에서의 좌표조각 $Y : V \to N$, $f^{-1}(q)=p$의 좌표조각 $X: U \to M$ 에 대하여 $X \circ f^{-1} \circ Y^{-1} : V \to U$ 은 $(Y \circ f \circ X^{-1})^{-1}$이고 따라서 f의 미분가능성으로부터 미분가능하다. 즉, f^{-1} 는 q에서 미분가능하다. $q \in N$는 임의의 점이므로 f^{-1}는 N에서 미분가능하다. 다음으로 곡선의 길이를 보존함을 보이자. 임의의 N위의 곡선조각 γ에 대하여 $f^{-1}(\gamma)=\beta$

라고 두면 $\gamma = f(\beta)$이고 f가 등거리사상이므로 $l(\gamma)=l(\beta)$이다. 즉, f^{-1} 도 역시 등거리사상이 된다.

(2) $f : M \to N$와 $g : N \to P$가 등거리 사상이라 하자. 임의의 곡선조각 α에 대하여 $l(\alpha)= l((g \circ f)(\alpha))$임을 보이면 된다. 우선 $g \circ f$의 미분가능성을 보이자. 임의의 점 $p \in M$에 대하여 $q=f(p) \in N, r=g(q) \in P$라 두고 각 점에서 좌표조각을 각각 $X: U \to M,\ Y: V \to N,\ Z: W \to P$이라 두자.

이 때, $Z \circ (g \circ f) \circ X^{-1} = (Z \circ g \circ Y^{-1}) \circ (Y \circ g \circ X^{-1})$라고 쓸 수 있으므로 f,g의 미분가능성으로부터 $g \circ f$는 미분가능하다. 다음으로 곡선의 길이를 보존함을 보이자. $f(\alpha)=\beta,\ g(\beta)=\gamma$라 두면 f와 g는 각각 등거리사상이므로 $l(\alpha)=l(\beta),\ l(\beta)=l(\gamma)$이다. 따라서 $l(\alpha)=l((g \circ f)(\alpha))$이다.

4. 곡면 M에서 M으로의 모든 등거리 사상 전체집합을 $I(M)$이라 두자. $I(M)$위에 이항연산으로 함수의 합성을 생각하면 군의 공리(결합법칙, 항등원의 존재, 역원의 존재)를 모두 만족하므로 $I(M)$은 군을 이룬다.

5. 회전면의 좌표조각 $X(t,\theta)=(t\cos\theta, t\sin\theta, \ln t),\quad 0<t,\ 0<\theta<2\pi$으로부터

$$X_1 = (\cos\theta, \sin\theta, \frac{1}{t}), X_2 = (-t\sin\theta, t\cos\theta, 0),$$
$$g_{11} = 1+\frac{1}{t^2}, g_{12}=0, g_{22}=t^2,$$

$$\boldsymbol{n}= \frac{1}{\sqrt{1+t^2}}(-\cos\theta, -\sin\theta, 0),$$

$$X_{11}=(0,0,-1/t^2),\ X_{12}=(-\sin\theta, \cos\theta, 0), X_{22}=(-t\cos\theta, -t\sin\theta, 0)$$

이고, $L_{11} = <\boldsymbol{n}, X_{11}> \; = -\dfrac{1}{t\sqrt{1+t^2}},\ L_{12}=0,\ L_{22}=\dfrac{t}{\sqrt{1+t^2}}$ 이다.

따라서 가우스 곡률 $K=\dfrac{L_{11}L_{22}-{L_{12}}^2}{g_{11}g_{22}-{g_{12}}^2}=-\dfrac{1}{(1+t^2)^2}$이다. 다음으로 나선면 N의 좌표조각 $Y(t,\theta)=(t\cos\theta,\ t\sin\theta,\ \theta),\quad 0<t,\ 0<\theta<2\pi$에 대해서는 문제 3.8.2로부터 거리계수 (h_{ij})와 가우스곡률 $\overline{K}$는 다음과 같다.

$$h_{11}=1,\ h_{12}=0,\ h_{22}=1+t^2,\ \overline{K}=-\frac{1}{(1+t^2)^2}.$$

따라서 두 곡면은 거리동형은 아니면서 각 대응하는 점에서 가우스 곡률은 일치함을 알 수 있다.

| 연습문제 4-5 |

1. 두 곡면의 거리계수가 일치하므로 거리계수가 비례한다고 할 수 있다. 따라서 등거리 사상은 일종의 등각사상이다. 예를 들어보자. 입체사영(앞 절의 예제)은 등거리사상은 아니면서 등각사상인 예이다.

   또 다른 예를 들어 보자. $S^2(r)=\{(x,y,z)\in R^3 \mid x^2+y^2+z^2=r^2\}$일 때, 미분동형사상 $f: S^2(1)\to S^2(r)$를 $f(x,y,z)=r(x,y,z),\ r\neq 1$라 두면 등거리사상은 아닌 등각사상이다.

   실제로, $S^2(1)$의 임의의 좌표조각 $X(u,u)=(x(u,v),y(u,v),z(u,v))$라 두면 $Y(u,v)=(f\circ X)(u,v)$는 $S^2(r)$의 좌표조각이 된다. 이 때, 각각의 거리계수 사이의 관계식은 $h_{ij}=rg_{ij}\ (i,j=1,2)$이므로 f는 등각사상이다. 여기서 g_{ij}, h_{ij}는 각각 $S^2(1)$, $S^2(r)$의 거리계수들이다.

2. (1) 구간 $0\le t\le\pi$에서 곡선의 길이를 구하자.

   $X_1=(\cos v,\sin v,1), X_2(-u\sin v,u\cos v,0), g_{11}=2, g_{12}=0, g_{22}=u^2,$

   $\gamma^1(t)=e^{\lambda t},\ \gamma^2(t)=t$ 이므로 길이

$$l(\gamma)=\int_0^{\pi}\sqrt{\sum_{i,j}g_{ij}(\gamma^i)'(\gamma^j)'}\,dt=\int_0^{\pi}\sqrt{2\lambda^2+1}\,e^{\lambda t}dt=\frac{\sqrt{1+2\lambda^2}}{\lambda}(e^{\lambda\pi}-1)$$

이다.

(2) $u-$곡선과 곡선 γ가 만나는 모든 점에서 각이 일정함을 보이자.

$\gamma(t)=(e^{\lambda t}\cos t, e^{\lambda t}\sin t, e^{\lambda t})$,
$\dot{\gamma}(t)=\lambda e^{\lambda t}(\cos t, \sin t, 1)+e^{\lambda t}(-\sin t, \cos t, 0)$
$=e^{\lambda t}(\lambda\cos t-\sin t, \lambda\sin t+\cos t, \lambda)$

$u-$곡선에 접하는 벡터는 $X_1=(\cos t, \sin t, 1)$이다. 따라서 $\dot{\gamma}$와 X_1과 이루는

각 θ는 $\cos\theta=\dfrac{<\gamma, \dot{X}_1>}{|\dot{\gamma}|\,|X_1|}=\dfrac{\sqrt{2}\lambda}{\sqrt{1+2\lambda^2}}$=상수 이므로 일정하다.

3. 좌표조각 $X(u,v)=(f(u,v),g(u,v),0)$ (f,g는 $(u,v)-$평면에서 미분가능한 함수)이 등각사상일 필요충분조건은

$$(*)\quad f_u=g_v \quad \text{그리고} \quad f_v=-g_u \quad \text{(Cauchy-Riemann 방정식)}$$

혹은

$$(**)\quad f_u=-g_v \quad \text{그리고} \quad f_v=g_u$$

임을 보이자.

R^2의 거리계수 $g_{11}=1=g_{22}, g_{12}=0$이고 $X(u,v)=(f(u,v),g(u,v),0)$의 거리계수 (h_{ij})는 $h_{11}=f_u^2+g_u^2$, $h_{12}=f_uf_v+g_ug_v$, $h_{22}=f_v^2+g_v^2$이다. 따라서 X가 등각사상일 필요충분조건은 $f_u^2+g_u^2=f_v^2+g_v^2$, $f_uf_v+g_ug_v=0$이다.

여기서 $z=f_u+ig_u$, $w=g_v+ig_v$라고 두면 X가 등각사상일 필요충분조건은 $z\bar{z}=w\bar{w}$, $z\bar{w}+\bar{z}w=0$이다.

만약 $z=0$이면 $w=0$이므로 $f_u=0, f_v=0, g_u=0, g_v=0$이어서 (*)과 (**)식을 모두 만족하고 역도 성립한다.

다음으로 $z\neq 0$(따라서 $w\neq 0$)이면 $z^2\bar{z}=zw\bar{w}=-w^2\bar{z}$ 이므로 $z^2=-w^2$, 즉 $z=\pm iw$이다. 이 식으로부터 (*)과 (**)식이 성립함을 안다.

4. $f: M \to N$가 면적보존 사상일 필요충분조건은

$\iint_{\Omega} \sqrt{g_{11}g_{22} - {g_{12}}^2}\, dudv = \iint_{\Omega} \sqrt{h_{11}h_{22} - {h_{12}}^2}\, dudv$ 임의의 영역 $\Omega \subset U$ 에 대해서 성립하는 것이다. Ω가 임의이므로 중적분의 평균값정리를 이용하면 이 식은 $\sqrt{g_{11}g_{22} - {g_{12}}^2} = \sqrt{h_{11}h_{22} - {h_{12}}^2}$ 와 동치임을 안다.

5. f가 등각사상이므로 $h_{ij} = \lambda g_{ij}$이고 또한 등각사상이므로

$g_{11}g_{22} - {g_{12}}^2 = h_{11}h_{22} - {h_{12}}^2$(문제4)이다. 이 식으로부터 $\lambda = \pm 1$이고, $g_{11}, h_{11} > 0$로부터 $\lambda = 1$이다. 따라서 f는 등거리사상이다.

| 연습문제 4-6 |

1. 추적선(tractrix)위의 임의의 점을 $A(x_0, y_0)$라고 두면 $\alpha'(t) = (1, \frac{\sqrt{1-t^2}}{t})$ 이므로

점 A에서의 접선은 $y - y_0 = \frac{\sqrt{1-x_0^2}}{x_0}(x - x_0)$이다. 이 접선이 $y-$축과 만나는 점은 $B(0, y_0 - \sqrt{1-x_0^2})$이다. 따라서 선분$AB$의 길이는

$\sqrt{{x_0}^2 + (1 - x_0^2)} = 1$이다.

2. 의구면의 좌표조각은 다음과 같다. $X(s,\theta) = (r(s)\cos\theta, r(s)\sin\theta, z(s))$,

$r(s) = e^s, z(s) = \sqrt{1-e^{2s}} - \cosh^{-1}(e^{-s}),\ s \in (-\infty, 0)$

(1) 등위원은 반지름이 e^s(s가 상수)이므로 그의 길이는 $e^s \times 2\pi$이다.

(2) $g_{11} = 1, g_{12} = 0, g_{22} = r(s)^2 = e^{2s}$이므로

면적은 $\int_0^{2\pi}\int_{-\infty}^{0}\sqrt{g_{11}g_{22}-{g_{12}}^2}\,ds\,d\theta=\int_0^{2\pi}\int_{-\infty}^{0}e^s ds\,d\theta=2\pi$이다.

(3) 문제 4.1.4로부터 $(L^i_{\ j})=\begin{bmatrix} r'z''-z'r'' & 0 \\ 0 & \dfrac{z'}{r}\end{bmatrix}$이다.

따라서 $\kappa_1=r'z''-z'r''=-\dfrac{r''}{z'}=-(e^{-2s}-1)^{-1/2}$, $\kappa_2=\dfrac{z'}{r}=(e^{-2s}-1)^{1/2}$

(4) $K(P)=\kappa_1\kappa_2<0$이므로 모든 점은 쌍곡점이다.

3. $X(u,v)=(\cos u, 2\sin u, v)$에 대하여 $X_1=(-\sin u, 2\cos u, 0), X_2=(0,0,1), X_{12}$
$=(-\cos u, -2\sin u, 0), X_{12}=X_{22}=0$

따라서 $L_{12}=L_{22}=0$이므로 $K=\dfrac{L_{11}L_{22}-{L_{12}}^2}{g_{11}g_{22}-{g_{12}}^2}=0$이다. 실제로 이 곡면은 타원 기둥으로 가우스 곡률이 0이다.

| 연습문제 5-1 |

1. 주곡률 함수 $\kappa_1\geq\kappa_2\geq 0$라고 두자. M이 콤팩트이므로 κ_1가 최댓값을 갖는 점 p가 존재한다. 한편 $H=(\kappa_1+\kappa_2)/2$가 상수이므로 κ_2는 점 p에서 최솟값을 가져야 한다. 이 때, $\kappa_1(p)>\kappa_2(p)$가 될 수는 없다. 왜야하면 위의 Hilbert의 보조정리에 의하여 $K\leq 0$이기 때문이다. 따라서 $\kappa_1(p)=\kappa_2(p)$ 이다. q가 M의 임의의 점이면

$$\kappa_1(p)\geq\kappa_1(q)\geq\kappa_2(q)\geq\kappa_2(p)$$

이다. 따라서 임의의 점 $q\in M$ 에서 $\kappa_1(q)=\kappa_2(q)$ 즉, M의 모든 점은 배꼽점이다. 이 때는$K=H^2$이므로 M은 반지름이 $1/|H|$인 구면이다.

2. $K=0=H$이면 주곡률 $\kappa_1=\kappa_2=0$이다. 이 때 $0=LX_i=-\boldsymbol{n}_i\ (i=1,2)$로부

터 $\boldsymbol{n}$은 상수벡터이다. 한 점 $p \in M$을 고정시키자. 이제 곡면 M위의 임의의 점이 점 p를 지나고 상수인 단위 법벡터 $\boldsymbol{n}$에 수직인 평면위에 놓여있음을 보이면 된다. 임의의 점 $q \in M$라 하면 M이 연결집합이므로 두 점 p,q를 연결하는 곡선 $\gamma:[0,1] \to M,\ \gamma(0)=p, \gamma(1)=q$이 존재한다.

다음으로 함수 $h(t) = < \gamma(t) - p, \boldsymbol{n} >$을 생각하자. 이 때 $h(0)=0$이고, $t \in (0,1)$에 관하여 양변을 미분하면 $h'(t) = < \gamma'(t), \boldsymbol{n} > = 0$. 따라서 h는 $(0,1)$에서 상수함수이고 $[0,1]$에서 연속함수이므로 $[0,1]$에서 $h \equiv 0$이다. $0 = h(1) = < q - p, \boldsymbol{n} >$이다. 즉 임의의 $q \in M$가 p를 지나고 상수인 법벡터 $\boldsymbol{n}$에 수직인 평면에 놓여있으므로 M은 평면이거나 평면의 일부분임을 안다.

직관적인 방법으로는 다음과 같다.

$\kappa_n = \kappa_1 \cos^2\theta + \kappa_2 \sin^2\theta = 0$ 즉, 곡면의 모든 법 절단(normal section)이 직선이므로 M은 평면의 일부이다. 여기서 점 $p \in M$에서 법 절단이란 하나의 단위 접벡터 $\boldsymbol{v} \in T_p(M)$와 단위 법벡터 $\boldsymbol{n}$을 품는 평면과 곡면 M과의 교집합을 말한다.

3. 좌표조각 $X: U \to M$, 공통인 주곡률을 k라고 두면

$$(*) \qquad LX_1 = -\boldsymbol{n_1} = kX_1, \qquad LX_2 = -\boldsymbol{n_2} = kX_2$$

이다. $\dfrac{\partial(kX_1)}{\partial v} = -\boldsymbol{n_{12}} = -\boldsymbol{n_{21}} = \dfrac{\partial(kX_2)}{\partial u}$이고,

$\dfrac{\partial k}{\partial v}X_1 + kX_{12} = \dfrac{\partial k}{\partial u}X_2 + kX_{21}$이다.

따라서 $\dfrac{\partial k}{\partial v}X_1 = \dfrac{\partial k}{\partial u}X_2$. 그런데 좌표조각 X는 정칙이므로 X_1, X_2의 일차독립성으로부터 $\dfrac{\partial k}{\partial u} = \dfrac{\partial k}{\partial v} = 0$이므로 k는 상수이다. 이제 두 경우를 생각할 수 있다. 먼저 $k=0$일 때는 $\dfrac{\partial \boldsymbol{n}}{\partial u} = \dfrac{\partial \boldsymbol{n}}{\partial v} = 0$이므로 $\boldsymbol{n}$은 상수벡터이다.

이로부터 $\frac{\partial}{\partial u}<\boldsymbol{n}, X> =0= \frac{\partial}{\partial v}<\boldsymbol{n}, X>$ 이므로 $<\boldsymbol{n}, X>=c$(상수)이다. 따라서 $X(U)$는 평면 $<(x,y,z),\boldsymbol{n}>=c$의 일부분이다. 다음으로 $k\neq 0$이면 위의 식 (*)로부터 $\boldsymbol{n}=-kX+\boldsymbol{c}$이다. 여기서 $\boldsymbol{c}$는 상수벡터이다.

그러므로 $|X-\frac{1}{k}\boldsymbol{c}|^2=|-\frac{1}{k}\boldsymbol{n}|^2=\frac{1}{k^2}$이다. 따라서 $X(U)$중심이 $k^{-1}\boldsymbol{c}$이고 반지름이 k^{-1}인 구면의 일부분이다.

4. $X(u,v)=(\cosh u\cos v, \cosh u\sin v, \sinh u)$

$X_1=(\sinh u\cos v, \sinh u\sin v, \cosh u)$, $X_2=(-\cosh u\sin v, \cosh u\cos v, 0)$,
$X_{11}=(\cosh u\cos v, \cosh u\sin v, \sinh u)$, $X_{12}=(-\sinh u\sin v, \sinh u\cos v, 0)$,

$X_{22}=(-\cosh u\cos v, -\cosh u\sin v, 0)$.

$f(x,y,z)=x^2+y^2-z^2-1$이라두면

$\boldsymbol{n}=\nabla f/|\nabla f|=\frac{1}{\sqrt{\cosh^2 u+\sinh^2 u}}(\cosh u\cos v, \cosh u\sin v, -\sinh u)$이다.

$g_{11}=\sinh^2 u+\cosh^2 u$, $g_{12}=0$, $g_{22}=\cosh^2 u$,

$L_{11}=1/\sqrt{\cosh^2 u+\sinh^2 u}$, $L_{12}=0$, $L_{22}=-\cosh^2 u/\sqrt{\cosh^2 u+\sinh^2 u}$.

따라서 $K=\frac{L_{11}L_{22}-L_{12}^2}{g_{11}g_{22}-g_{12}^2}=-\frac{1}{\cosh u^2+\sinh u^2}<0$.

5. 정리4.3.3의 증명과정에서 보듯이 가우스곡률

$$K=\frac{\sum_l R_{121}^l g_{l2}}{g_{11}g_{22}-g_{12}g_{21}}=\frac{R_{121}^2 g_{22}}{g_{11}g_{22}}=\frac{R_{121}^2}{g_{11}}$$
$$=\frac{\frac{\partial\Gamma_{11}^2}{\partial u_2}-\frac{\partial\Gamma_{12}^2}{\partial u_1}+\Gamma_{11}^1\Gamma_{12}^2+\Gamma_{11}^2\Gamma_{22}^2-\Gamma_{12}^1\Gamma_{11}^2-\Gamma_{12}^1\Gamma_{12}^1}{g_{11}}$$

로 주어진다. $g_{12}=0$를 고려하여 $\Gamma_{ij}^{l}=\frac{1}{2}\sum_k g^{kl}(\frac{\partial g_{ik}}{\partial u_j}-\frac{\partial g_{ij}}{\partial u_k}+\frac{\partial g_{kj}}{\partial u_i})$를 이용하여 크리스토펠 기호를 계산하면

$\Gamma_{11}^{1}=\frac{1}{2g_{11}}\frac{\partial g_{11}}{\partial u_1}$, $\Gamma_{11}^{2}=-\frac{1}{2g_{22}}\frac{\partial g_{11}}{\partial u_2}$, $\Gamma_{12}^{1}=\frac{1}{2g_{11}}\frac{\partial g_{11}}{\partial u_2}$,

$\Gamma_{12}^{2}=\frac{1}{2g_{22}}\frac{\partial g_{22}}{\partial u_1}$, $\Gamma_{22}^{2}=\frac{1}{2g_{22}}\frac{\partial g_{22}}{\partial u_2}$ 로 주어진다. 이들을 이용하여 가우스곡률을 계산하면

$$\begin{aligned}K=&\frac{1}{4g_{11}g_{22}}(\frac{1}{g_{11}}\frac{\partial g_{11}}{\partial u_1}\frac{\partial g_{22}}{\partial u_1}+\frac{1}{g_{11}}(\frac{\partial g_{11}}{\partial u_2})^2\\&+\frac{1}{g_{22}}\frac{\partial g_{11}}{\partial u_2}\frac{\partial g_{22}}{\partial u_2}+\frac{1}{g_{22}}(\frac{\partial g_{22}}{\partial u_1})^2-2\frac{\partial^2 g_{11}}{\partial u_2^2}-2\frac{\partial^2 g_{22}}{\partial u_1^2})\end{aligned}$$

이다. 이제 $-\frac{1}{2\sqrt{g_{11}g_{22}}}\left\{\frac{\partial}{\partial u_2}(\frac{\partial g_{11}/\partial u_2}{\sqrt{g_{11}g_{22}}})+\frac{\partial}{\partial u_1}(\frac{\partial g_{22}/\partial u_1}{\sqrt{g_{11}g_{22}}})\right\}$를 계산하면 위의 식이 됨을 확인 할 수 있다.

| 연습문제 5-2 |

1. 생성곡선(profile curve)이 단위속력곡선 $(r(t),z(s))$이고, 좌표조각 $X:U\to R^3$ 를 $X(t,\theta)=(r(t)\cos\theta, r(t)\sin\theta, h(t))$, $r(t)>0$, $-\pi<\theta<\pi$,$U=(a,b)\times(-\pi,\pi)$ 라고하자. 이 때, 회전면은 $M=X(U)\cup\{(-r(t),0,h(t))|a<t<b\}$ 으로 주어진다. 등위원 θ-곡선과 경선 t-곡선의 접벡터는

$$\begin{aligned}X_1&=(\dot{r}(t)\cos\theta, \dot{r}(t)\sin\theta, \dot{h}(t)),\\X_2&=(-r(t)\sin\theta, r(t)\cos\theta, 0)\end{aligned}$$

이므로 거리계수는

$$g=\begin{bmatrix}g_{11}\,g_{12}\\g_{21}\,g_{22}\end{bmatrix}=\begin{bmatrix}\dot{r}(t)^2+\dot{h}(t)^2 & 0\\0 & r(t)^2\end{bmatrix}=\begin{bmatrix}1\,0\\0\,r^2\end{bmatrix}$$

이다. 등위원 θ-곡선을 따라 $g_{11}=1, g_{12}=0$이다. 그러므로 회전면의 표준 좌표조각은 등위원(circle of latitude)을 따르는 측지 좌표조각이다.

2. $\alpha(s)$가 측지선이라고 하자. 각 s에 대하여 $\alpha_s(r)$는 S에 접하는 유일한 측지선이므로 좌표조각을 $X(r,s)=\alpha_s(r), \alpha_s(0)=\alpha(s)$라 두면 $\alpha(s)$를 따라서

$$X_1(0,s)=\alpha_s'(0),\ X_2(0,s)=\alpha'(s)$$

이므로 $g_{11}=<X_1,X_1>\ =1,\ g_{12}=0,\ g_{22}=1$이다. 따라서 $(g_{ij})=(\delta_{ij})$이다.

3. 측지 좌표조각 X의 거리계수 행렬이

$$(g_{ij})=\begin{bmatrix}1 & 0\\ 0 & h^2\end{bmatrix},\ h>0.$$

이므로 크리스토펠 공식 $\Gamma_{ij}^l=\dfrac{1}{2}\sum_k g^{kl}(\dfrac{\partial g_{ik}}{\partial u_j}-\dfrac{\partial g_{ij}}{\partial u_k}+\dfrac{\partial g_{kj}}{\partial u_i})$ 으로부터

$\Gamma_{12}{}^2=\Gamma_{21}^2=h_1/h,\ \Gamma_{22}^1=-hh_1,\ \Gamma_{22}^2=h_2/h,\ (\partial h/\partial u_i=h_i)\ \Gamma_{ij}{}^k=0$ 그 외의 경우이다. 따라서 $K=\sum_l R_{1\ 21}^{\ l}\,g_{l2}/(g_{11}g_{22}-g_{12}g_{21})$에 대입하면 $K=-h_{22}/h$이다.

| 연습문제 5-3 |

1. 회전면을 음함수로 표현하여 보자. $(x,z)-$평면에 놓여있는 생성곡선 C 위의 점 $(r_0,0,z_0)$가 회전되어 원이 만들어 지고, 그 위의 점은 $(r_0\cos\theta, r_0\sin\theta, z_0)$, $0\le\theta\le 2\pi)$와 같이 주어진다. 따라서 점 $P=(p_{1,}p_{2,}p_3)$가 회전면 M에 속할 필요충분조건은 점 $(\sqrt{p_1^2+p_2^2},0,p_3)$가 C에 속하는 것이다.

만약 생성곡선 $C:f(x,z)=c$일 때, $g(x,y,z)=f(\sqrt{x^2+y^2},z)-c$라고 정의하면 $M=g^{-1}(\{0\})$이다.

그래디언트 벡터$\nabla g=(\frac{x}{\sqrt{x^2+y^2}}f_x, \frac{y}{\sqrt{x^2+y^2}}f_x, f_z)\neq 0$ 는 M의 각 점에서 성립한다. 따라서 M 위의 미분가능인 단위법벡터

$\boldsymbol{n}=\nabla g/\parallel\nabla g\parallel=\frac{1}{\sqrt{f_x^2+f_y^2}}(\frac{x}{\sqrt{x^2+y^2}}f_x, \frac{y}{\sqrt{x^2+y^2}}f_x, f_z)$가 존재하므로 M에 방향을 줄 수 있다.

2. N에 방향을 줄 수 있으므로 N을 덮는 좌표조각들의 모임 $\Gamma=\{(Y_{(\alpha)}, U_\alpha)\mid\alpha\in\Lambda\}$이 존재해서 중첩되는 부분에서의 좌표변환함수의 야코비안이 양수가 되도록 할 수 있다. 이제 M을 덮는 좌표조각들의 모임 $\Gamma'=\{(X_{(\alpha)}=f^{-1}\circ Y_{(\alpha)}, U_\alpha)\mid\alpha\in\Lambda\}$라 두면 중첩되는 부분에서

$X_{(\alpha)}^{-1}\circ X_{(\beta)}=(f^{-1}\circ Y_{(\alpha)})^{-1}\circ(f^{-1}\circ Y_{(\beta)})=\boldsymbol{Y}_{(\alpha)}^{-1}\circ\boldsymbol{Y}_{(\beta)}$ 이므로 M에도 방향을 줄 수 있다.

3. 연결곡면 M위에서 정의된 미분가능인 함수 $f: M\to R$에 대하여 다음 물음에 답하여라.

(1) $df=0$ 이면 f는 상수함수임을 보여라.

임의의 $v_p\in T_pM$, $df(v_p)=v_p[f]$이므로 v_p에 접하는 임의의 곡선 $\alpha(t)=\alpha(X(\gamma_1(t),\gamma_2(t))$라 두면,

$$\alpha(0)=p,\ \dot{\alpha}(0)=\sum\frac{d\gamma_i}{dt}(0)X_i(=\sum v_iX_i)\text{ 이다.}$$

$$0=\frac{d}{dt}(f\circ\alpha)\mid_{t=0}=\frac{d}{dt}(f(X(\gamma_1(t),\gamma_2(t)))\mid_{t=0}$$

$$=\frac{\partial f(X(a,b))}{\partial u^1}\frac{d\alpha^1}{dt}\mid_{t=0}+\frac{\partial f(X(a,b))}{\partial u^2}\frac{d\alpha^2}{dt}\mid_{t=0}$$

$$=\frac{\partial f(X)(a,b))}{\partial u^1}v_1+\frac{\partial f(X)(a,b))}{\partial u^2}v_2$$

v_p가 임의의 벡터 이므로 $\dfrac{\partial f}{\partial u^i}(p)=0\ (i=1,2)$. 따라서 f는 상수함수이다.

(2) 귀류법을 사용하자. 적당한 점 $p, q \in M$이 존재하여 $f(p)>0$ 그리고 $f(0)<0$ 라고가정하자. M이 연결집합이므로 두 점 p,q를 연결하는 연속인 곡선 $\alpha:[a,b]\rightarrow M,\ \alpha(a)=p,\ \alpha(b)=q$가 존재한다. $f \circ \alpha:[a,b]\rightarrow R$ 연속함수이므로 중간값 정리를 사용하면 $(f\circ\alpha)(c)=f(\alpha(c))=0$인 $c\in(a,b)$가 존재하므로 이는 가정에 모순이다.

4. 연결 곡면 M위에 정의되는 연속인 단위 법벡터를 $\boldsymbol{n}$ 이라 하고, 또 다른 단위 법벡터를 $\overline{\boldsymbol{n}}$라고 하면 임의의 $p\in M$, $f(p)=\ <\boldsymbol{n},\overline{\boldsymbol{n}}>\ =\ \pm 1$이다. 연결성에 의해서 $f\equiv 1$ 이거나 $f\equiv -1$이므로 M위에는 꼭 두 개의 단위 법벡터가 존재한다.

5. (1) 동형사상 $f: M\rightarrow N$이면 f, f^{-1}모두 국소동형사상이므로 문제 2에 의한다.

(2) 미분동형사상 f가 N에 방향을 유도하는 것은 문제 2에 의한다. 즉, M에 좌표변환함수의 야코비행렬식의 값이 양인 좌표조각들의 모임 $\Gamma=\{(X_{(\alpha)}\ U_\alpha)\mid \alpha\in\Lambda\}$이 있을 때, 각 $\alpha\in\Lambda$에 대하여 $Y_{(\alpha)}=f\circ X_{(\alpha)}$라 두면 이 좌표조각들의 모임이 N에 방향을 주게 된다.

그러나 f에 의해서 위와 같이 유도된 방향은 N위에 원래 있던 방향과는 반드시 일치하지 않을 수 도 있다. 가령 $f: S^2\rightarrow S^2$ 가 구면에서 대척점으로 보내는 사상(Antipodal Map)을 생각하자. 이 때 f는 미분동형사상이다. S^2에는 바깥을 향하는 법벡터 $\boldsymbol{n}$로 방향이 주어졌다고 하자. 점 $p\in S^2$에서 $\{V, W, \boldsymbol{n}\}$이 오른손 법칙을 따르도록 접벡터 V, W를 선택하면 대척점$f(p)=-p$에서는 $-V\times(-W)=V\times W$ 이므로 $\boldsymbol{n}$과 같은 방향 즉, 대척점에서 보면 원래의 방향(바깥쪽)과 반대방향이 되어서 방향을 거스르게 된다.

M, N이 연결일 때, 미분동형사상 f는 문제 4를 고려하면 방향을 보존하거나 거스르거나 한다.

| 연습문제 5-4 |

1. 원환면 T의 가우스 곡률의 총합 $\iint_T KdA$를 구하여라.

$$\iint_T KdA = 2\pi\chi(T) = 2\pi \times 0 = 0$$

2. 두 개의 원환면 T, T'의 연결합 $M = T \# T'$의 오일러 표수를 구하고 $\iint_M KdA$을 구하여라. $\chi(M) = -2$이므로 $\iint_M KdA = 2\pi\chi(M) = -4\pi$

3. (1) 타원면은 구면과 위상동형이므로 오일러 표수는 2이다.

(2) 사상 $f : S^2(1) \to M$을 $f(x,y,z) = (x, y^{1/5}, z^{1/3})$와 같이 정의하면 f는 위상동형사상이된다. 따라서 $\chi(M) = 2$ 이다.

4. (1) 우선 아르키메데스 정리를 하나 소개한다. 단위구면 $x^2 + y^2 + z^2 = 1$은 실린더 $x^2 + y^2 = 1$ 안에 갇혀지고 원 $x^2 + y^2 = 1$을 따라서 접하게 된다. 임의의 점 $P \in S - \{(0,0,\pm 1)\}$ 를 실린더위의 점 Q로 보내는 사상을 다음과 같이 정의하자. 점 P와 z-축을 지나고 (x,y)-평면과 나란한 유일한 직선은 실린더와 두 점에서 만난다. 이들 중 P와 가까운 점을 택하여 Q라 하자. 이 때, 이 사상 $f : P \mapsto Q$ 는 면적을 보존하게 된다(아르키메데스 정리). A를 $(0,0,1)$로 두고 그의 대척점 A'을 $(0,0,-1)$이라 하자. 두 반원에 둘러싸인 초승달 모양은 f에 의하여 실린더에 굽은 사각형으로 사상된다. 이 사각형의 굽은 변의 길이는 $\angle A$이고 높이는 2이므로 면적은 $2\angle A$이다. 따라서 초승달 모양의 면적은 $2\angle A$ 이다.

(2) 호AB, 호BC, 호AC를 각각 연장하여 대원을 그려보면 $\triangle ABC$와 점 A, B, C의 대척점(A', B', C')으로 만들어지는 $\triangle A'B'C'$은 각각 3번 덮힘을 알 수 있다. 또한 S^2는 두 삼각형 $\triangle ABC$ 와 $\triangle A'B'C'$를 포함하여 총 8개의 측지삼각형으로 분할된다.

(3) S^2는 두 삼각형 $\triangle ABC$ 와 $\triangle A'B'C'$를 포함하여 총 8개의 측지삼각형으로 분할된다.

$\triangle ABC$의 면적을 $\triangle ABC$로 나타내고 문제 (1)에서 초승달모양의 면적을 이용하면 다음과 같다.

$$\triangle ABC + \triangle A'BC = 2\angle A,$$
$$\triangle ABC + \triangle AB'C = 2\angle B,$$
$$\triangle ABC + \triangle ABC' = 2\angle C.$$

변변 합하면

(*) $2\triangle ABC +$

$\{\triangle ABC + \triangle A'BC + \triangle AB'C + \triangle ABC'\} = 2\angle A + 2\angle B + 2\angle C$.

삼각형 $\triangle ABC$, $\triangle AB'C$, $\triangle AB'C'$, $\triangle ABC'$은 반구를 이루기 때문에

$\triangle ABC + \triangle AB'C + \triangle AB'C' + \triangle ABC' = 2\pi$이다.

한편, 구면의 각점을 대척점으로 보내는 사상은 등거리사상이므로 $\triangle A'BC = \triangle AB'C'$이다.

이 식을 (*)에 대입하여 { }안의 값이 2π임을 안다.

5. (1) 정리 4.4.7과 정리 4.4.11로부터 $0 < \iint_M K d\sigma = 2\pi\chi(M) = 4\pi(1 - g(M))$이고, 종수가 $g(M) = 0$이므로 $\chi(M) = 2$이다. 그러므로 M은 구면과 위상동형이다.

(2) 두 측지선 γ_1, γ_2가 점 $p \in M$에서 만나 단순연결영역의 경계가 된다면

$\iint_R K\,d\sigma + \beta_1 + \beta_2 = 2\pi$이다. 여기서 β_1, β_2는 영역 R의 외각이다. 그런데 측지선 γ_1, γ_2는 서로 접할 수 없으므로 $\beta_1, \beta_2 < \pi$이다. 이것은 $\iint_R K\,d\sigma \le 0$로부터 모순을 낳는다.

만약 $\beta_1 = \beta_2 = 0$인 경우 γ_1과 γ_2의 자취는 닫힌 단순 측지선을 형성하게 된다. 따라서 $\iint_R K\,d\sigma \le 0$로부터로 그런 닫힌 단순 측지선은 존재하지 않는다.

(3) 가우스 곡률 $K > 0$인 콤팩트 곡면 M에서는 임의의 단순 닫힌 측지선 γ_1, γ_2은 만남을 보여라.

만약 M상의 단순 닫힌 측지선 γ_1, γ_2이 서로 만나지 않는다면 $\gamma_1 \cup \gamma_2$은 곡면의 상의 한 정칙영역 R의 경계가 된다.

가우스-보네 정리 $0 < \iint_R K d\sigma = 2\pi\chi(R) = 0$ 이것은 모순이다.

참고문헌

[1] William S. Massey, Algebraic Topology: An introduction, Springer-Verlag, 1967

[2] Serge Lang, Analysis I , Addison Wesley, 1969

[3] H. Samelson, Orientability of Hypersurfaces in R^n, Proc. A.M.S. 22(1969)

[4] Manfredo P. do Carmo, Differential Geometry of Curves and Surfaces, Prentice-Hall, Inc., Englewood Cliffs, New Jersey, 1976.

[5] Walter Rudin, Principles of Mathematical Analysis, Mcgraw-Hill, 1976

[6] Richard S. Millman and George D. Parker, Elements of Differential Geometry, Prentice-Hall, Inc., A Simon & Schuster Company, Englewood Cliffs, New Jersey, 1977.

[7] Stephen H. Friedberg, Arnold J. Insel and Lawrence E. Spence, Linear Algebra, Prentice-Hall, Inc.. Upper Saddle River, New Jersey, 1997

[8] Barret O'Neill, Elementary Differential Geometry, Academic Press, New York and London, 1997.

[9] Andrew Pressley, Elementary Differential Geometry, Springer-Verlag, London, 2001.

[10] Bang-Yen Chen, When does the position vector of a space curve always lie in its rectifying plane?, American Mathematical Monthly 110(2003), no. 2, 147-152

[11]김락중, 김연호, 박종안, 이춘호, 최규홍, 해석학입문, 경문사, 2015

[12] Sharief Deshmukh, Bang-Yen Chen and Sana Hamoud Alshammari Alshammari, On Rectifying curves in Euclidean 3-space, Turkish Journal of Mathematics 42(2018), no.2, 609-620

찾아보기

[ㄱ]

[ㄴ]

[ㄷ]

[ㄹ]

[ㅁ]

[ㅂ]

[ㅅ]

[ㅇ]

[ㅈ]

[ㅊ]

[ㅋ]

[ㅌ]

[ㅍ]

[ㅎ]